追本數源

Tracing the Origin of Mathematics

你不知道的數學祕密

蘇惠玉 — 著

三民書局

國家圖書館出版品預行編目資料

追本數源：你不知道的數學祕密/蘇惠玉著.－－初版一刷.－－臺北市：三民，2018
面； 公分.－－(鸚鵡螺數學叢書)

ISBN 978-957-14-6354-4 (平裝)

1. 數學 2. 通俗作品

310.7 106021686

 追本數源
——你不知道的數學祕密

著 作 人 蘇惠玉
總 策 劃 蔡聰明
責任編輯 徐偉嘉
美術設計 吳柔語
發 行 人 劉振強
發 行 所 三民書局股份有限公司
地址 臺北市復興北路386號
電話 (02)25006600
郵撥帳號 0009998-5
門 市 部 (復北店) 臺北市復興北路386號
(重南店) 臺北市重慶南路一段61號
出版日期 初版一刷 2018年1月
編 號 S 317120
行政院新聞局登記證局版臺業字第〇二〇〇號

ISBN 978-957-14-6354-4 (平裝)

http://www.sanmin.com.tw 三民網路書店

《鸚鵡螺數學叢書》總序

本叢書是在三民書局董事長劉振強先生的授意下，由我主編，負責策劃，邀稿與審訂。誠摯邀請關心臺灣數學教育的寫作高手，加入行列，共襄盛舉。希望把它發展成為具有公信力、有魅力並且有口碑的數學叢書，叫做「鸚鵡螺數學叢書」。願為臺灣的數學教育略盡棉薄之力。

I 論題與題材

舉凡中小學的數學專題論述、教材與教法、數學科普、數學史、漢譯國外暢銷的數學普及書、數學小說，還有大學的數學論題：數學通識課的教材、微積分、線性代數、初等機率論、初等統計學、數學在物理學與生物學上的應用、……等等，皆在歡迎之列。在劉先生全力支持下，相信工作必然愉快並且富有意義。

我們深切體認到，數學知識累積了數千年，內容多樣且豐富，浩瀚如汪洋大海，數學通人已難尋覓，一般人更難以親近數學。因此每一代的人都必須從中選擇優秀的題材，重新書寫：注入新觀點、新意義、新連結。**從舊典籍中發現新思潮，讓知識和智慧與時俱進，給數學賦予新生命**。本叢書希望聚焦於當今臺灣的數學教育所產生的問題與困局，以幫助年輕學子的學習與教師的教學。

從中小學到大學的數學課程，被選擇來當教育的題材，幾乎都是很古老的數學。但是數學萬古常新，沒有新或舊的問題，只有寫得好或壞的問題。兩千多年前，古希臘所證得的畢氏定理，在今日多元的光照下只會更加輝煌、更寬廣與精深。自從古希臘的成功商人、第一位哲學家兼數學家泰利斯 (Thales) 首度提出兩個石破天驚的宣言：**數學要有證明**，以及**要用自然的原因來解釋自然現象**（拋棄神話觀與超自然的原因）。從此，開啟了西方理性文明的發展，因而產生**數學**、**科**

學、哲學與民主，幫忙人類從農業時代走到工業時代，以至今日的電腦資訊文明。這是人類從野蠻蒙昧走向文明開化的歷史。

古希臘的數學結晶於歐幾里得 13 冊的《原本》(The Elements)，包括平面幾何、數論與立體幾何；加上阿波羅紐斯 (Apollonius) 8 冊的圓錐曲線論；再加上阿基米德求面積、體積的偉大想法與巧妙計算，使得他幾乎悄悄地來到微積分的大門口。這些內容仍然都是今日中學的數學題材。我們希望能夠學到大師的數學，也學到他們的高明觀點與思考方法。

目前中學的數學內容，除了上述題材之外，還有代數、解析幾何、向量幾何、排列與組合，最初步的機率與統計。對於這些題材，我們希望本叢書都會有人寫專書來論述。

II 讀者的對象

本叢書要提供豐富的、有趣的且有見解的數學好書，給小學生、中學生到大學生以及中學數學教師研讀。我們會把每一本書適用的讀者群，定位清楚。一般社會大眾也可以衡量自己的程度，選擇合適的書來閱讀。我們深信，**閱讀好書是提升與改變自己的絕佳方法**。

教科書有其客觀條件的侷限，不易寫得好，所以要有其它的數學讀物來補足。本叢書希望在寫作的自由度差不多沒有限制之下，寫出各種層次的好書，讓想要進入數學的學子有好的道路可走。看看歐美日各國，無不有豐富的普通數學讀物可供選擇。這也是本叢書構想的發端之一。

學習的精華要義就是，**儘早學會自己獨立學習與思考的能力**。當這個能力建立後，學習才算是上軌道，步入坦途。可以隨時學習，終身學習，達到「真積力久則入」的境界。

我們要指出：學習數學沒有捷徑，必須要花時間與精力，用大腦思考才會有所斬獲。不勞而獲的事情，在數學中不曾發生。找一本好書，靜下心來研讀與思考，才是學習數學最平實的方法。

III 鸚鵡螺的意象

本叢書採用鸚鵡螺 (Nautilus) 貝殼的剖面所呈現出來的奇妙**螺線** (spiral) 為標誌 (logo)，這是基於數學史上我喜愛的一個數學典故，也是我對本叢書的期許。

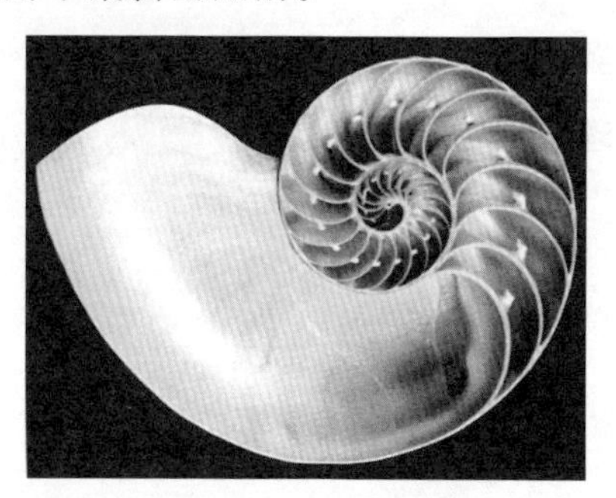

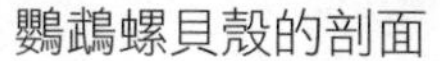
鸚鵡螺貝殼的剖面

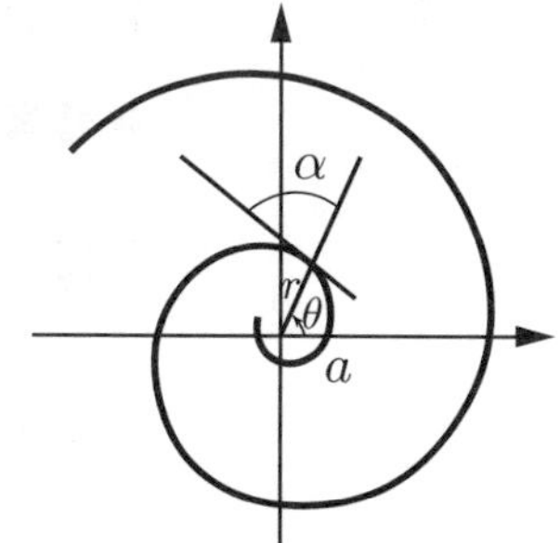

等角螺線

鸚鵡螺貝殼的螺線相當迷人，它是等角的，即向徑與螺線的交角 α 恆為不變的常數 ($a \neq 0°, 90°$)，從而可以求出它的極坐標方程式為 $r = ae^{\theta\cot\alpha}$，所以它叫做**指數螺線**或**等角螺線**；也叫做**對數螺線**，因為取對數之後就變成阿基米德螺線。這條曲線具有許多美妙的數學性質，例如自我形似 (self-similar)，生物成長的模式，飛蛾撲火的路徑，黃金分割以及費氏數列 (Fibonacci sequence) 等等都具有密切的關係，結合著數與形、代數與幾何、藝術與美學、建築與音樂，讓瑞士數學家白努利 (Bernoulli) 著迷，要求把它刻在他的墓碑上，並且刻上一句拉丁文：

Eadem Mutata Resurgo

此句的英譯為:

Though changed, I arise again the same.

意指「**雖然變化多端，但是我仍舊照樣升起**」。這蘊含有「**變化中的不變**」之意，象徵規律、真與美。

鸚鵡螺來自海洋，海浪永不止息地拍打著海岸，啟示著恆心與毅力之重要。最後，期盼本叢書如鸚鵡螺之「**歷劫不變**」，在變化中照樣升起，帶給你啟發的時光。

眼閉
從一顆鸚鵡螺
傾聽真理大海的吟唱

靈開
從每一個瞬間
窺見當下無窮的奧妙

了悟
從好書求理解
打開眼界且點燃思想

蔡聰明

2012 歲末

推薦序

HPM 的最佳伴手禮：推薦蘇惠玉的《追本數源》

蘇惠玉老師出版這本 HPM 專書，較之於我自己的著作出版，我的雀躍與期待絕對是有過之而無不及。這種心情就好比看到年輕後輩終於獨當一面一樣，因此，我想藉此機會欣然分享二十幾年來，開拓 HPM 這個新興學門的價值與意義。

所謂 HPM，原是指一個國際研究群 International Study Group on the Relations between **H**istory and **P**edagogy of **M**athematics 的縮寫，後來，逐漸演變成為一個學門的簡稱。這個學門的主旨，是為了探索數學史與數學教學的關連。事實上，就學門的分類來說，它是橫跨數學史與數學教學（研究）的一門新興學問，也因此，它的理想目標要是連結到數學教育的現實，無非是數學史與數學教學的研究結果之互惠。

HPM 與我的直接關係要從一九九六年談起。當年夏天，我前往葡萄牙參加 HPM 1996 Braga。那是四年一度的 ICME(International Congress on Mathematics Education) 之衛星會議，在會場我得以認識 John Fauvel（英國數學史家）與 Jan van Maanen（荷蘭數學史家），他們分別是 1996–2000、2000–2004 年間的 HPM 主席。由於下一屆 ICME 2000 即將在東京舉行，所以，他們希望我承辦 HPM 2000。這是 HPM 的國際慣例，顯然大家都希望 ICME 與 HPM 分別在鄰近國家舉行。或許是基於數學史同行的某種默契吧，我沒有經過太多考量就承擔下來。

我當年所以決定接手，多半由於我年少時的數學普及夢想所引發的數學史研究志業。記得我在 1981 年出版的《中國 π 的一頁滄桑》自序中，就特別引述數學史家 Morris Kline 懷抱 HPM 精神的證詞：「循

著歷史的軌跡介紹數學，這種方式是獲得理解、深入體會的最佳途徑。」現在，既然有這種機緣籌備此一盛會，就當作一種 HPM 實踐吧。另一方面，我有把握屆時好多學生可以提交學術報告，撐起在地的所謂「主場優勢」，同時他們也會樂意擔任 HPM 會議的志工。事實上，我的學術生涯最值得驕傲的一件事，就是在 1991 年榮獲科學史博士學位之後，有幸指導相當多位非常優秀學生（如蘇惠玉等人）撰寫數學史相關論文，他們大都從大四開始選修我開授的「數學史課程」，因而深深地被這門學問所吸引。

西元兩千年七月，HPM 2000 Taipei 如期舉行，也如預期地博得好評。不過，在所有的行政資源支援中，最具有意義的一項，就是我也從當時的國科會獲得些許補助，得以創辦《HPM 通訊》[1]，藉以推動在地的 HPM，並分享 HPM 的研究成果以及相關資訊。至於這個刊物的主編，就邀請蘇惠玉擔任，從 1998 年 10 月一直到今天，她可以說是臺灣 HPM 的永遠志工。

由於惠玉的堅持與慧識，這份小眾刊物維持了我們臺灣 HPM 伙伴的學習動能。近二十年來，我們在數學史研究與 HPM 上的實踐，都在這個通訊上留下了珍貴的點點滴滴。業師道本周 (Joseph Dauben) 甚至以「通訊團隊」稱呼我們這一組數學史的愛好者。事實上，有許多伙伴都是由於惠玉的不時敦促，而在這個刊物上留下深具紀念性的文章，其中，當然包括惠玉本人的長期耕耘成果。

這些成果的精緻版本，其中就有部分收入這本《追本數源》。全部的這二十七篇「你不知道的數學祕密」，大致可分為四類。在這四類中，第一類所包括的單元（第 1–15 篇）有：

[1] http : / / math.ntnu.edu.tw / ~horng / letter / hpmletter.htm。

(1)數學概念：無理數、虛數、對數、費式數列、黃金分割比、向量（含複數）、巴斯卡三角形（含巴斯卡傳記）；

(2)數學公式：餘弦定律、海龍公式、歐拉最美的數學公式；

(3)數學理論：三角學、圓錐曲線、機率初步；

(4)數學方法：數學歸納法、三次方程式解法（及優先權之爭辯）、高斯消去法的預備。

其中，〈機率初步〉（第 9 篇）可以「抽出」與〈機率論發展的第二樂章〉（第 19 篇）及〈統計學的興起與發展〉（第 20 篇）並列，合為第二類。另外，第 16–18 篇主題都是天文學的數學模型，可單獨成為第三類。至於第 22–27 篇等六篇，則是有關微積分的故事，我將它們歸屬為第四類。

（我的）上述分類多少忽略了年代學因素，不過，如此會比較方便我們推薦這些材料作為「特定的」教學用途。基於此一考量，首先，我要鄭重推薦第二類，因為在這三篇文章中，惠玉從數學史切入，為我們呈現了機率與統計之關係的一個簡要輪廓，譬如，她評論說：「當數學家由觀察事件發生的機率，推論事件真實機率的近似值時，就需要用到統計了。」這對於想要釐清所謂的「統計思考」之意義的老師（譬如我自己）來說，尤其是不可多得的參考教材。

另一方面，第四類文章可充當微積分特色課程之教材。惠玉從有關無窮概念的問題談起，總共處理了它們的三個面向：芝諾悖論 (Zeno paradox)、潛在無窮與實在無窮（之對比），以及不可分量 (indivisible) 與無窮小量 (infinitesimal)。然後，再以另三則故事來說明微積分的誕生，其中涉及數學家除了牛頓與萊布尼茲之外，還論及沃利斯 (Wallis) 及費馬所扮演的過渡角色。不過，最重要的數學史洞識，莫過於她引述數學史家凱茲 (Victor Katz) 的見解，說明何以我們會將

牛頓與萊布尼茲並列為微積分的發明人。這對於喜歡「提問」並「告知」「誰率先發明○○○?」的人來說，頗有醍醐灌頂之功！因為唯有深入（知識的及歷史的）脈絡，我們才能判斷此類提問是否恰當？或者，即使問題有意義，是否還適合簡單的回答？

再有，本書第三類文章針對「西方歷史上的數學與天文之關係」，提出了非常詳盡的解說與圖示。惠玉深入相關原典史料所進行的論述與敘事，說明她打算為這一類特色課程，提供一個相當前瞻的參照，讓高中教師同行借鏡。她的故事始於托勒密的《大成》，經歷哥白尼天文學革命，終於克卜勒的行星三大運動定律。針對克卜勒最終發現橢圓的天文（物理）意義，惠玉給了十分動人的評論：「如果當初克卜勒沒能打破一千多年來對圓形軌道在哲學、美學與宗教上的『盲目』信念，或許我們現在還體會不到這個宇宙簡單、純粹與和諧之美。」

最後，我們回到本書第一類文章。這一類所涉及的，都是 HPM「曝光率」最高的單元。也因此，這些故事要說得別出心裁，尤其需要數學史、HPM 的素養與功力，甚至是數學知識本身的洞察力。譬如說吧，惠玉在〈有意思的餘弦修正項〉（第 11 篇）一文中，針對畢氏定理 *vs.* 餘弦定理之對比，就提出了非常有趣的觀察：「一般定理的出現都有其脈絡，當數學家們發現了直角三角形三邊所作的正方形有著畢氏定理這樣的關係時，接下來感興趣的課題自然而然就是非直角三角形時是否保持一樣的關係？或是要作如何的修正？從特例到通例，從熟悉的已知推廣到未知，餘弦定理的出現脈絡為數學定理的發現做了個很好的示範。」

還有，在〈圓錐曲線的命名〉（第 15 篇）一文中，對比高中數學教材僅從代數面向來看待拋物線、橢圓與雙曲線，惠玉從「問題的起源、名稱的由來以及表徵方式」，重新考察這三個曲線，從而進一步發

現「正焦弦」在「徒然」計算之外的重大意義。原來這個線段的長度，都出現在阿波羅尼斯圓錐截痕 (conic sections) 的表徵之中。因此，針對圓錐截痕的不同定義方式，她明確指出:「仔細觀察就可發現它們都有個相同不變的形式，那就是相等（parabola，拋物線)、超過（hyperbola，雙曲線）與短少（ellipse，橢圓)。藉由這個因性質而起的名字由來，圓錐截痕（圓錐曲線）的觀念得以整合成一體，而不再只是零碎的三個不相關曲線而已。」

這個有關正焦弦的故事，在數學與數學史兩方面都深具洞識，是數學教師專業發展中不可多得的範例。惠玉在《HPM 通訊》發表後沒多久，我在 MAA 所發行的 Convergence 線上期刊上❷，也發現類似的論述，「德不孤必有鄰」，充分見證惠玉乃至於臺灣團隊伙伴的 HPM 之國際化視野。

總之，無論從教師專業實作成果，或是數學史甚至是 HPM 研究來看，本書都忠實地反映作者的深厚學養。它字字珠璣，筆調溫暖，而且洋溢著數學知識活動的練達反思。所有這些，都保證了它的 HPM 跨界（譬如國界）可能性。因此，本書將是 HPM 的最佳伴手，也是 HPM 伙伴獻給臺灣數學教育界的最佳禮物。透過它，我們一定可以想像數學教育的更美好未來!

洪萬生

國立臺灣師範大學數學系退休教授

2017 年 11 月寫於木柵仙跡巖末端

❷MAA 是 Mathematical Association of America 的縮寫。Convergence 是由這個團體所發行的 HPM 期刊。

序

我是一個高中數學教師。在教師工作的同時，我把數學當成興趣在參與著。在臺師大數學系就讀期間，前三年只覺得數學是一門非常符合邏輯的學科，這種理性、工整的美感讓我學習得相當愉快。不過大四時修習的〈科學教育〉與〈數學史〉這兩門課卻完全讓我進入了另一個世界。洪萬生老師的課真的不輕鬆，這輩子第一次感受到學習不足的焦慮，數學史的書念得不夠多，知道的太少，找不到看問題的角度等等，每一次上完課都激勵自己要發憤圖強，要花更多時間在相關書籍的閱讀上，雖然上課很焦慮，卻也是我當時學習動力的來源。

從研究所畢業進入高中教書之後，參與過許多數學史應用在教學上的相關研究與計畫，也將這些成果實地應用在教學上。二十年之後，我對這個領域投入的熱情似乎沒有減少，堅持的信念也沒有改變，亦即利用數學史與相關的媒介讓學生對數學有興趣，以及幫助學生的數學學習。時間流逝的同時，教學現場的氣氛與方法也跟著變化，數學史應用在教學上也有了不同的方向。因應新課綱即將實施的數學教學，數學史的應用彷彿有了新的生命力一般，近幾年發展得更加蓬勃。教書經驗的累積以及持續參與的研究與工作計畫，讓我感覺有如「神功附體」，可以有不同的課程設計以因應多元特色課程的開課需求，甚至有能力將這樣的設計推廣給其他數學教師使用。

這本書的寫作動機，源自於多年前和同學討論的一個想法，希望將高中數學課程中相關的數學史內容作完整的介紹。幾年過去之後，我們還是忙碌的生活著，似乎湊不出時間將計畫付諸實現。前幾年剛好有出版社希望我寫一些跟高中數學相關的閱讀素材，可以讓他們放在網路上供師生閱讀使用，這項工作變成我完成這本書的重要契機。雖然本書的內容皆與高中課程有關，可以配合相關單元內容閱讀，當成是高中數學的輔助材料來學習；不過我將數學放在脈絡化的情境中來敘述，即使數學不是很懂，也可從脈絡中來閱讀數學故事，認識數學知識在發展過程中，關於「人」的面向如何產生決定性的作用，讓你感受理性的數學中充滿人類感性的一面。同時，本書的內容也可以當成多元選修課程的素材，在高中數學相關的選修課程中，作為輔助課程學習的教材，在課本生硬的學習過程裡，增加一點動機、連結與趣味。

如果拿掉數學史的相關寫作，我跟普通的女老師沒有兩樣，在學校繁重的班級經營與授課業務之餘，會將剩餘的一點精力與時間拿來與同事喝下午茶、看美日韓劇，靠著這種全臺灣上班族認同的小確幸努力生活著。然而因為對數學的興趣與熱愛，我選擇了將剩餘的時間做最有效的利用，全心全力地思考著數學史素材可以怎麼使用在教學現場，然後再將它從我的腦子裡組織出來變成一篇篇的數學史相關故事與教案設計。有時候工作壓力很大，時間很少，不過我一直警惕自己，不可以忘了身分，我是學校的數學教師，一切以學校工作為優先，這麼多年努力在工作與休閒之間平衡著。這本書的出版是我自許是個文藝青年時的夢想實現，特別感謝恩師洪萬生教授帶領我進入這個圈子，這麼多年持續的指導與愛護。這本書也記錄著我這幾年來閱讀研究的歷程，希望透過這本書分享我對數學的熱愛，可以不是數學老師也能感受到數學的奇妙樂趣。

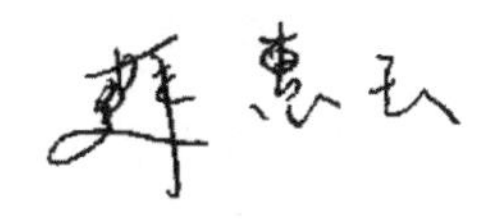

2017 年 10 月

追本數源
——你不知道的數學祕密

Contents

篇 1

無理數的祕密

任何事物都是數。
女人是 2，男人是 3，那什麼是 5 呢？
有理數到底又有什麼樣的道理？
為何無理數會牽涉到祕密與謀殺？
一切要從畢氏學派說起……

數學的發展與我們的學習經驗有某些程度的雷同。我們在日常生活或學校環境中先認識了自然數，接著進展到分數與整數，然後在某種偶然的情境下發現了無理數，以及其他種類的數。無理數的發現就是這樣的一個故事，在畢達哥拉斯學派裡令人驚愕的出現，慌張失措的掩飾，然後在徹底的理解之後接受它的存在。

畢達哥拉斯 (Pythagoras, 570 B.C.–500 B.C.) 可能是數學史上最神祕的人物之一，我們常看到的有關他的畫像或肖像其實並不是他真正的長相，所有關於他的事蹟幾乎都是傳說。傳說畢達哥拉斯出生於西元前 570 年愛琴海的薩摩斯小島 (Samos)，並遊歷於許多古世界文明區，因此見多識廣，學識淵博。他回到希臘之後定居於義大利南部一個叫做克羅頓 (Croton) 的偏遠村落，創辦了一個學院來教習當時所有的知識，並且建立一個充滿神祕性的教派組織，要求信徒們忠誠與保密。這個教派的信徒、學徒們就被人統稱為畢達哥拉斯學派。

畢氏學派相信「數目」(number) 是所有事物的本質，這裡的「數目」指的是正整數。畢氏學派相信的，不只是所有物體都有數，或者是這些物體能被排序、被量化，他們更相信數目是所有物理現象的基礎。例如，行星的運行可以用數目之間的比來表示；音階也可以用數目比的形式展現，還有直角三角形的邊長比等等。畢氏學派對數字的興趣還是宗教性的，對他們來說，每個數字都帶有符號特徵，譬如 1 是所有數的生成元，2 是女人，3 是男人，5 代表女人與男人的和，同時也因為有 5 種正多面體：正四、正六、正八、正二十與正十二面體，這五種正多面體分別代表了形成宇宙的五種元素：火、土 (earth)、風 (air)、水與宇宙穹蒼整體，因此畢氏學派認為 5 有某種程度的神祕性，他們學派的標誌就是一個正五邊形。

畢氏學派這種帶著密教神祕色彩的教條與信念，也常被運用在通俗文化的創作中。譬如在馬丁涅茲 (Guillermo Martinez, 1962–) 的推理小說《牛津殺人規則》(*Crimenes Imperceptibles*, 2007) 裡，作者利用畢氏學派的這種氛圍，創作了撲朔迷離的嫌疑犯身分，並且讓畢氏學派對 1、2、3、4 的解釋與符號，成為解謎的關鍵線索。日本 NHK 電視臺的連續劇《Hard Nuts～數學女孩的戀愛事件簿》(2013) 中，有一集甚至是以畢氏音階為主角來設計劇情與推理的關鍵。

人的耳朵可以聽見的聲音頻率為 20 Hz～20,000 Hz 之間，我們為了互相溝通，必須在這一段相差 1000 倍的頻率之間取上名字，即是音階 Do, Re, Mi, Fa, Sol, La, Si 之類的名字，不過哪段頻率要叫什麼音階可不是隨便亂取的。傳說畢達哥拉斯某天經過一間打鐵鋪時，聽到叮叮噹噹相當悅耳的打鐵聲音，往店鋪內一望，有四位師父各拿著重量不同的鐵鎚在敲打，細問之下發現鐵鎚的重量比恰好是 12 : 9 : 8 : 6，而且他發現當兩個鐵鎚的重量比是 12 : 6 或 12 : 9 或 12 : 8 時，一起敲打所發出來的聲音聽起來會相當和諧。他回去之後，當然不可能如現在方法一般，用聲音的頻率做實驗，而是利用了當時的樂器單弦琴 (Monochord) 的弦長做了個實驗，結果發現：

(1)兩個聲音能夠聽起來和諧悅耳，跟兩弦之長呈簡單整數比有關。

(2)兩音弦長度比是 4 : 3 或 3 : 2 或 2 : 1 時，發出的兩個音是和諧的。

若以現代音樂的理論來說，它們的音程分別是四度、五度和八度。依照畢達哥拉斯所提出的整數比所定出來的音階，就稱為畢達哥拉斯音

階 (Pythagorean scale)。不過現代物理學告訴我們，聲音發出的頻率和弦長成反比，也就是說，弦長越長，發出的聲音越低。

圖 1–1
中世紀木刻畫，畫出與畢氏音階有關的音樂創作

作為整數比的一個應用，可以定出 7 個畢達哥拉斯音階。如果我們將發出 C_1 (Do) 的頻率定為 k，高八度的 C_2 就會是 $2k$，而五度音 G (So) 的頻率會是 $\frac{3}{2}k$；接著利用「五度音循環法」，由 1 出發，連續升高五度（即連續乘以 $\frac{3}{2}$），並把超過八度的音降低八度（除以 2），或低於八度音的升高八度（乘以 2），就可以得到畢氏音階的頻率比，如下表所示：

音階	C_1 (Do)	D (Re)	E (Mi)	F (Fa)	G (So)	A (La)	B (Si)	C_2
頻率比	1	$\frac{9}{8}$	$\frac{81}{64}$	$\frac{729}{512}$ ❶	$\frac{3}{2}$	$\frac{27}{16}$	$\frac{243}{128}$	2

❶後來有些音樂家覺得 F 這個音階與 C 的頻率比不夠簡單，於是將 F (Fa) 這個音修正成從 C 返回五度，得到 F 與 C 的頻率比為 $\frac{2}{3}$，但落在低八度的範圍，因此乘以 2，得到 F 與 C 的頻率比為 $\frac{4}{3}$。

畢氏學派對自然數的堅持與研究最廣為人知的就是畢氏三元數與畢氏定理，所謂畢氏三元數就是滿足畢氏定理的三個正整數，如 (3, 4, 5)。出於對數字的沉迷，他們熱衷於尋找這樣的三元數，但要找到這樣的三元數並不是那麼容易的事，因為在一個直角三角形中，當兩股長是正整數時，斜邊長就不一定是正整數了。也因為找得這麼辛苦，傳說每當他們發現一組三元數時，就會舉辦慶典並宰殺一百頭牛當祭品來慶祝。然而傳說總是不可信的，依畢氏學派的修道法規，他們是禁止屠殺動物的，不太可能有這樣的行為出現，不過因為這個故事太聳動了，在後世許多藝術創作中都可以發現這個傳說留下的印記。譬如在 1835 年有一位德國詩人，寫了一首詩誇耀畢氏定理的偉大，提及這場百牛獻祭，並藉此諷刺笨蛋們看到真理出現時的恐懼。

隨著畢氏定理的發現，對畢氏學派而言，卻是一次重大的信心危機。在 45°–45°–90° 的特殊直角三角形中，若兩股長都是 1，那麼按照畢氏定理，斜邊長為 $\sqrt{2}$，但是 $\sqrt{2}$ 這個東西到底是什麼？對畢氏學派而言，數目永遠和事物的計算連在一起，而計算就必須要有不可分割且保持不變的單位元存在。為了計算「長度」，當然就需要有度量單位，畢氏學派認為永遠都可以發現這樣一個度量的基本單位，而一旦這樣的單位被找到了以後，它就成了不可分割的單位元了。兩個線段長如果都可以用同一個單位元量盡，就稱這兩個線段長為「可公度量的」(commensurable)，譬如兩線段長度 3 與 4，可以用 1 這個單位長共同量盡；反之，如果不能同時量盡，就稱「不可公度量的」(incommensurable)，如正方形的邊長與對角線。其實在此畢氏學派的錯誤在於他們無法確認「數」與「幾何量」的分別，「數」的單位元是不可分割沒錯，然而「幾何量」是可以「無窮盡地」分割的。

所以像斜邊長 $\sqrt{2}$ 與一股長 1 這兩個數是不可公度量的（亦即 $\frac{\sqrt{2}}{1}$ 無法化簡成分子、分母皆是整數的分數），也就是說 $\sqrt{2}$ 無法用兩個正整數的比來表示。居然有數字無法用正整數的比來表示，這一點嚴重打擊到他們的基本信念了，根據傳說，畢氏學派的信徒對 $\sqrt{2}$ 的發現非常震驚，但是有一位名叫伊帕索斯（Hippasus，約 500 B.C.）的信徒為了民眾知的權利，決定將它公開，然而其他同僚為了掩埋這個祕密，於是將他從船上推了下去，讓他隨著這個祕密永眠於地中海底。不過諷刺的是，在畢氏學派的標誌正五邊形中，就存在著一個這樣子的數，將這個祕密明晃晃地亮在眾人的眼前。

我們在學習無理數時，會先定義何謂無理數，也就是「不是有理數的數」。然而這種負面表達意思到底為何，初學者在一開始接觸時還是相當迷茫。然而數字的始祖畢氏學派早就暗示了這一切的意義。有理數的英文為 rational number，一般對 rational 的理解都是「有道理的」，那麼，是什麼道理？從 ration 的拉丁文語源來說，它源自於拉丁語的 *logos*，拉丁文的原意是「可表達的」，而 rational 則是從它的英文 *ratio* 演化而來，原意是「比」的意思；對古希臘人而言，所謂可表達的就是可寫成兩個正整數的比，因此稱為有理數。那麼，無理數呢？無理數的英文為 irrational number，irrational 自然就是「沒有道理的」，其實它的原意有不可表達的，不可理喻的意思，也就是不能寫成兩個整數之比的數，而這樣的概念及形式，就是從畢氏學派的「可公度量的」與「不可公度量的」觀念演化而來的。

音樂學家沿用畢達哥拉斯定音階的方法定出了 12 個音，一直沿用到 1510 年左右。不過因為有某些不協調音的存在，音樂學家開始調整比例，後來出現了所謂平均律 (well temperament) 的調音方式，意指不論彈何種組合、何種調，都不會嚴重不協和的音律系統。現在我們使用的系統稱為等律 (equal temperament)，亦稱作十二平均律，將一個八度間的聲音頻率平均分成 12 等分，定義出 12 個音階。也就是說，若將 C 的頻率訂為 k（國際標準音高為 440 Hz），高八度 C 的頻率會是 $2k$，而下一個與 C 差一個半音的音階頻率即為 $\sqrt[12]{2}k=2^{\frac{1}{12}}k$。由整數比開始的美好音樂，最後藉由無理數才得以更加豐富與協和，我們的世界也是如此的啊。

篇 2

無法捨棄的 $\sqrt{-1}$

很多人誤以為在數系中加入複數是為了使二次方程式有解，譬如為了使 $x^2+1=0$ 有解而引入 $\sqrt{-1}$，事實上，二次方程式由於大多來自實際應用問題，會得到虛數解時通常是題目設計錯誤或是現實不可能發生，因而長期以來被數學家或應用數學的人視為無解。然而在解三次方程式的過程中產生的以虛數表徵的解，卻可能是個實數。$\sqrt{-1}$ 因應不得不用的需求而發明。

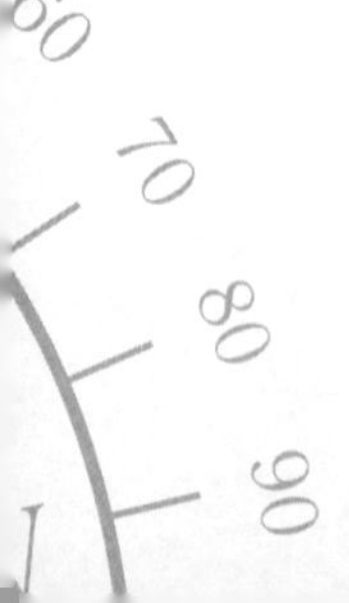

一、三次方程式的公式解

1545 年，義大利的一位醫生兼數學家卡丹諾 (Gerolamo Cardano, 1501–1576) 出版了《大技術》(*Ars Magna or The Rules of Algebra*, 1545)，首次向世人展示了如何求解三次與四次方程式的完整過程。我們先不論在三次方程式公式解公開過程的背後，一連串腥風血雨、陰謀背叛的過程，而僅以數學知識的中立性角度來討論三次方程式的公式解。卡丹諾在這本書的第十一章到第二十三章，詳細列出共十三種類型的三次方程式解法，並以幾何的形式加以驗證。儘管卡丹諾以數值係數為例求解，但是解法過程卻具有一般性，因此如同卡丹諾所做的，可建立解同類型方程式的一般「規則」。

HIERONYMI CAR
DANI, PRÆSTANTISSIMI MATHE
MATICI, PHILOSOPHI, AC MEDICI,
ARTIS MAGNÆ,
SIVE DE REGVLIS ALGEBRAICIS,
Lib. unus. Qui & totius operis de Arithmetica, quod
OPVS PERFECTVM
inſcripſit, eſt in ordine Decimus.

HAbes in hoc libro, ſtudioſe Lector, Regulas Algebraicas (Itali, de la Coſ ſa uocant) nouis adinuentionibus, ac demonſtrationibus ab Authore ita locupletatas, ut pro pauculis antea uulgò tritis, iam ſeptuaginta euaſerint. Neq; ſolum, ubi unus numerus alteri, aut duo uni, uerum etiam, ubi duo duobus, aut tres uni æquales fuerint, nodum explicant. Hunc aũt librum ideo ſeorſim edere placuit, ut hoc abſtruſiſſimo, & planè inexhauſto totius Arithmeticæ theſauro in lucem eruto, & quaſi in theatro quodam omnibus ad ſpectandum expoſito, Lectores incitarẽtur, ut reliquos Operis Perfecti libros, qui per Tomos edentur, tanto auidius amplectantur, ac minore faſtidio perdiſcant.

圖 2–1　《大技術》扉頁

一個代數方程式的公式解，有時稱為根式解，指的是僅從係數的四則運算與開方所得到的解，例如二次方程式 $ax^2+bx+c=0$ 的「根」式解為 $x=\dfrac{-b\pm\sqrt{b^2-4ac}}{2a}$。對於三次方程式，我們先以缺了二次方項的不完全三次方程式 $x^3+cx=d$ 為例來說明，先分別求兩個數 u, v，卡丹諾以幾何證明告訴我們，當 $x=\sqrt[3]{u}-\sqrt[3]{v}$，因為

$$\begin{aligned} x^3=(\sqrt[3]{u}-\sqrt[3]{v})^3&=(u-v)-3\cdot\sqrt[3]{u}\cdot\sqrt[3]{v}(\sqrt[3]{u}-\sqrt[3]{v})\\ &=(u-v)-3\cdot\sqrt[3]{u}\cdot\sqrt[3]{v}\cdot x \end{aligned}$$

即 $x^3+3\cdot\sqrt[3]{u}\cdot\sqrt[3]{v}\cdot x=u-v$，比較係數得 $u-v=d,\ uv=(\dfrac{c}{3})^3$，也就是說先求兩個數 u, v，使得 $u-v=d,\ uv=(\dfrac{c}{3})^3$。現在解聯立方程式

$$\begin{cases} u-v=d\\ uv=(\dfrac{c}{3})^3 \end{cases}$$

將 $v=(\dfrac{c}{3})^3\cdot\dfrac{1}{u}$ 代入，得到 $u-(\dfrac{c}{3})^3\cdot\dfrac{1}{u}=d$，亦即得到 u 的二次方程式

$$u^2-(\frac{c}{3})^3=du$$

解此二次方程式，得 $u=\sqrt{(\dfrac{d}{2})^2+(\dfrac{c}{3})^3}+\dfrac{d}{2}$，因此

$v=\sqrt{(\dfrac{d}{2})^2+(\dfrac{c}{3})^3}-\dfrac{d}{2}$，代 $x=\sqrt[3]{u}-\sqrt[3]{v}$，因此得

$$x=\sqrt[3]{\sqrt{(\frac{d}{2})^2+(\frac{c}{3})^3}+\frac{d}{2}}-\sqrt[3]{\sqrt{(\frac{d}{2})^2+(\frac{c}{3})^3}-\frac{d}{2}}$$

以 $x^3+6x=20$ 為例，$\dfrac{d}{2}=10,\ \dfrac{c}{3}=2$，

因此 $x=\sqrt[3]{\sqrt{108}+10}-\sqrt[3]{\sqrt{108}-10}$。

在當時，雖然代數問題不再源自幾何背景，然而數學家們仍然習慣將未知數的一次方、平方和立方當成是幾何的線、面、體積，一個代數方程式也就表示了這些幾何量的加減運算。對卡丹諾而言，在一個三次方程式中，每一項代表的都是體積，因此他在幾何的驗證過程中，取的是兩個立方體體積 (u, v) 的差等於 d，而這兩個立方體邊長相乘等於 $\frac{c}{3}$，如此整個三次式才能考慮成都是體積的運算。當時的數學家們，在齊次律的束縛之下，反而藉此之便，完成了三次方程式根式解的偉大成就。

在完成了缺二次項的三次方程式解之後，卡丹諾告訴我們，針對任意的三次方程式，則可以利用變數變換（配立方），讓它缺少二次項後，就可再利用前述的方法求得一般三次多項式的解。那麼如何作變數變換呢？就如同以配方的形式讓一個二次方程式缺少一次項一樣，在任一個三次方程式 $ax^3+bx^2+cx+d=0$ 中，則可以考慮將 $x=y-\frac{b}{3a}$ 代入，因此得到

$$a(y-\frac{b}{3a})^3+b(y-\frac{b}{3a})^2+c(y-\frac{b}{3a})+d=0$$

將式子展開，得

$$(ay^3-by^2+\frac{b^2}{3a}y-\frac{b^3}{27a^2})+(by^2-\frac{2b^2}{3a}y+\frac{b^3}{9a^2})+c(y-\frac{b}{3a})+d=0$$

如此即可消去二次方項，得到一個缺項的不完全三次方程式之後，就可用之前得到的公式解得 y，之後代回即可得到 x 的解了。

二、$x^3=15x+4$

卡丹諾在《大技術》中，舉了一個例子：「將 10 分成兩數，使得

它們的乘積是 40」。他說:「很清楚地,這個情形是不可能的」,否則利用二次方程式的公式解會得到 $5+\sqrt{-15}$ 與 $5-\sqrt{-15}$ 兩數。卡丹諾說「如果將這種對心靈的折磨放一邊」,直接對式子計算,也就是將 $5+\sqrt{-15}$ 與 $5-\sqrt{-15}$ 兩數相乘,確實可以得到 $25-(-15)=40$,不過他認為這只是無聊的智力遊戲而已。在複數之前,二次方程式只要得出不是實數的解,就會被數學家捨棄,認為此題無解。例如十七世紀初時笛卡兒 (René Descartes, 1596–1650) 用解二次方程式的方法找直線與圓的交點,當這種「不真實的」、「虛幻的」解出現時,就是直線與圓沒有交點的時候,意即此題無解。因此在以二次方程式求解為主的一段很長的時間洪流中,數學家沒有必要去接受與處理根號裡面有負數這種怪物的需求。

但是三次方程式就是完全不同的故事了。文藝復興時期最後一位數學家邦貝利 (R. Bombelli, 1526–1572,他本身是一位水利設計工程師) 在他唯一的數學著作《代數學》(*L'Alegebra opera*, 1572) 中提到,從卡丹諾的三次公式解中他發現了一種「三次方根的複合表達式,……這種平方根的算術運算與名稱都與其他的情形不同。」他所指的就是像在 $x^3=15x+4$ 這樣的例子中所得到的解。如果我們將它的係數代入三次方程式的公式解,將可得到 $x=\sqrt[3]{2+\sqrt{-121}}-\sqrt[3]{-2+\sqrt{-121}}$ 或 $x=\sqrt[3]{2+\sqrt{-121}}+\sqrt[3]{2-\sqrt{-121}}$。在負數的存在意義都還不怎麼確定的十六世紀年代裡,負數的平方根很容易被視為不合理而進一步將此方程式視為不可解。但是 $x^3=15x+4$ 這個方程式真的沒有實數解嗎?

我們利用有理根檢驗,很容易得到 $x^3=15x+4$ 這個方程式有一實根為 $x=4$,事實上,它有三個實根 $4, -2\pm\sqrt{3}$,因此這個方程式無法直接視為無解而拋在一邊,因而對三次方程式而言,這種三次方根的複合形式是必須的。如果我們暫時拋開對根號裡面有負數的這種方根之疑慮，邦貝利宣稱我們可以直接對這種新型方根作運算，運算規則就如同我們今日令 $\sqrt{-1}=i$ 所做的一般。因此他大膽的假設 $\sqrt[3]{2+\sqrt{-121}}=a+\sqrt{-b}$，三次方之後應該等於 $2+\sqrt{-121}$。讓我們用現代的符號表示來運算一下，亦即 $(\sqrt[3]{2+\sqrt{-121}})^3=(a+bi)^3$，展開得 $2+11i=a^3+3a^2bi-3ab^2-b^3i$，因此

$$\begin{cases} a^3-3ab^2=2 \\ 3a^2b-b^3=11 \end{cases} \Rightarrow a=2,\ b=1$$

得出 $\sqrt[3]{2+\sqrt{-121}}=2+\sqrt{-1}$，所以可得到 $x^3=15x+4$ 這個方程式的一個實根

$$x=\sqrt[3]{2+\sqrt{-121}}+\sqrt[3]{2-\sqrt{-121}}=(2+\sqrt{-1})+(2-\sqrt{-1})=4$$

L ALGEBRA
PARTE MAGGIORE
DELL'ARIMETICA
DIVISA IN TRE LIBRI
DI RAFAEL BOMBELLI
DA BOLOGNA.
Nouamente posta in luce.

IN BOLOGNA
Nella stamperia di Giouanni Rossi
MDLXXII.
Con Licentia delli RR. VV. del Vesc. & Inquisit.

圖 2–2　1572 年出版的《代數學》

當 $\sqrt{-121}$ 這個數出現在 $x^2+121=0$ 這個方程式的解時，數學家很容易將它忽略放棄。但是當它出現在三次方程式的解裡面時，因為它在獲得實數解 $x=4$ 中扮演的關鍵角色，給了數學家最初的激勵與需求去處理這樣的數。複數經過了幾個世紀數學家的努力之後，由於它的便利性，讓它在數學上為自己爭得一席之位。複數可以用來解決許多代數與數論的問題，更可用來重新改寫物理學，甚至「複數微積分」也比只用實數的微積分要來得容易許多。這就難怪法國數學家阿達瑪 (J. Hadamard, 1865–1963) 要說：「實數領域中兩個事實之間的最短路徑，會通過複數領域。」

篇 3

數學武林地位爭奪戰
——三次方程式公式解的優先權之爭

對十六世紀的數學家而言，二次方程式的公式解是常識，而三次方程式的公式解則是謀求職業發展與社會地位的祕密武器。三次方程式的公式解是誰發明的？這個問題沒有那麼容易回答，在數學式子的背後交織著塔爾塔利亞沸騰的憤恨與卡丹諾看似無辜的權謀操弄，故事之精采足以媲美武俠小說中的武林盟主爭霸戰。

數學研究和科學研究一樣，誰的研究成果先發表，先讓大眾看到是一件至關重要的事，關係到一個數學家的名聲、地位與生計。在現代因為信件系統、E-mail 與網路科技的發達，還有許多的學會、雜誌接受數學家們的論文與研究成果，並完成審查與發表，誰先誰後，誰的理論研究完成到什麼地步都有清楚的紀錄可查；然而在十六世紀的那個年代，寫一封信都要經過長途跋涉，由緩慢的交通工具曠日廢時才能送達，再加上一些政治上的權謀，以及數學學科知識發展的特性，要辨識某一個重要數學成就應該冠上誰的姓名，有時是件相當困難的事，於是許多的恩怨情仇也伴隨著數學知識的進展悄然滋生。

1545 年，義大利的一位醫生兼數學家卡丹諾出版了《大技術》這本書，首次向世人展示了如何求解三次與四次方程式的完整過程。然而三次方程式的公式解，如同許多數學上的偉大成就一般，無法只歸功於卡丹諾一人。一個數學理論的背後，通常是許多世代數學家們共同灌溉的成果。三次方程式的公式解有過伊斯蘭數學家的貢獻，阿拉伯數學家在開始研究代數之後，他們也嘗試著去解三次方程式，然而他們都是針對某些類型的幾何解法，如阿爾・海亞米 (‘Umar Al-Khãyammî, 1048–1131)。沿襲著一貫傳統，方程式的係數不考慮負數，都是正數。因此他將三次方程式分成十四種類型，為每一類型找出幾何解，亦即以幾何作圖方式找出滿足方程式的線段，不過這些幾何作圖通常都牽涉到相交的圓錐曲線，因而沒有辦法得出代數解（根式解)。

在 1510 年到 1515 年之間的某個時刻，義大利波隆納大學的數學家費羅 (Scirione dal Ferro, 1465–1526) 提出了缺二次項的三次方程式 $x^3+cx=d$ 的代數解，然而他並沒有公開它的解法，反而嚴加保密，直到 1526 年他去世時，才將寫有解法的論文傳給他的女婿納夫與一個學生安東尼奧・馬立亞・費爾 (Antonio Maria Fior)。為何他不把解法公開呢？在那個時代，數學上的學術職位是依據地位和名望來安排的，而地位和名望則來自於公開挑戰中的勝利。這點很像武俠小說中的江湖運作模式，數學家像武林高手一樣要接受他人的挑戰，因此在當時數學家所掌握到的數學知識就像武功祕笈一般，被當成自己的致勝絕招而不輕易示人。

費爾學得三次方程式的解法之後，他當時就想憑藉著解三次方程式的才能成為威尼斯的一名數學老師。然而此時卻盛傳另一位數學教師塔爾塔利亞 (Tartaglia, 1499–1557) 也會解三次方程式。塔爾塔利亞是何許人？他的原名叫做尼柯洛・馮塔納 (Niccolo Fontana)，在十二歲時，他所住的城鎮受到法國人的洗劫，他被一個法國軍人用軍刀從臉上劃過，嘴巴與上顎因此受了重傷，造成發聲器官永久受損，因此患了口吃，從此有了塔爾塔利亞（意思為口吃之人）這個綽號。塔爾塔利亞的父親只是一名郵差，家境貧寒，他的數學知識都是自學而得，因此就像很多自學成材的人一樣，他的性格粗獷中又帶著相當的自負。當時塔爾塔利亞曾向同事暗示他已經解決了形如 $x^3+cx=d$ 的三次方程式的求解問題，費爾知道後在 1535 年初向塔爾塔利亞提出公開挑戰，每個人向對方提出三十道題目，在 40 到 50 天之內解出最多題目者獲勝。結果塔爾塔利亞大獲全勝，他在 2 個小時之內就將費爾出的題目全部解出。原來塔爾塔利亞他也會解含有 x^2 項的三次方程式啊！塔爾塔利亞也因為這一次的挑戰成功因而聲名大噪，成為數學界鼎鼎有名的人物。

圖 3–1　塔爾塔利亞

現在輪到另外一位主角卡丹諾出場了。就當時的社會風氣來說，卡丹諾的出生有點不太光彩。當卡丹諾的父母親相遇時，父親是位事業有成的 50 多歲律師，母親則是辛苦養育 3 個小孩的 30 多歲寡婦，他們在尚未有合法的婚姻關係時，就生下了卡丹諾。在當時的社會裡，這樣的出生背景常被拿來當成拒絕卡丹諾求職的藉口。不過卡丹諾的父親不僅是個執業的律師，還以數學造詣聞名於當時，他除了曾在帕維亞大學 (Pavia University) 與米蘭的學校講授幾何學外，連達文西（Leonardo da Vinci, 1452–1519，是卡丹諾父親的朋友）也曾向他請教過幾何問題，因此卡丹諾的數學知識，有部分得力於父親的教導。卡丹諾求學時沒有攻讀法律反而轉向醫學，雖然身為醫生，他卻對許多知識領域有濃厚的興趣，尤其在數學方面，更有其過人的天賦。不過一度因為好賭而傾家蕩產，於 1534 年在卡丹諾父親友人的推薦下，到他父親生前在米蘭任教過的學校教授數學，閒暇時順便行醫救人。在有了一份穩定收入的同時，也有了一些擁護者，也才有時間與心力拓展其他學術領域的研究，尤其是數學。

當卡丹諾聽說了塔爾塔利亞戰勝費爾之後，他於 1539 年開始跟塔爾塔利亞聯繫，請求塔爾塔利亞允許他在即將出版的書中披露塔爾塔利亞的三次方程式解法。卡丹諾承諾，會將這種解法完全歸功於塔爾塔利亞。塔爾塔利亞最初回覆他自己也要寫一本書說明清楚規則，但是因為太忙了所以不知道什麼時候會出版。卡丹諾不屈不撓地懇求，外加威脅利誘，最後利用他的贊助者，當時義大利最有影響力的人士之一瓦斯托侯爵（the Marchese del Vasto，當時米蘭的統治者）之名義誘拐塔爾塔利亞跟他會面，塔爾塔利亞最後終於給出他的「解法規則」，還是以曖昧不明的詩句形式表示，同時也沒有給卡丹諾任何對解法的實證。卡丹諾在助理費拉里 (Lodovico Ferrari, 1522–1565) 的幫助下，花了六年的時間，揣摩出那些詩句的意思，又擴展它們的含義，將十三種類型的三次方程式的解完全呈現在《大技術》這本書中，並以幾何的方式加以實證，最後幾章同時也包含了在費拉里幫助下所得到的四次方程式公式解。

在卡丹諾的書出版後的第二年，憤怒的塔爾塔利亞出版了《新問題與發明》(*New Problems and Inventions*, 1547)，前半部包含他在那些年裡發現的問題與解法，後半部卻完全用來批評卡丹諾和他的《大技術》，不僅批評卡丹諾的數學能力，並且指控他剽竊。他在書裡面說卡丹諾曾給過他承諾：

> 我按著神聖的福音書起誓，以一個紳士的名義保證，不僅在你告訴我你的發現之後，永不出版它；而且我以一個真正的基督徒的名義承諾和保證把它們當成密碼一樣藏在心裡，使得在我死後，沒有人能夠理解它們。

然而這段話遭到卡丹諾助理費拉里的嚴正駁斥，他說當時他也在場，卡丹諾從來沒有發過這樣的誓。1547 年 2 月，費拉里出面回應塔爾塔利亞的攻擊與挑釁，宣稱他可以在任何科學課題上跟他挑戰；並且他認為卡丹諾的解法應該歸功於費羅與費爾才是，他們都更早於塔爾塔利亞地發現三次方程式的解法，因此他們根本不需要保密。在那一年的 8 月確實發生過這麼一場公開的論戰，這個公開論戰的細節不可知，只知道結果是費拉里自行宣布獲勝，塔爾塔利亞失去了教師的職位，而費拉里因此飛黃騰達，成為波隆納大學的數學教授，卡丹諾的事業如日中天，擁有財富、寫作的時間與崇高的威望。然而心懷憤恨的塔爾塔利亞，不放棄報復之心，最終還是使盡一切手段與陰謀，讓卡丹諾遭到驅逐、破產、入獄，最後隱姓埋名地過完一生。

一直到現今，幾百年過去了，誰是誰非還是很難論斷，也各有各的擁護者支持。從這個故事中我們看到了數學知識是「人」的活動所形成的，在發展的過程中，在冰冷的數學知識之外，難免會伴隨著有血有肉的人性參雜其中，也因為這些人性的表現，讓我們在學習這些生硬、冰冷的知識之餘，可以感受到一點點殘留下來的溫度。

圖 3–2　德國 2013 年發行的卡丹諾郵票

篇 4

拯救數學家壽命的發明

三角函數的積化和差公式讓數學家知道，可以做到簡化乘除為加減運算，那麼怎麼定義一個這樣的運算呢？納皮爾從等差與等比數列的對照中定義了對數運算，再花費近二十年的歲月艱苦地完成對數表，他是如何做到的呢？

一、十六、十七世紀航海與天文學的需求

在十六、十七世紀的歐洲，發生了幾件改變世界的大事，這些事件或發明將人類生存的這個文明，更快速地往現代化方向推進。在這些影響人類文明的發明背後，數學新技術的出現通常扮演了關鍵性的角色。我們先將焦點著重在航海與天文的重大發展上，當時有幾個重大事件，譬如葡萄牙人麥哲倫 (Femão de Magalhães, 1480–1521) 於 1519 年至 1521 年率領船隊環航地球，他這項壯舉揭示了航海事業的開端以及顯現出一種嶄新的應用在航海上的專業需求，像是船隻的導航、定位與最短路徑的預測，這些都需要靠測量、天文觀測與繪製地圖來決定。而麥卡托 (Gerhardus Mercator, 1512–1594) 在 1569 年利用等角變換的「麥卡托投影法」，亦即利用正軸等角圓柱投影的方法繪製出新的世界地圖，之後的航海圖大都用這種方法繪製。

另外，1543 年波蘭的天文學家哥白尼 (Nicolaus Copernicus, 1473–1543) 出版了《天體運行論》(*De Revolutionibus Orbium Coelestium*)，提出所謂的日心說，亦即太陽才是宇宙的中心，地球和其他行星是繞著太陽運行的；之後德國天文學家克卜勒 (Johannes Kepler, 1571–1630) 於 1609 與 1618 年先後發表了行星三大運動定律；伽利略 (Galileo Galilei, 1564–1642) 於 1632 年出版《關於托勒密和哥白尼兩大世界體系的對話》(*Dialogo sopra i due massimi sistemi del mondo*)，1638 年出版《兩種新科學的對話錄》(*Discorsi e Dimostrazioni Matematiche Intorno a Due Nuove Scienze*)，他們兩人以數學這個語言揭示宇宙與自然的奧祕，讓天文學的研究得以擺脫希臘的宇宙觀，進入一個新的境界。

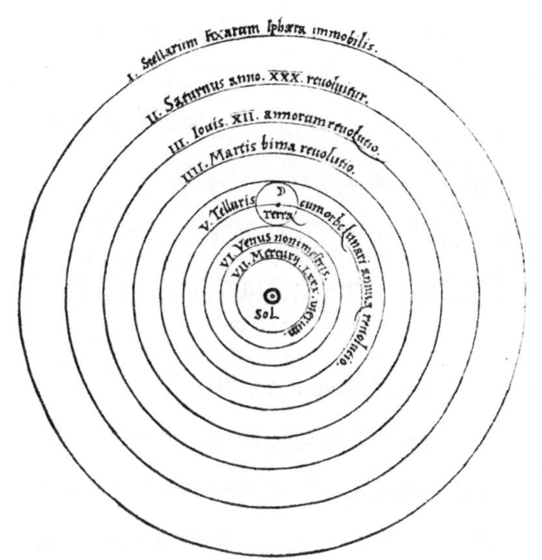

圖 4–1
哥白尼《天體運行論》中的宇宙觀，太陽為宇宙中心

十六、十七世紀不管是航海或是天文觀測上的需求，都需要準確的天文知識作後盾，而新的天文理論與精確的觀測卻需要處理精確的天文資料表與三角函數表，這些都牽涉到大量的數據計算，因此如何有效又準確地減低數學計算的工作量變成當時呼聲最高的需求。所以當對數發明之後，立刻迎來各地的讚譽，克卜勒即是受惠者之一。利用對數來簡化乘除與開方計算的巨大優點，甚至讓十八世紀著名的法國數學家拉普拉斯 (Pierre-Simon de Laplace, 1749–1827) 說對數的發明「以其節省勞力而使天文學家的壽命延長了一倍」。

二、納皮爾對數 I：等差與等比的對應

現在我們所使用的對數定義是由歐拉 (Leonhard Euler, 1707–1783) 於 1728 年給出的，但是對數的發明卻歸功於蘇格蘭數學家納皮

爾 (John Napier, 1550–1617)。納皮爾是個有廣泛興趣的人，對宗教尤其狂熱，他所製作的對數表出現在 1614 年的著作《對數的奇妙準則》(*Mirifici Logarithmorum canonis Descriptio*, 1614)，以及在他死後由兒子整理於 1619 年出版的《如何建構對數的奇妙準則》(*Mirifici Logarithmorum canonis Constructio*, 1619) 中。納皮爾是如何產生對數的概念不得而知，不過可以知道的是，納皮爾應該熟知三角學中的積化和差關係，像是

$$2\sin A\sin B=\cos(A-B)-\cos(A+B)$$

因此他知道在三角學的計算中，有這種方法可以經由計算和與差來得到兩數的乘積。不過在他之前的數學家早就藉由觀察等差與等比數列，得知可以將某些乘除轉換成指數加減運算的法則。譬如法國數學家許凱 (Nicolas Chuquet, 1445–1488)、德國數學家史蒂費爾 (Michael Stifel, 1487–1567) 觀察到等差數列與等比數列之間的對應關係，將等比數列中任兩項相乘，所得到的指數等於該兩項分別對應的指數的和。如下表，第一列為指數所對應的等差數列，第二列為公比是 2 的等比數列：

n	1	2	3	4	5	6	7	8	9	10
2^n	2	4	8	16	32	64	128	256	512	1024

當我們要計算 16×64 時，因為 $16=2^4$, $64=2^6$，因此只要計算指數相加得 10，再對照 $2^{10}=1024$，就可得 $16\times 64=1024$。要注意的是，在那個年代，對於負數的接受還有所疑慮，因此還沒有負指數的定義。

當然納皮爾也熟知這種計算等比數列中的兩項乘積與它們指數間的關係，不過許凱與史蒂費爾等只考慮整數指數，納皮爾接下來想將

這個概念推廣到指數為連續的數，此時他採用了一種運動學的觀點，將等差與等比兩個數列考慮成質點在線段上的運動，一種是等速運動，另一種與距離成比例。如圖 4–2：

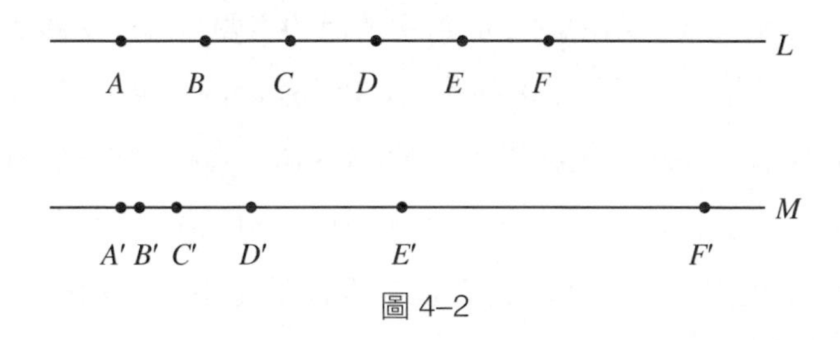

圖 4–2

直線 L 上相鄰兩點間的距離相同，亦即若 $\overline{AB}=a$, $\overline{AC}=2a$, $\overline{AD}=3a$, $\cdots$，因此當 P 點在直線 L 上等速前進時，經過每個相鄰區間的時間間隔都會相等；而直線 M 中相鄰兩點間的距離成等比，亦即當 $\overline{A'B'}=r$ 時，$\overline{A'C'}=r^2$, $\overline{A'D'}=r^3$, $\cdots$，設 Q 點在直線 M 上移動，且 P 點與 Q 點同時分別從 A 與 A' 點，以相同的初速度出發，當 P 點經過 B, C, D, E, $\cdots$ 時，Q 點相對地通過 B', C', D', E', $\cdots$，亦即 Q 點通過相鄰區間的時間間隔也會相等。因此當 P 與 Q 分別在直線 L 與 M 上移動時，滿足 $na \leftrightarrow r^n$ 的對應關係，其中 n 是連續變動的數。舉例來說，當 Q 點到達與 A' 距離為 $\sqrt{r}=r^{\frac{1}{2}}$ 的點時，P 點會到達與 A 距離為 $\frac{1}{2}a$ 的點。也就是說，當 Q 走到任意點 x 時，P 會走到 y 點，此時納皮爾將 y 視為 x 的「對數」。

三、納皮爾對數 II：建造對數表

在納皮爾那個年代，還沒有完善的分數指數的定義，因此雖然納皮爾希望指數是一個連續的變動，然而卻無法以我們現在的定義方式將指數 n 視為有理數去定義乘方，所以他只好退而求其次，採取一個足夠小的數當作底，讓它的乘方增加得慢一點，二個連續乘方之間的「洞」不要那麼大。由於納皮爾當初的目的主要在為天文觀測中的正弦值服務，因此沿用三角學中的作法，將單位圓的半徑分成 10^7 等分，他選擇在這樣的系統中最接近 1 的數：$1-10^{-7}$ 為底，這個底就是他所設計之表中的公比，他稱此為「比例」(proportion)。

接下來他用了二十年的青春歲月在計算這個等比數列中的每一項，第一個表從 $a_0=10^7$ 開始，然後是 $a_1=10^7(1-10^{-7})$, $a_2=10^7(1-10^{-7})^2=a_1-a_1\times 10^{-7}$, $a_3=10^7(1-10^{-7})^3=a_2-a_2\times 10^{-7}$, ⋯ 每一項都是由前一項減去前一項的 $\frac{1}{10^7}$ 得來，一直到 $10^7(1-10^{-7})^{100}$（省略小數部分）。接下來的表格他都選擇以前一個表格的最後一項與第一項的比值作為下一個表格的公比（省略小數部分），如此共計算了 241 項，所得最後一項的值非常接近 4998609，差不多是一開始的 10^7 的一半。

納皮爾完成了艱鉅的計算工作之後，他將每個乘方的指數稱為「對數」(logarithm)，logarithm 源自於希臘文的 *logos* 與 *arithmos* 這兩個詞，*logos* 有比、比例 (ratio, ratio-number) 的意思，不過它也有計算、推算 (reckoning, calculation) 之意；而 *arithmos* 的用法如現代的「數論」，用來表示更高層的數字理論。因此納皮爾可能用 logarithm 來表示「比值」，也有可能用此來表示一種數字理論。用現代術語來說，若 $N=10^7(1-10^{-7})^L$，L 就是 N 的納皮爾對數。如果以符號 Log$N$ 代表 N 這個數的納皮爾對數，對照現代的對數符號，$\text{Log}N=\log_{1-10^{-7}}\frac{N}{10^7}$。不過納皮爾對數與現在的對數定義不太一樣，首先是納皮爾對數為 0

的真數值是 10^7，而不是現在的 1；其次是乘積的對數等於個別對數的和這一點並不成立，若 $x_1 = 10^7(1-10^{-7})^{n_1}$, $x_2 = 10^7(1-10^{-7})^{n_2}$，那麼 $x_1x_2 = 10^7[10^7(1-10^{-7})^{n_1+n_2}]$，它多了一個 10^7 必須處理。不過這點差異並不影響納皮爾對數的效用與受歡迎的程度，在歐洲甚至是中國都曾在傳教士的影響之下開始接受與使用對數。

四、以 10 為對數的底

納皮爾的書出版之後，在倫敦格萊斯罕學院擔任幾何學教授（那時候在大學教授數學的都稱為幾何學教授）的布里格斯 (Henry Briggs, 1561–1631) 對這項發明極為欽佩，興奮地跑到蘇格蘭與納皮爾會面。布里格斯出生在英格蘭約克夏的哈利法克斯 (Halifax) 教區的一個小村莊。在完成文法學校的教育之後，因為表現優秀，於 1577 年被送到劍橋的聖約翰學院就讀，於 1592 年成為該學院的考官與講師。1596 年，布里格斯是首位被選入格萊斯罕學院 (Gresham College) 的幾何學教授，在納皮爾對數出現之前，他已在這裡度過了 20 年的光陰。當布里格斯與納皮爾見面時，他建議把 1 的對數定為 0，另外他也建議把底改為 10，完成 10 的乘方。納皮爾欣然接受，不過他此時年事已高，已經沒有心力再重新計算一套對數表，因此由布里格斯接手這個工作[1]。布里格斯於 1624 年出版《對數算術》(*Arithmetica logarithmica*, 1624)，在此書中列出從 1 到 20000，以及從 90000 到 100000 所有整數的以 10 為底之對數，精確到小數點後第 14 位，後來

❶有關布里格斯如何建造以 10 為底的對數表，請參考《HPM 通訊》第 17 卷第 6 期。

由荷蘭的出版商弗萊克 (Adriaan Vlacq, 1600–1667) 修補，於 1628 年收入第二版的《對數算術》中，這份對數表一直沿用到二十世紀。

篇 5

歷史悠久的兔子家族與最美的比例之關係

數學史上有一個古老的兔子家族，可以生生不息無限繁衍，繁衍這個兔子家族的規則是由十二世紀的費波那契所訂下的，神奇的是由這些兔子的個數所決定的數列居然跟古希臘的黃金分割比有著密不可分的關係。

歷史上最廣為人知，備受討論的兔子家族之一，來自費波那契(Fibonacci, 1175–1250)所創造的兔子家族。自從西元1202年費波那契在《計算書》(*Liber Abaci*, 1202)中提出這個兔子家族如何繁殖之後，經歷了這麼多年，在近千年之後的現代時空中，我們還在傳播這個兔子家族的事蹟；從牠們延伸出來的「產品」，橫跨自然界、音樂、藝術創作、影視作品等等，可以說已經是通俗文化的一部分了。這個歷史悠久的兔子家族到底是如何誕生的呢？讓我們從費波那契說起。

一、費波那契與《計算書》

費波那契的原名為比薩的李奧納多（Leonardo Pisano，當時的命名習慣都是要加上地名的），生於1175年左右的義大利比薩。他的父親原本是位商人，後來成為海關官員。因為成長的生活背景，讓李奧納多從小就接觸到商人使用的算術，也有機會與來自世界各地的學者交流學習。同時，李奧納多生長在一個正在發生巨大變化的年代與地點：西元1108年第一所大學在比薩東方的波隆納(Bologna)成立，而南方的薩萊諾(Salerno)則成立了第一所醫學院；此時在比薩、佛羅倫斯以及錫耶納(Siena)的學者也正忙著翻譯古希臘人的偉大著作；銀行系統在十二世紀開始出現；各國之間的貿易透過海運更加的便利與頻繁。在這樣生活環境中成長的李奧納多，環繞在商人使用的數字與算術之中，加上後來的際遇，都讓他深刻體認到一種更便利的計算方式之必要，這個嶄新的計算方式就是印度－阿拉伯數字系統。

圖 5–1　費波那契畫像

不過由於李奧納多實在是太古早之前的人了，當時的基礎教育只學習如何閱讀與書寫而已，他在數學上的學習初期完全仰賴於生活上的際遇。首先他在父親朋友的旅社中學習金錢與度量系統，還有算盤的使用；之後被他父親召喚到布吉亞，當他的父親預見李奧納多未來的可能性以及可以為他帶來的便利之後，便送他去會計學校就讀，李奧納多在《計算書》的序言中敘述了他的學習歷程：

> ……在那裡，他要我學習需要一段時間教導的數學。在那美不勝收九個印度數字的教導之中，這個技術的介紹和知識讓我高興無比，而且我也從在附近的埃及、敘利亞、希臘、西西里、普羅旺斯等地方熟悉它們的人中學習各種方法，這些商業地點都是我之後為學習才去的，並且在聚集的爭論之中學習。

這樣的學習過程和經歷，讓他對印度一阿拉伯數字的威力有了深刻的體認與理解，也讓他於 1202 年適時地符合時代潮流，寫下這本為商人書寫的、數學知識結構明確，並且對印度一阿拉伯數字的傳播有重大影響的《計算書》。

《計算書》這一本書除了介紹與處理有關印度—阿拉伯數字的算術之外，還包含了一些代數方法，也是某些應用數學的起源。全書共15章，前7章介紹印度—阿拉伯數字的書寫與加減乘除運算，以及分數的計算；後8章以在商業行為中實際應用的例子來說明與練習某些代數方法，例如比例式的推論問題（亦即三率法，文藝復興時期的歐洲稱此為黃金法則），以及利用雙設法處理線性問題等。

然而李奧納多也清楚必須將他的數學方法重新包裝以吸引更多人的注意，因此他努力將抽象的東西，設法裝扮成日常生活中熟悉的事物，我們所熟悉的費氏數列就是這樣的產物之一，它出現在此書的第12章後半部，原先的用意只是用來練習印度—阿拉伯數字這種新的數系，沒想到對後世的大多數人而言，費波那契的名聲完全奠立在這個問題之上：

有幾對兔子會在一年內被一對兔子繁殖出來。
某人有一對兔子，養在一個封閉的處所。當牠們的天性是在兩個月後就長大為成兔。成兔每個月都會生出一對新兔。吾人希望知道一年之內，究竟有多少對兔子被繁殖出來。

李奧納多要讀者們假定一旦一對初生的兔子成熟之後，牠們也會繁殖子孫，他在書中提供了一個表格以顯示每個月的兔子對數：

1, 1, 2, 3, 5, 8, 13, 21, 34, 55, 89, 144, 233, 377

後來我們就將這個加法遞迴過程所產生的數列稱為費波那契數列。

本名叫做比薩的李奧納多的這個人，到底是什麼時候成為了人們所稱呼的費波那契呢？李奧納多在《計算書》一開頭的簡介中稱自己為 *filius Bonnaci*，拉丁文意思為「波那契之子」，但是他的父親並不叫波那契，這有可能是他祖父的名字。這句 *filius Bonnaci* 正是李奧納多的別名「費波那契」的由來，在 1838 年由一個歷史學家利布里 (G. Libri) 所創，一直沿用至今。

二、費氏數列與黃金分割比

費氏數列 $\langle F_n \rangle : \langle 1, 1, 2, 3, 5, 8, 13, 21, 34, 55, 89, 144, \cdots \rangle$，其中 $F_{n+2} = F_{n+1} + F_n$，這個數列有很多有趣的性質，其中之一如下：

$$\frac{F_2}{F_1} = \frac{1}{1} = 1, \qquad \frac{F_3}{F_2} = \frac{2}{1} = 2$$

$$\frac{F_4}{F_3} = \frac{3}{2} = 1.5, \qquad \frac{F_5}{F_4} = \frac{5}{3} = 1.66 \cdots$$

$$\frac{F_6}{F_5} = \frac{8}{5} = 1.6, \qquad \frac{F_7}{F_6} = \frac{13}{8} = 1.625 \cdots$$

$$\frac{F_8}{F_7} = \frac{21}{13} = 1.615 \cdots, \qquad \frac{F_9}{F_8} = \frac{34}{21} = 1.619 \cdots$$

$$\vdots$$

從上述這些比值來看，我們發現費氏數列後項與前項的比值呈現兩個數列，一個遞增，另一個遞減，兩邊夾擠的結果，會越來越接近一個數。也就是說，當 n 趨近於無限大時，$\frac{F_{n+1}}{F_n}$ 會趨近於一個數，即 $\lim\limits_{n\to\infty} \frac{F_{n+1}}{F_n}$ 會存在，假設它等於 ϕ，那麼 ϕ 會等於多少呢？我們可由 $F_{n+2} = F_{n+1} + F_n$ 著手，兩邊同時除以 F_{n+1}，可得 $\frac{F_{n+2}}{F_{n+1}} = 1 + \frac{F_n}{F_{n+1}}$，因為 $\lim\limits_{n\to\infty} \frac{F_{n+1}}{F_n}$ 存在，令 $\lim\limits_{n\to\infty} \frac{F_{n+1}}{F_n} = \phi$，可知 $\lim\limits_{n\to\infty} \frac{F_{n+2}}{F_{n+1}}$ 也等於 ϕ，因此可得

$\phi = 1 + \frac{1}{\phi}$，即 $\phi^2 - \phi - 1 = 0$，解一下這個方程式，ϕ 取正值，就可得到 $\lim_{n\to\infty} \frac{F_{n+1}}{F_n} = \phi = \frac{1+\sqrt{5}}{2} = 1.618\cdots$。

$\phi = \frac{1+\sqrt{5}}{2}$ 這個值通常稱為黃金分割比 (Golden ratio)，源自於古希臘時期對美學的堅持。在歐幾里得 (Euclid of Alexandria, 325 B.C.–265 B.C.)《幾何原本》(*Elements*, 300 B.C.) 的第六卷中以比例的形式定義這個比：

> 分一線段為不等二線段，當整體線段比大線段等於大線段比小線段時，稱此線段被分為中末比。(A straight line is said to have been *cut in extreme and mean ratio* when, as the whole line is to the greater segment, so is the greater to the less.)

也就是說，在線段 $\overline{AB}$ 上取一點 C，使得 $\overline{AB} : \overline{AC} = \overline{AC} : \overline{BC}$。

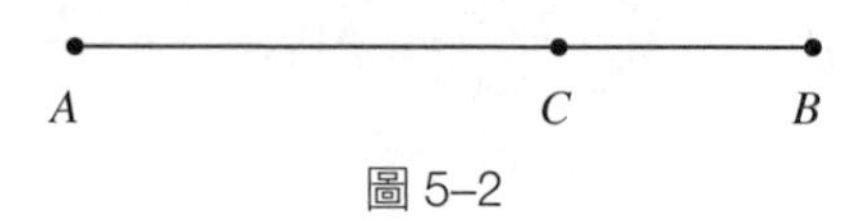

圖 5–2

令 $\overline{AC} = x$, 按照比例可得 $\frac{1}{x} = \frac{x}{1-x}$，即 $x^2 + x - 1 = 0$，解這個式子，x 取正值，可得 $x = \frac{\sqrt{5}-1}{2} = 0.618\cdots$。這個數稱為黃金數 (Golden number)，代回到分割的比值，得 $\frac{1}{x} = \frac{1+\sqrt{5}}{2} = 1.618\cdots$，就稱為黃金分割比。這個黃金分割比是古希臘人心目中彼此心照不宣的美學標準，建築物、塑像甚至是人體，要符合這樣的比例才能稱為美。現在我們可以在很多留存的建築及塑像或畫作上發現與這個比值相近的比例關係，最著名的例子就是希臘的帕德嫩 (Parthenon) 神殿，這座古希臘時期遺留下來的古蹟上，處處可見近似黃金分割比的比例關係，例如建築物正面的長與寬、柱子的高度與間隔、柱子上方裝飾雕刻的長寬等等。

圖 5–3　帕德嫩神殿

從上述的說明，我們知道費氏數列後項與前項的比值最終會趨近於黃金分割比，兩個數學上看似平凡無奇與毫不相關的概念，結合成自然界與人類文明最奇妙、最神祕，也最吸引人的一項「神蹟」。自然界有許多生物在冥冥之中似乎有股力量讓它們照著費氏數列或是黃金分割比地成長；人類社會文明也藉由費氏數列或是黃金分割比創作了許多令人讚嘆的作品。這些自然界與人類文化的創作，將會在下一篇文章中一一展現。

篇 6

美妙的費氏數列與黃金分割比

兔子數列，亦即費波那契數列有著豐富且神祕的數學性質，而且不知是偶然的緣分還是造物主的巧思，讓費波那契數列與自然界生物的生長有著奇妙的相似性，也因此成為許多藝術家在創作藝術與文化時的主題。

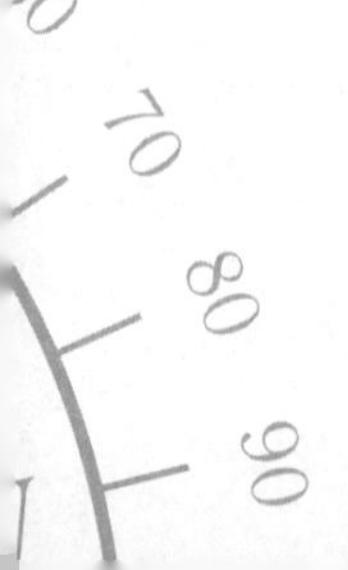

在前一篇文章中，我們談到了費氏數列與黃金分割比（也稱為黃金比例或黃金比）的關係，這兩者可說是自然界最神祕、最奇妙的存在。因為這種神祕性，讓許多人心生狂熱，熱衷於在許多創作中尋找費氏數列與黃金分割比的蛛絲馬跡。在沒有證據支持下，許多的論點只是穿鑿附會的說法，尤其是黃金分割比，畢竟一個無理數不是那麼容易可以度量出來的。再者，黃金分割比與美學之間的關聯性，有時也是見仁見智的論述而已。為了避免落入偏執的窠臼之中，本篇文章著重在論述「事實」以及現象，數學中存在的事實是不容辯駁的真理，放諸四海而皆準，從它們所蘊含的數學真理中，我們即可由衷地感受到費氏數列與黃金分割比所蘊含的數學之美。

另外，從大自然存在的現象裡，不需過度解讀就可看到造物者對費氏數列與黃金分割比的偏愛，也能理解為何有人會對這兩者賦予「神性」，以「神的比例」來稱呼。這兩者經過時間的淬鍊以及眾多人士的渲染，無疑地已在流行文化占有一席之地，它們普遍被認知為是數學能力與神祕性的展現，以這樣的觀點出現在暢銷書以及電視電影中。這些都是與費氏數列及黃金分割比有關的事實與現象，讓我們從這些數學真理、大自然的生物成長與流行文化中來感受費氏數列與黃金分割比的神祕與美妙。

一、費氏數與黃金分割的數學特性

在費氏數列：1, 1, 2, 3, 5, 8, 13, 21, 34, 55, 89, 144, 233, 377, 610, 987, … 中出現的數，我們通常稱為費氏數。這個數列本身即蘊含了許多數學上神祕的特性，以下僅舉出一些簡單的例子：

(1)將相鄰費氏數的乘積取奇數個相加，其和剛好等於最後一數的平方，例如：

$$1\times1+1\times2+2\times3=9=3^2$$

$$1\times1+1\times2+2\times3+3\times5+5\times8=64=8^2$$

$$1\times1+1\times2+2\times3+3\times5+5\times8+8\times13+13\times21=441=21^2$$

(2)相鄰 10 個費氏數的和為 11 的倍數，例如：

$$1+1+2+3+5+8+13+21+34+55=143=11\times13$$

這個和剛好也是第 7 個數乘以 11。

$$55+89+144+233+377+610+987+1597+2584+4187$$
$$=10857=11\times987$$

(3)個位數字以六十項為週期重複出現，例如：

$$F_2=1,\ F_{62}=4052739537881$$

事實上，法國的數學家拉格朗日 (J. L. Lagranges, 1736–1813) 在 1774 年發現費氏數中最後 n 位 $(n\geq3)$ 的循環週期為 $15\times10^{n-1}$。

(4)前 n 項和 $F_1+F_2+\cdots+F_n=F_{n+2}-1$，例如前 10 項和

$$1+1+2+3+5+8+13+21+34+55=143=144-1$$

其中 144 為第 12 項。

在前一篇文章中提到費氏數列後一項與前一項的比值會接近黃金分割比。事實上，當項數 n 趨近於無限大時，$\lim\limits_{n\to\infty}\frac{F_{n+1}}{F_n}=\phi$ $=1.6180339887\cdots$。經由黃金分割所造成的相似性，出現在許多幾何圖形中。首先在一個 36°-72°-72° 的等腰三角形中，它的腰與底邊的比為黃金比。如圖 6–1，在 $\triangle ABC$ 中，設 $\overline{AB}=x$, $\overline{BC}=1$，作 $\angle ABC$ 的角平分線交 $\overline{AC}$ 於 D 點，因為 $\triangle ABC\sim\triangle BCD$，所以 $\frac{x}{1}=\frac{1}{x-1}$，得

$x^2-x-1=0,\ x=\dfrac{1+\sqrt{5}}{2}=\phi$（取正值）。在這個三角形中可以分出一個與它本身相似的三角形，並且都擁有同樣的比例，這種三角形稱為黃金三角形。同樣地，108°-36°-36° 的等腰三角形也是黃金三角形，其底邊與腰的比為黃金比。

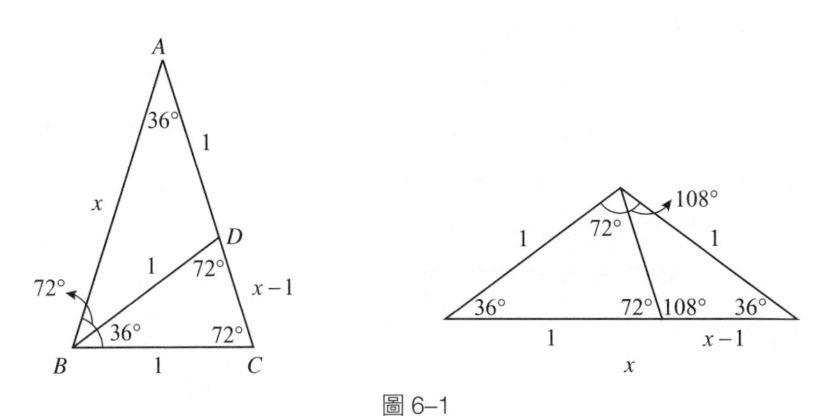

圖 6–1

在一個正五邊形中，到處可見黃金比例：對角線與邊長、兩對角線相交所分成的線段比等等；連接五條對角線後，又會形成一個小的正五邊形，原本正五邊形的邊長與這個小正五邊形的邊長比又是黃金比，且這五條對角線形成的五角星形中，每一個凸出的角都是黃金三角形。

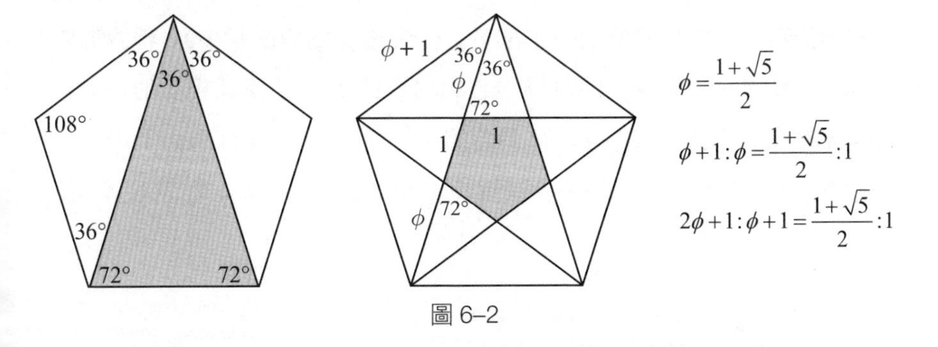

圖 6–2

同樣地，當一個矩形的長與寬之比值恰為黃金分割比 ϕ 時，這種矩形稱為黃金矩形。如果我們從黃金矩形中切出一個以寬為邊的正方形，剩下的矩形也會是黃金矩形，而且恰好是原矩形的 $\frac{1}{\phi}$。繼續這樣的步驟下去，就可得到一系列相似的黃金矩形（如圖 6–3 (a)）。更神奇的是，如果我們以費氏數列為邊長作正方形，亦即先作兩個邊長為 1 的正方形並排，再作一個邊長為 2 的正方形，接著繼續作邊長分別是 3, 5, 8, 13, 21, 34, 55, … 的正方形，每個步驟得到的矩形都會接近黃金矩形，作得越多越接近（如圖 6–3 (b)）。

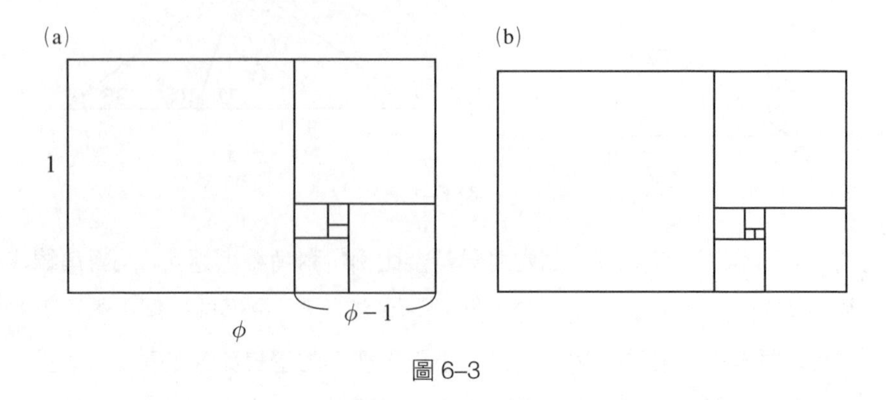

圖 6–3

1638 年法國數學家笛卡兒發現一種曲線，它有著自我相似的性質（即取圖形中心點開始的一小部分，放大後會跟原圖相似），稱為對數螺線，又稱等角螺線，因為過中心點的直線 L 與此螺線相交的角度會維持固定（如圖 6–4 (a)）。這個曲線可用極坐標定義畫出，不過可能出於造物主的偏愛，這個螺線居然也存在於黃金矩形中，如圖 6–4 (b)。

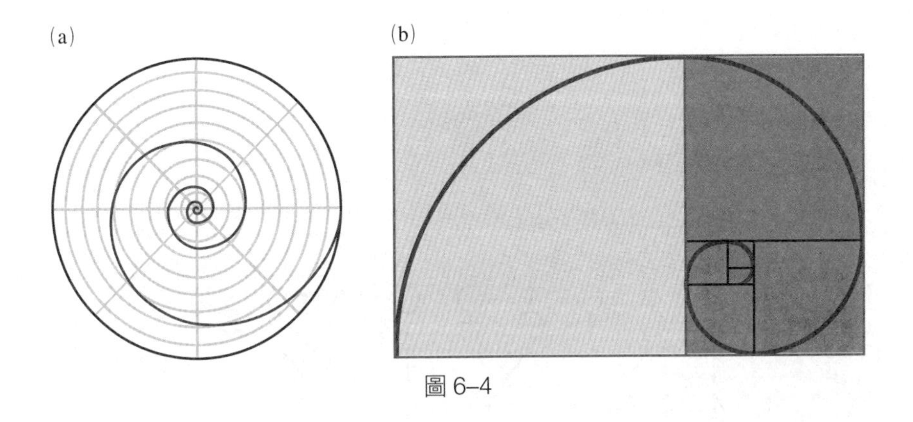

圖 6–4

二、自然界神祕的生長方式

在大自然中，許多生物的生長模式有著奇妙不可知的神祕性，這些令人感嘆造物者神奇的特性，有一部分就跟費氏數列與黃金比有關。首先，我們知道費氏數列當初是費波那契自己假設一對兔子的生殖模式而產生的數列，這樣的模式從何而來不可知，有研究指出可能出自印度梵文中的音韻學。不過如果我們研究蜜蜂的生殖模式，會發現居然與費氏數列不謀而合。蜜蜂中雌蜂不是成為蜂后就是工蜂，工蜂的卵子可以不用受精而變成雄蜂，蜂后的卵子經雄蜂受精後成為雌蜂。也就是說雄蜂只有母親，而雌蜂同時有父親與母親。下面是從一隻雄蜂開始展開的族譜：

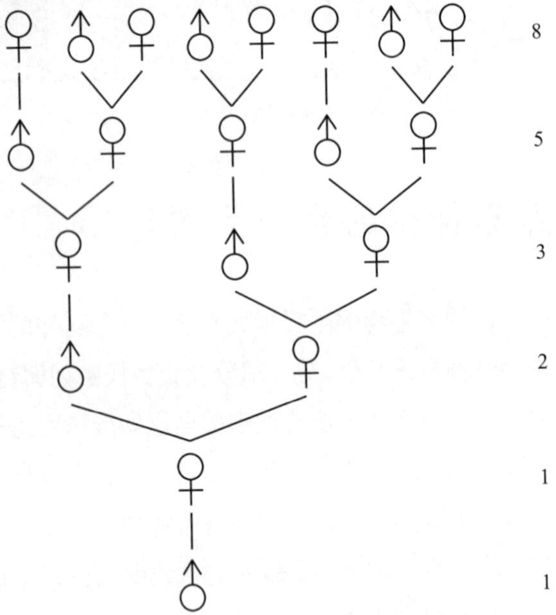

8

5

3

2

1

1

是不是跟費氏數列從一對兔子生成的族譜一模模一樣樣?

大自然存在的花卉有千百萬種，各有不同的美，不過如果我們細數各色花卉的花瓣，會發現花瓣數出現最多的居然是費氏數。例如 3 瓣的百合與愛麗絲（下面的 3 瓣是支撐的花萼），5 瓣的杜鵑與桐花，還有各種種類的雛菊，它們的花瓣大多為 13, 21 或 34 瓣，以及 21 瓣的菊苣等等。

桐花（5 瓣）　杜鵑（5 瓣）

菊苣（21 瓣）　雛菊（21 瓣）

圖 6–5

生物的生長似乎有著特殊密碼。生物學家發現植物葉子或鱗片的排列方式會按照一定的順序，1837 年布拉維斯兄弟 (A. Bravais, 1811–1863 and L. Bravais, 1836–1913) 發現新葉子以大約相同的角度沿著圓周推進生長，這個角度稱為發散角，通常很接近 137.5 度。計算一下 $\frac{360°}{\phi} \approx 222.5°$，算另外一邊 $360° - 222.5° = 137.5°$，又跟黃金比例有關，有沒有很神奇？這個角度有時就叫做黃金角。圖 6–6 為發散角 137.5° 的例子中，第 1～5 片葉子（或鱗片）長出的位置，看看這個圖，有沒有似曾相識的感覺：

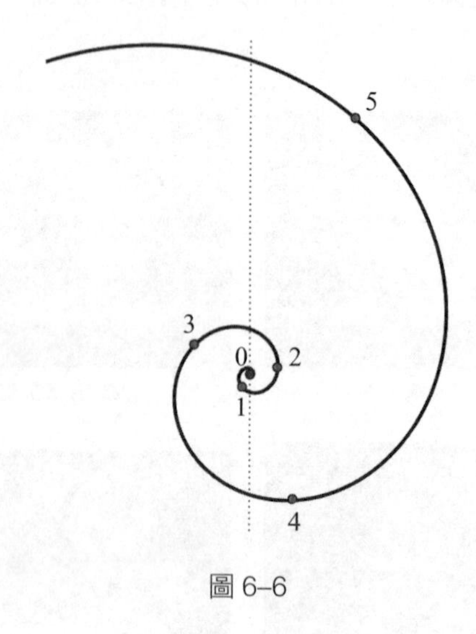

圖 6–6

1907 年依特遜 (G. van Iterson, 1878–1972) 研究證明在一個捲繞緊實的螺線上，若以 137.5° 來分隔緊鄰的點，觀察者會看到兩組相互交錯的螺線，一組順時針，一組逆時針，兩組螺線的數目趨向於相鄰的兩個費氏數，最常見的例子就是向日葵與松果，如圖 6–7。

圖 6–7

上述所提的等角螺線因為有自我相似的性質，恰好是許多生物成長所需的屬性，例如鸚鵡螺的殼以及公羊角的生長方式。這個螺線大概也是宇宙最受歡迎的螺線，從向日葵、鸚鵡螺，到颱風、星系的漩渦都是這個螺線，因此也出現在許多藝術畫作與裝飾上。

圖 6–8　鸚鵡螺的殼

三、流行文化中的費氏數列與黃金比例

這幾年在西方國家，基於對費氏數列與黃金比例神祕性的狂熱，有許多的流行文化，包括音樂、畫作、文學與影視產品會使用到這兩個元素。以下僅舉一些在臺灣能夠接觸到且觀眾較為熟悉的影劇產品為例。首先是丹・布朗 (Dan Brown, 1964–) 的暢銷書及其改編的電影《達文西密碼》(*The Da Vinci Code*, 2003)，本書一開始即以羅浮宮館長被殺臨終前留下的密碼作為將讀者引入書中謎題的一個重要引子，這個密碼經解密後居然是費波那契數列，書中第一個謎就是費氏數列、黃金比例 (在此書中稱為神聖比例)，這兩者到底與館長隱藏的祕密有何關聯？這個謎即是本書的賣點之一。另一個電影的例子為《魔法玩具城》(*Mr. Magorium's Wonder Emporium*, 2007)，電影中達斯汀・霍夫曼 (Dustin Hoffman, 1937–) 飾演的玩具店老闆馬格瑞姆先生在徵求會計師時，來應徵的韋斯頓先生以費氏數列來顯示他對數字的淵博知識。

在電視影集方面，也有許多利用費氏數列與黃金比例的例子。其中較為臺灣觀眾熟悉的有影集《數字搜查線》(*Numb3rs*, 2005) 與《犯罪心理》(*Criminal Minds*, 2005)。《數字搜查線》為美國 CBS 製播的影集，主題集中在借用數學為工具破解聯邦案件。在第四季的第 4 集 (Thirteen) 中，連續殺人犯在殺人之後留下的線索以費氏數列編成密碼，這一集的主題就在討論由費氏數列引出的數字神祕學 (numerology)，值得注意的是這一集的場景設計，在換景時都會有一些與黃金比例有關的圖形一閃而過，相當令人驚豔。另外，現在還在熱播的影集《犯罪心理》，在第四季第 8 集 (Masterpiece) 中，連續殺人狂熱衷於黃金比例帶來的完美性質，以費氏數列作為挑選被害人的規則，並以等角螺線來暗示被害者的地理位置。除了這兩部影集之外，還有像是《危機邊緣》(*Fringe*, 2008)、《觸摸未來》(*Touch*, 2012) 等影集，也有出現過費氏數列或黃金比例的蹤跡。

看了這麼多費氏數列與黃金分割比的例子，你 / 妳是否也能感受到數學之美呢?

篇 7

數學歸納法的時光之旅

數學歸納法與自然科學使用的歸納法不同，它是一個證明方法，因此在歸納之餘強調的是邏輯證明，證明所歸納的性質是正確的，那麼如何有效地證明呢？在學生學習數學歸納法的證明方法時，常見的許多錯誤類型為何？如何糾正與避免？從數學發展的過程來看哪些數學家率先使用類似的方法，從中學習數學歸納法概念之精髓所在。

一、不要認錯人之數學歸納法不是歸納法

我們在初學數學證明的時候，針對無窮多個自然數或整數成立的證明中，初學者很容易以舉例的方式當成證明過程。我們都知道，自然數或整數無窮無盡，而舉例是有限的，沒有舉出所有的例子，怎麼知道後面不會突變呢？譬如「試證：當 n 為任意自然數時，$n^2+n+72491$ 為質數」，你耐心試了 $n=1, 2, 3, \cdots 11000$ 都是對的，這樣就能說 $n^2+n+72491$ 一定是質數了嗎？危機總在你意想不到的時候來臨，事實上，這個命題是錯誤的，當 $n=72490$ 時就不是質數。

觀察一定數量（有限個）的例子之後，進行一般性質的抽離與臆測，稱為「歸納法」，比較歸納的程序，可以幫助我們提出「假設」，這些「假設」的有效性只適用於觀察的有限個例子上。如何證明這個假設對「所有」你無法一一列舉出的例子都成立，則需要藉助數學歸納法的邏輯演繹才能作到。簡而言之，歸納法只是歸納猜測結果，數學歸納法則是證明猜測結果為真的一種演繹推理型式。

在高中課程內容中，數學歸納法原理常利用以下的兩步驟呈現：

步驟 1：證明 $n=1$ 時，敘述成立。（歸納起點）

步驟 2：假設 $n=k$ 時，敘述成立；（歸納假設）

證明 $n=k+1$，敘述也成立。（歸納步驟）

由數學歸納法原理得證，n 為任意自然數時敘述都成立

在步驟 2 中，假設 $n=k$ 成立，證明 $n=k+1$ 成立之後，為何就可得知，對所有的自然數都成立？這是因為根據「數學歸納法原理」。所謂的「數學歸納法原理」來自義大利數學家皮亞諾 (G. Peano, 1858–

1932) 對自然數的公設系統。在 1870 年代以前，數學的發展幾乎都建立在直覺、觀察以及實效的基礎上，這一點可以從下面所舉的幾個史料中得到一點佐證。但是，從十八世紀末至十九世紀，甚至是二十世紀初，數學的幾個重大發展，例如微積分基礎的需求、四元數的發現、非歐幾何學的建立等等，都迫使數學家進一步重新追求證明及數學基礎的嚴密性，而數學的嚴密化通常藉著各支系的公設化而完成。其中，扮演重要角色之一的，即是義大利數學家皮亞諾。

圖 7–1　皮亞諾

皮亞諾對邏輯符號寄予重任，他希望他的著作《數學的公設》(*Formulaire de mathematiques*, 1894) 能發展成包含不只數學邏輯，還有數學其他重要分支的形式語言。他在 1889 年發表的《算術原理》(*Arithmetics Principia*, 1889) 序言裡寫道：「我認為任何科學的命題都能單獨以這些邏輯符號表示，並使我們增加符號來呈現那個科學的主體。」所以，他以邏輯符號 $\in$ (屬於)、 $\subset$ (包含於)，及無定義名詞「$\mathbb{N}$，自然數 (number)」、「1，單位元 (unity)」、「$a+1$，後繼元素 (the successor of a)」、「=，相等」等，來給出自然數的公設 (axiom)，我們只看其中不包含運算的 5 個公設：

(1) $1 \in \mathbb{N}$。

(2)若 $a \in \mathbb{N}$，則 $a+1 \neq 1$。

(3)若 $a \in \mathbb{N}$，則 $a+1 \in \mathbb{N}$。

(4) $a, b \in \mathbb{N}$，若 $a=b$，則 $a+1=b+1$。

(5)設 $S \subset \mathbb{N}$。若 $1 \in S$，並且「若 $k \in S$，則 $k+1 \in S$」成立。則 $S=\mathbb{N}$。

翻譯成比較白話一點的說法就是：

(1) 1 是自然數。

(2) 1 不是任何自然數的後繼元素。

(3)每個自然數 a 有個後繼元素。

(4)若 a 與 b 相等，則 a, b 的後繼元素亦相等。

(5)若一自然數子集 S 包含 1，且「若自然數 $k \in S$，則 $k+1 \in S$」成立，則 S 就是所有自然數集。

上述的公設(5)通常被稱為數學歸納法原理 (the axiom of mathematical induction)，這一條即是數學歸納法作為一個證明方法的邏輯基礎之所在。

二、不要跑錯地之數學歸納法的錯誤型式

在利用數學歸納法作證明時，有幾個比較常出現的錯誤類型：

(1)忽略起始步驟：

沒有證明起始的 n 值成立，僅假設 $n=k$ 成立後證明 $n=k+1$ 成立。

這樣的錯誤有時會導致錯誤的命題成立，例如命題為「試證：

$1+2+3+\cdots+n=\frac{n(n+1)}{2}+1$，對所有的自然數 n 都成立」，設 $n=k$ 成立，是可以推導得 $n=k+1$ 成立的，但是很明顯地，這是個錯誤的命題。

(2)忽略歸納遞推的必要：

僅證明有限多項成立，未證明一般項結論是否正確，例如上述命題「試證：當 n 為任意自然數時，$n^2+n+72491$ 為質數」的例子。

(3)忽略歸納遞推與起始點的配合或未使用遞迴性的推理：

譬如有類命題型如「任何 n 個人皆等高」，某人以下列的形式作證明：

$n=1$ 明顯成立；

假設 $n=k$ 成立，亦即有 k 個人時，這 k 個人等高；

當 $n=k+1$ 時，將這 $k+1$ 個人編號 $1\sim k+1$ 號，那麼 $1\sim k$ 號這 k 個人等高；取 $2\sim k+1$ 號，這 k 個人也會等高，因此這 $k+1$ 個人皆等高。

這個證明過程看起來好像滿足了數學歸納法證明形式之要求，然而此命題顯然是個錯誤命題，在證明過程忽略了 k 必須滿足 $k\geq 3$ 才行。這種錯誤命題的出題類型在臺灣的高中教育現場比較少出現，除非是在勘誤的題型中。在高中的教學過程中，學生較常在一個要求以數學歸納法證明的正確命題中，出現忽略遞迴推理的錯誤，亦即在證明 $n=k+1$ 時，未使用 $n=k$ 的條件。

這三種錯誤類型是國內學生在利用數學歸納法證明時比較常見的類型，其他還有諸如不知數學歸納法使用時機、證明過程不完整，甚至是沒有證明 $n=k+1$ 成立（直接寫結論）等，也都時有所見。在了解錯誤類型以及錯誤所在之後，才有可能針對錯誤來作改正，以提升學習效果。

三、回到過去之數學歸納法的發展軌跡

在數學的發展過程中，一個理論的完備通常不是一蹴可幾，而是需要經過許多不同時代不同數學家的努力與灌溉，才能開花結果，數學歸納法原理（自然數的公設系統）也是如此。在皮亞諾提出自然數的公設之前，有許多數學家都曾面對這類型的證明，也都盡量在當時的時空脈絡下，以當時所能用的方法盡可能地完成「證明」。以下舉幾個數學家使用的方法為例，試圖讓讀者理解為何數學歸納法的原理最後完成的型式會是如此的樣貌。

⑴巴斯卡 (B. Pascal, 1623–1662)

巴斯卡在《論算術三角》(*A Treatise on the Arithmetical Triangle*, 1653) 的第一部分，關於算術三角形（就是我們熟悉的巴斯卡三角形）的性質推論中，用了類似數學歸納法的型式證明：

> 在同一底上的兩個相鄰的格子，位置在上的格子（上格）與位置在下的格子（下格）的數字比，等於從此上格到此底的頂格的格子數與從下格到底端的格數的比，而此上、下格都包含在其中。
>
> 考慮同底上任一兩相鄰格 E、C，我斷言：
>
> | E (4) | 比 | C (6) = | 2 | : | 3 |
> |---|---|---|---|---|---|
> | 下格 | 比 | 上格 | 從 E 到底端有兩格（即 E、H） | | 從 C 到頂端有三格（為 C、R、δ） |
>
> 雖然這一定理有無限多種情況，藉由假設以下兩個引理，我將給出一個很短的證明。

Z	1	2	3	4	5	6	7	8	9	10
1	G 1	σ 1	λ 1	μ 1	δ 1	ζ 1	1	1	1	1
2	φ 1	ψ 2	θ 3	R 4	S 5	N 6	7	8	9	
3	A 1	B 3	C 6	ω 10	ξ 15	21	28	36		
4	D 1	E 4	F 10	ρ 20	Y 35	56	84			
5	H 1	M 5	K 15	35	70	126				
6	P 1	Q 6	21	56	126					
7	V 1	7	28	84						
8	1	8	36							
9	1	9								
10	1									

引理 1：本身即是證據。這個命題在第二底時顯然成立；因為很明顯地 φ 比 σ 等於 1 比 1。

引理 2：假設此命題在某一底為真時，則可得到在其下一底也一定為真。

從以上可知在所有的底都為真，因為在引理 1 中，第二底為真；所以由引理 2 知第三底亦為真，從而在第四底亦為真，如此以至無窮。所以僅需證明引理 2 即可。證明可用如下的方法：設此命題在某一底為真，如在第四底 $D\mu$ 上為真，即 D (1) 比 B (3) 等於 1 比 3，B (3) 比 θ (3) 等於 2 比 2，且 θ (3) 比 μ (1) 等於 3 比 1 等等。則我說在下一底 $H\delta$ 上也有同樣的比例，例如 E 比 C 等於 2 比 3。

由假設知，D 比 B 等於 1 比 3，於是

$D+B$ 比 B 等於 $(1+3)$ 比 3，而 $D+B=E$，所以

E 比 B 等於 4 比 3

同樣的方法，由假設知 B 比 θ 等於 2 比 2，於是

$B+\theta$ 比 B 等於 $(2+2)$ 比 2，而 $B+\theta=C$，所以

C 比 B 等於 4 比 2

而 E 比 B 等於 4 比 3，由合比定理得 C 比 E 等於 3 比 2。證明完畢。

在所有其他的底上，都可以用同樣的方法證明，因為這樣的證明方式僅建立在這樣的事實上：命題在前一底為真，且每一格都等於它的前一格（左邊的格子）與其上面一格的和，而這一點對每一種情況都成立。

由以上的內容來看，挑剔一點的數學家可能會認為證明有瑕疵，因為巴斯卡並沒有證明一般情況，而只是用了一個第四底的特例。但是我們從這個例子的證明方式，可以看到一般化的證明方式。因此，即使巴斯卡沒有將證明一般化，我們也能預見他的證明內容會是什麼樣的型式。而就證明的邏輯型式而言，巴斯卡在證明一個命題對無窮多的自然數都成立時，他確實使用了「數學歸納法」證明的型式與精髓。

⑵阿爾・凱拉吉 (Al-Karaj, 953–1029)

阿爾・凱拉吉，巴格達人，他在有關代數的作品《*Al-Fakhri*》中運用「歸納法」討論了整數的立方和公式 $\sum_{k=1}^{n}k^3=(\sum_{k=1}^{n}k)^2$，不過他的證明並未陳述此級數 n 項和的結論，而是只證明前 10 項之和，即 $(1+2+\cdots+10)^2=1^3+2^3+3^3+\cdots+10^3$，且證明的策略是由 $n=10$ 往回證明至 $n=1$。他的作法如下：

利用右圖，其中

$\overline{AB}=\overline{AD}=1+2+\cdots+10$

$\overline{BB'}=\overline{DD'}=10$

$BCDD'C'B'$ 的面積

$=2\cdot 10(1+2+\cdots+9)+10^2$

$=2\cdot 10\cdot\dfrac{9\cdot 10}{2}+10^2$

$=9\cdot 10^2+10^2=10^3$

即 $(1+2+\cdots+10)^2$

$=(1+2+\cdots+9)^2+10^3$

同理，$(1+2+\cdots+9)^2=(1+2+\cdots+8)^2+9^3$

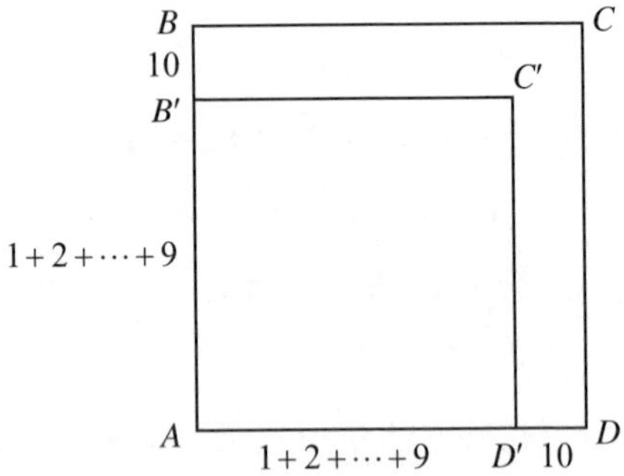

圖 7–2

連續利用這個式子得到：

$$
\begin{aligned}
&(1+2+\cdots+10)^2\\
&=(1+2+\cdots+9)^2+10^3\\
&=(1+2+\cdots+8)^2+9^3+10^3\\
&=(1+2+\cdots+7)^2+8^3+9^3+10^3\\
&\ \ \vdots\\
&=1^3+2^3+3^3+\cdots+10^3
\end{aligned}
$$

我們由他的作法可以看出，他並沒有如現代數學歸納法一般，由一般的 $n=k$ 成立證明 $n=k+1$ 成立，不過已經可以從他的作法中看出數學歸納法的精髓——具備遞迴性的推理。在阿爾・凱拉吉之後，法國數學家本熱爾松 (L. ben Gerson, 1288–1344)，在這個問題上就用了類似的方法從 n 到 $n-1$，然後一直到 1，他稱這樣的歸納法為 “rising step-by-step without end”。

另一位巴格達的數學家阿爾・薩毛艾勒 (Al-Samawal, 1130–1180)，利用 $(a+b)^3$ 的展開式得到 $(a+b)^4$ 展開式，然後是 5 次方展開式，最後說高次方的展開式也適用類似的方法。雖然他並沒有用數學歸納法證明一般的二項式定理，不過同樣地，他的作法可以讓我們從操作中看到一條可行的路徑，引到一般的數學歸納法原理。

仔細品味上述所舉的這幾個數學家所使用的方法，雖然離現代數學歸納法完整的證明型式還有一段距離，不過，也正是有他們的心血灌溉，當數學發展到需要的時候，自然而然地就會有某位（或數位）數學家完成這項使命，讓它真正地開花結果。我們在學習數學的過程中，除了學習數學知識的用法，多用一點心，也能品味到這顆經由無數代前人細心培育的果實，它所蘊含的濃醇滋味。

篇 8

巴斯卡其人其事

課本裡提到了巴斯卡三角形，巴斯卡到底是何人？他有著什麼樣的事蹟？你知道他在什麼契機之下發明與使用巴斯卡三角形嗎？他又為何在宗教與科學之間搖擺不定呢？

一、生平與研究工作

布萊思・巴斯卡，出生於法國克萊蒙費朗 (Clermont-Ferrand) 地區，對數學、物理、神學宗教都有過深入的研究與貢獻。他三歲喪母，是家中的獨子，八歲時舉家搬遷到巴黎。他的父親對教育擁有與眾不同的觀點，決定親自教養他的小孩，並且為了避免影響到巴斯卡對拉丁文與希臘文的學習，還曾禁止他在 15 歲前學習數學，並收起巴斯卡身邊所有與數學相關的著作。然而，這個從小天資聰穎的小孩，在他 12 歲時居然獨自發現了三角形內角和等於二個直角的性質，他的父親發現之後，覺得他既然有數學的天分，於是給了他著名的幾何學聖經《幾何原本》，決定讓他學習歐幾里得的幾何學。

14 歲時，他陪著父親開始參加梅森神父 (M. Mersenne, 1588–1648) 的聚會。在十七世紀的前半葉，梅森神父是當時世界的科學與數學知識集散中心，因此小巴斯卡得以在聚會中認識許多科學界與數學界的大咖級人物，包括在射影幾何上影響他甚深的狄沙格 (Girard Desargues, 1591–1661)、笛卡兒以及法蘭西學院 (Académie française) 的數學教授羅伯沃 (Gilles Personne de Roberval, 1602–1675)。16 歲時在狄沙格思想的影響下，認真創作了一份有關圓錐曲線的論文，裡頭包含了許多射影幾何的定理，還包括了著名的巴斯卡神祕六邊形，那是一個六邊形內接在圓錐內，它的各組對邊的交點共線。巴斯卡的這份作品已相當具有成熟度，以致於笛卡兒看到這份手稿後拒絕相信它出自於一位 16 歲的少年之手。

當小巴斯卡的父親賣掉他原本的官位舉家遷到巴黎時，他將賣官所得的錢投資在政府基金上，無奈當時法王路易十三的宰相以及樞機主教黎胥留 (Armand Jean du Plessis de Richelieu, 1585–1642) 急需為三十年戰爭保留資金，拖欠了政府基金的發放，使得巴斯卡一家陷入財政困境，加上他父親反對黎胥留的稅務政策，使得老巴斯卡匆匆逃出巴黎，直到小巴斯卡的妹妹有一次因表演出眾受到矚目，他父親才得以重回當權者關愛的眼神下，出任稅制混亂的盧昂 (Rouen) 地區稅務官。巴斯卡為了減輕他父親在稅務工作上的負擔，於 1642 至 1645 花了三年的時間發明一部稱為 Pascaline 的計算器，不過因為造價過於昂貴，以致銷售不佳，只能被當成貴族炫耀財富或展示地位的象徵。

圖 8–1
早期的巴斯卡計算器，現存於巴黎工藝美術博物館 (Musée des Arts et Métiers)

大約 1646 年時，巴斯卡開始一系列有關大氣壓力的實驗。1647 年，他宣稱就他的標準而言真空存在。這是一個相當大膽的說法，對當時的科學家來說，還沒有所謂的真空這件事。因此笛卡兒在短暫的拜訪行程中，只留下爭吵而離去，還不忘寫信跟當時科學界的新秀惠更斯 (Christiaan Huygens, 1629–1695) 抱怨，以真空 (vacuum) 說了句相關語的諷刺話：「……巴斯卡的腦袋有太多空洞了。(...has too much vacuum in his head.)」

1653 年，巴斯卡完成《論算術三角》，雖然他不是第一個討論或使用所謂「巴斯卡三角形」的人，他的論文卻是這個主題中最重要的論文，並且透過沃利斯 (John Wallis, 1616–1703) 的作品，巴斯卡的算術三角中有關二項係數的成果，得以啟發牛頓發明一般的二項式定理，亦即指數擴充到分數與負數的情形，進而利用到微積分的發明之中。不過巴斯卡之所以寫下《論算術三角》，他主要的目的在於解決賭金分配的問題。巴斯卡曾在 1654 年寫給費馬的信中描述了他對賭金分配問題的解法，幾年後在《論算術三角》的末尾作了更詳細的描述。有關賭金分配的問題，會在〈機率初步〉這篇文章中詳細地敘述與討論。

巴斯卡最後的數學貢獻留在擺線 (cycloid) 這個主題上。所謂擺線為一圓沿著直線滾動時，圓周上一點的運動軌跡。1658 年，巴斯卡常常因為病痛導致晚上睡不著覺，在漫漫長夜中他藉由思考這個數學問題來轉移對疼痛的注意力。在這段時間裡，他重新發現了大部分已知的擺線性質，以及一些新的結果。譬如他解決了將擺線繞著 x 軸旋轉所生成的立體之體積與表面積的問題。最後他決定出版一份挑戰問題集，將它寄給當時有名的數學家與科學家，如雷恩 (Christopher Wren, 1632–1723)、拉盧貝爾 (Antoine de Laloubère, 1600–1664)、惠更斯、萊布尼茲、沃利斯與費馬，並提供兩份獎金，請羅伯沃擔任其中一位評審。這份挑戰後來只收到兩份參選作品，只有拉盧貝爾與沃利斯參加，不過他們的解答都不正確或不完整，因此獎金最後並沒有發出，後來巴斯卡決定出版他自己的解法，把它加上副標題「擺線的歷史」而出版。

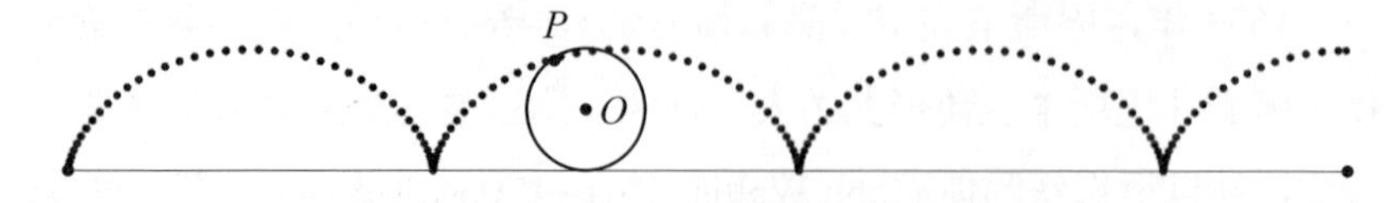

圖 8–2　以 GeoGebra 軟體模擬畫出的擺線圖形

巴斯卡死於年紀輕輕的 39 歲，在世時長時間為病痛所苦，最後因為胃部的惡性腫瘤擴散到腦部後，在極度的痛苦中死去。在他短暫的一生中，除了對數學與物理的高度興趣之外，在他生命的最後幾年時間，全奉獻給了神學與宗教，因此他的作品也包含了神學與宗教哲學方面的著作。他的人格特質通常被描述為「早熟、得理不饒人、完美主義者、對無情的欺凌會挺身而出，卻也試著要溫順與謙卑」。巴斯卡是個自我矛盾的人，他曾經像笛卡兒一樣，相信科學的真理必能因邏輯的推演而變得更加清楚、明確，只有推理才能展現科學知識的基礎；與此相反地，他卻又認為在聖經的權威之下，信仰的神祕性必須接受。在 24 歲之後，雖然科學研究還在持續進行著，他的思想卻受到宗教的侷限，譬如在從事數學研究時，巴斯卡相當倚賴直觀，預設結論、大膽猜測，將其視為真理的來源，他說：「心中自有理性，它是推理所難以知道的。」在他生命的最後，於 1660 年寫給費馬的信中，卻來個信念大逆轉，表示他反對數學，認為不必為此費神，此舉等於全然否定了他這一生的努力與成就。或許是病痛的折磨造成他多變的性格，也或許他本身就具有多重人格特性吧。

二、巴斯卡三角形

「巴斯卡三角形」在數學知識上，有三層意義：圖形數 (figurate

numbers)、組合數 (combinatorial numbers) 與二項係數 (binomial numbers)。巴斯卡的《論算術三角》這一本書中完整地包含了這三個面向。《論算術三角》大約完成於 1653 年，當時巴斯卡為了全面地解決賭局中賭金分配的問題 (Problem of Points)，刺激了他對組合學的興趣，進而完成這一本書，在此書中他將我們熟知的巴斯卡三角形稱為算術三角。本書分成兩個部分，第一個部分包含算術三角的定義和 19 個推論，以及一個問題。在這個部分中，巴斯卡給出了算術三角的性質，以及我們所熟悉的許多組合公式。第二個部分為算術三角的應用，包含了四個章節：(1)在圖形數理論上的應用；(2)在組合理論上的應用；(3)在機會遊戲 (game of chance) 中賭金分配問題上的應用；(4)在二項展開式上的應用。

所謂圖形數即是可以小石頭代表數排列成各種形狀的數，例如三角形數：1, 3, 6, 10, 15, …、角錐形數 (pyramidal numbers)：1, 4, 10, 20, 35, 56, 84, …。

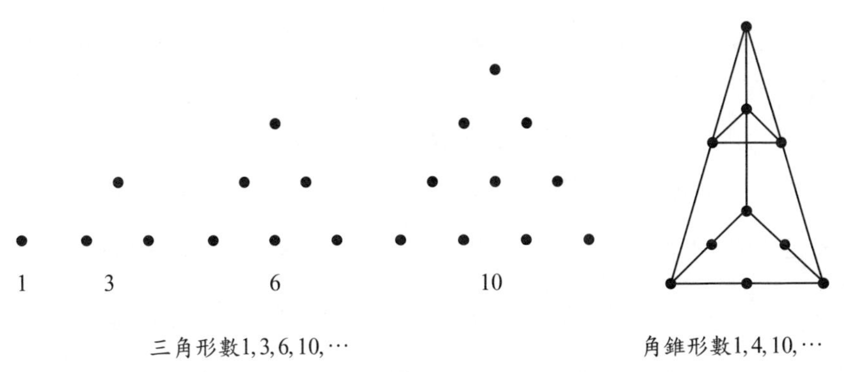

圖 8–3

我們可以觀察得出，角錐形數是由三角形數所構成，同時，觀察這類的圖形數，可發現如下的性質：

$$3=1+2$$
$$6=1+2+3=3+3$$
$$10=1+2+3+4=6+4$$
$$\vdots$$

這樣的結論在巴斯卡三角形中就看得到，並可得到我們常見的組合公式：

$$C_k^n = C_{k-1}^{n-1} + C_k^{n-1}$$
$$C_k^n = \sum_{i=k-1}^{n-1} C_{k-1}^i = C_{k-1}^{k-1} + C_{k-1}^{k} + C_{k-1}^{k+1} + \cdots + C_{k-1}^{n-1}$$

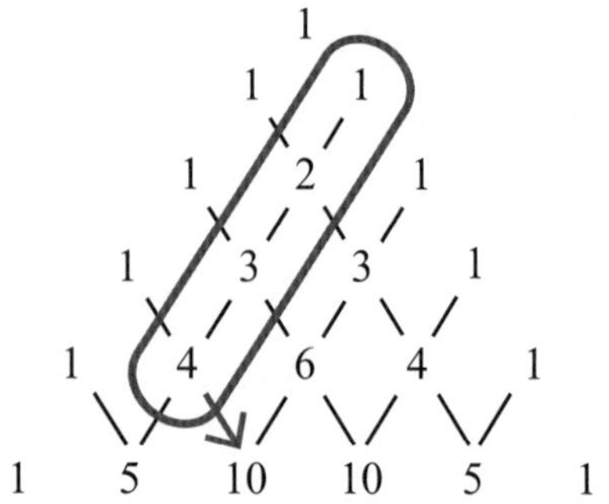

1
1 1
1 2 1
1 3 3 1
1 4 6 4 1
1 5 10 10 5 1

巴斯卡在 19 個推論中的第 12 個推論內容，以現代的符號表示即為

$$C_k^n : C_{k+1}^n = (k+1) : (n-k)$$

重複利用這個結果，巴斯卡在第一部分的問題中最後給出了組合公式 $C_r^n = \dfrac{n(n-1)(n-2)\cdots(n-r+1)}{1\cdot 2\cdot 3\cdots r}$。在第四節應用到二項展開式的部分，巴斯卡先以簡單的例子說明求和二項式與差二項式的係數：

>……這樣我們得到：$1A^4+4A^3+6A^2+4A+1$ 即是二項式 $A+1$ 的四次（平方的平方）冪。……

巴斯卡在給出例子之後說:

> 我不想給出所有的證明了，一方面有些人（如埃里岡(Hérigone)）已研究過這些問題，另外，這個形式是不證自明的 (the matter is self-evident)。

也就是說，$(A+B)^n$ 展開式他已不需要寫出結果，從巴斯卡三角形就可看出展開式的各項係數了。

巴斯卡的《論算術三角》是對算術三角和其應用的一種清楚的，簡明的陳述。他建構了一個很清楚的論述結構，先定義、建立算術三角的性質，然後應用在各種不同的領域，將「算術三角」這個數學物元 (object) 做一個結構性的整合，而不再只是二項式展開係數的一個應用工具。巴斯卡給了我們一個非常好的示範，如何將一個主題很清楚地、完整地整合在一起，數學的豐富性也可由此窺見一二。

篇 9

機率初步

人們對機率問題的興趣來自於生活，不管為了讓自己的生活過得更舒適，或純粹為娛樂所需。刺激機率問題往更深的數學結構發展之契機來自於賭博，為了解決賭金分配的問題，巴斯卡與費馬應該花費不少郵資在通信上，不過能在數學史上留名是無價的。

一、賭博與丟骰子

1652 年前後，法國貴族安東尼・哥保德・迪・默勒爵士 (Antoine Gombaud, Chevalier de Méré, 1607–1684) 寫信給巴斯卡，提出了兩個問題：

⑴骰子問題 (Problem of Dice)：兩枚骰子要擲多少次才能使出現兩個 6 點的機率不小於 50%？

⑵得分問題 (Problem of Points)[1]：在賭博被打斷時如何公正地分配賭注？

這兩個問題其實早在迪・默勒提出之前已經流行多年，也有其他數學家考慮過這兩個問題的解法，不過正確的解決方式卻出現在巴斯卡與費馬往返的書信之中，這些書信刺激與形成了機率論早期的概念發展。下面我們就來看看解決這兩個問題所需考慮的觀念，還有巴斯卡與費馬的解決之道，以及它們跟機率理論發展的關聯性。

賭博這件事，可能是最古老的休閒活動之一，因此認為機率的概念來自於賭博的想法是合理的。以賭博常用的工具——骰子來說，在許多古文明中曾以各種不同的樣貌出現，並用於占卜或賭博。在中世紀晚期的歐洲，已有一些文獻記載擲 2 粒或 3 粒骰子出現的點數情形，擲 2 粒有 21 種，擲 3 粒有 56 種。咦？好像跟我們學的不太一樣？這是因為當時並沒有考慮順序，他們把 (1, 2) 跟 (2, 1) 當成同一

---

❶Problem of Points 因為內容涉及賭金分配，中文翻譯有時會譯做「賭金分配問題」。

種情形，例如十三世紀的一首有關祭文喜劇的長篇詩歌 *De Vetula* (*On the Old Woman*, 1260) 中出現擲 3 粒骰子所有的 56 種情形。不過既然不考慮順序，亦即每一種情形出現的機會不均等，像是 (1, 2) 應該要比 (1, 1) 出現的機會大一點，因此就不能用來作為勝負的依據。

Tabula II.

Omninò Similes.					
666	555	444	333	222	111
Duo Similes et tertius dissimilis.					
665	664	663	662	661	
556	554	553	552	551	
446	445	443	442	441	
336	335	334	332	331	
226	225	224	223	221	
116	115	114	113	112	
Omninò Dissimiles continui.					
654	543	432	321		
Discontinui.					
642	531	641	631		
Duo Continui et tertius discontinuus.					
653	652	651	621	521	421
542	541	643	431	632	532

圖 9–1　*De Vetula* 書中所附的表

機率的本質在於將某未知事件會發生或可能會發生的結果加以量化，每一種結果所分配的機率必須小於 1，所有可能發生結果的機率值總和為 1。在機率論發展之初，最直覺、最容易被接受的概念就是每一個出現的結果要機會均等。然而一直到十六世紀，「每一種可能的結果機會均等」這樣的概念才慢慢被理解與接受，因此才能進行實際的機率計算。卡丹諾在 1526 年撰寫的《論機遇遊戲》(*Liber de Ludo Aleae*, 1526) 中討論擲 2 粒或 3 粒骰子出現的結果時，首先提及擲 2 粒骰子出現 1 點的情形共 11 種，出現 1、2 或 3 點的情形共 27 種可能，因此要求擲出 1 或 2 或 3 點的勝負比是 $27:(36-27)=27:9=3:1$。

雖然卡丹諾的這本書在巴斯卡與費馬解決得分問題之後的 9 年才出版，不過他早就考慮過迪・默勒的骰子問題。他的想法是這樣的：因為擲 2 粒骰子的 36 次結果中，有 1 次機會出現 2 粒 6 點，所以平均起來每擲 36 次這樣的結果會出現 1 次，因此半數也就是 18 次投擲中，出現 2 粒 6 點的機會就是 50%。咦？停下來，想一想，卡丹諾這樣的推理是正確的嗎？在他的推論中，36 次投擲兩粒骰子的結果中，出現 2 粒 6 點的結果是一定的，一定會有 1 次。他並沒有意識到他的錯誤所在，聰明的讀者們，你意識到了嗎？

二、得分問題

得分問題的問題情境可以假設如下，以巴斯卡的數據為例：

> 每人各出 32 個金幣為賭注，約定先贏 3 分者勝，若第一人已先得 2 分，第二人得 1 分的時候比賽中斷無法繼續，應如何分配賭注才公平？

當然這個問題是在每一次誰勝誰負的機會都均等的條件下來進行討論。在巴斯卡與費馬之前，也曾有不同的數學家討論過得分問題。義大利的帕奇歐里 (Luca Pacioli, 1445–1517) 在他著名的那本書《算術、幾何及比例性質之摘要》(*Summa de Arithmetica, Geometria, Proportioni et Proportionalita*, 1494) 中也曾提到類似的問題：兩個人在進行一場公平的賭博，賭局在一個人贏得 6 局之後分出勝負，這場賭博實際在一個人贏得 5 局，另一個人贏得 3 局時中斷，帕奇歐里認為賭注應該按照 5 : 3 的比例分配。塔爾塔利亞認為這個答案一定是錯的，因為按照帕奇歐里的想法，若比賽在一人贏得 1 局，另一人 0 局時中斷，那麼贏 1 局的人將可得到所有賭注，這明顯是不合理的。不過塔爾塔利亞也沒什麼有把握的解法，他只能強辯說:「這樣一個問題的解決是法律上的而非數學上的，所以無論怎樣分配都有理由上訴。」真的是如此嗎? 數學家要從此認輸嗎?

在 1654 年左右，迪・默勒向巴斯卡提出問題之後，巴斯卡將這個問題告訴了另一位法國知名的數學家費馬，從巴斯卡的回信中，可以知道費馬所使用的方法如同我們現今常用的樹狀圖。巴斯卡在回信中解釋費馬的做法，將所有的情況列出後，以在最後所有的結果中各所占的比例來分配賭注。例如，在共 5 分的比賽中，得 3 分者勝利，已知 A 先得 1 分，B 得 0 分的情形下，若以 a 代表 A 得分，b 代表 B 得分，所有結果以表列如下表:

a	a	a	a	a	a	a	a	b	b	b	b	b	b	b	b
a	a	a	a	b	b	b	b	a	a	a	a	b	b	b	b
a	a	b	b	a	a	b	b	a	a	b	b	a	a	b	b
a	b	a	b	a	b	a	b	a	b	a	b	a	b	a	b
1	1	1	1	1	1	1	2	1	1	1	2	1	2	2	2

(仔細看這個表，有沒有很像 $(a+b)^4$ 的展開式?)

其中 1 代表 A 最後獲勝的情形，2 代表 B 獲勝，所有一共 16 種的結果中，A 獲勝占 11 種，B 占 5 種，因此賭金應以 11 : 5 來分配。

巴斯卡認為費馬這種解法過於複雜，尤其是當參與賭博的人數超過 2 人時；他認為他所提供的解法更一般化，更易推廣。巴斯卡解法的中心策略就是遞迴，只要搞定基本的分配之後，其他情形只要討論到基本形式即可利用。例如在上述的情境中，共 5 分的比賽中得 3 分者勝，在 1 人得 3 分之前的情形有下列幾種:

(1)若兩人中 A 已得 2 分，另一人 B 得 1 分：

擲下一次時，若 A 贏，得全部 64 枚金幣；若 B 贏，他們的比為 $2:2$ 平手，在這種情形下，每人將拿回 32 枚金幣。因此在 $2:1$ 的情形下若不繼續玩下去，A 至少能得 32 枚金幣，剩下的 32 枚 A 或 B 得到的機會均等，因此各拿 32 的一半 16 枚，故 A 可得 $32+16=48$ 枚金幣，B 可得 16 枚。

(2)若 A 已得 2 分，B 得 0 分：

下一回若 A 贏了，可得 64 枚金幣；若 B 贏了，比數為 $2:1$，則回到前一種情況，根據(1)，此時 A 得 48 枚金幣。因此在 $2:0$ 的情形下，A 至少可得 48 枚金幣，剩下的 16 枚 A 或 B 得到的機會均等，再均分此 16 枚金幣，因此 A 可得 $48+8=56$ 枚，B 得 8 枚金幣。

(3)若 A 得 1 分，B 得 0 分：

此時如果他們再擲一次而 A 贏了，比數將為 $2:0$，根據(2)，A 可得 56 枚金幣，B 得 8 枚金幣；若 A 輸了，比數將為 $1:1$ 平手，A 可得 32 枚金幣，因此 A 至少可得 32 枚金幣，再把 56 枚去掉 32 枚之後剩餘的部分拿來均分，每人可再得 12 枚，因此 A 可得 $32+12=44$ 枚金幣，B 可得 $8+12=20$ 枚。（A、B 賭注分配比為 $11:5$，跟費馬的解答是一樣的。）

巴斯卡為了研究這個問題的通解，進一步寫了《論算術三角》這一篇論文，應用這個算術三角形，或是我們稱的巴斯卡三角形，他得到這個問題的一般解法：

假設第一人缺 r 分後獲勝，第二人缺 s 分後獲勝，其中 r, s 不小於 1，如果整場比賽就此停止，賭注的分配應是第一人得到全部賭金的比例為 $\sum_{k=0}^{s-1} C_k^n : 2^n$，此時 $n = r + s - 1$，為剩餘局數的最大值。

簡單一點說明，巴斯卡認為他們獲勝的機率可以用二項展開式的係數加以說明，即在 $(a+b)^n$ 中，以 a 代表第一人獲得一局，b 代表第二人獲得一局的情形，因此在 $(a+b)^n = C_0^n a^n + C_1^n a^{n-1} b + C_2^n a^{n-2} b^2 + \cdots + C_{s-1}^n a^{n-s+1} b^{s-1} + \cdots + C_n^n b^n$ 的展開式中，第一項代表第一人 A 贏得後面剩下的 n 分的機會數，第二項代表 A 贏得後面 $n-1$ 分的機會數，以此類推，第 s 項即為 A 贏得 $n-s+1=r$ 分的機會數，因此在全部共 $C_0^n + C_1^n + C_2^n + \cdots + C_n^n = 2^n$ 的結果中，A 最後贏得比賽共有 $C_0^n + C_1^n + \cdots + C_{s-1}^n$ 種情形，因此 A 分配所得的賭注與全部賭注的比應為 $\sum_{k=0}^{s-1} C_k^n : 2^n$。巴斯卡在《論算術三角》中以數學歸納法的形式證明了這個定理，到此算是徹底解決了迪・默勒的得分問題。

機率的概念或許源自於日常生活的需求，一般人可能僅滿足於估計事件發生可能性的高或低而已；然而在大規模的工程、醫療、商業行為上卻需要仰賴數學家計算特殊事件準確發生的機率。機率能讓人類在面對充滿不確定性的未來時有所依據；然而對於在科學與宗教信仰之間擺盪迷惑，痛苦掙扎的巴斯卡而言，機率論反而讓他堅定了對上帝的信仰。巴斯卡在機率論的研究中，告訴我們一張彩券的價值（期望值），他以此運用在信仰上帝這個行為上。理性的巴斯卡認為上帝存在的機率雖然微乎其微，但是信仰的獎賞卻是永恆的歡樂，因此信仰上帝這個行為的價值可謂大矣！不管如何，數學（機率論）總算也達到取之於人，用之於人的目的了。

篇 10

三角學之開端

埃及金字塔建築的雄偉常常為人所讚嘆，觀光客們在拍照讚嘆之餘應該也會在腦海裡閃過「他們是怎麼建造的?」問題，是外星人幫的忙？還是老祖宗的數學知識？此篇文章告訴你怎麼利用數學來建造金字塔，甚至是對天文星象進行觀測。

一、前言

我們人類生活在這個星球上，想要測量大地，觀察星象，沒有三角學的幫助大概很難做到「天地明察」；幾千年來經由無數智慧的人們所累積下來的數學寶藏，沒有了三角函數大概很難閃亮耀眼。三角學進而到三角函數這一門學問，似乎是自然地生存應用於人類生活中，它的擴展與繁殖過程就跟數學任一分支的進展一樣，從簡單到一般化的抽象，然後逐漸延拓使用的勢力範圍。下面我們就來看看三角學的故事是怎麼開始的。

二、古埃及萊茵德紙草文書與塞克特

西元前 1650 年之前的某一年，10 月初的清晨帶著點涼意，書記官阿莫斯 (A'h-mose) 不疾不徐地往神殿的方向走去，一邊還煩惱著庫存的紙莎草 (papyrus) 製成的紙草夠不夠用來完成一份教科書的抄寫，書記學院那裡催促著要給學生上課用；此時遠處傳來一陣吆喝聲，原來有一群奴工正在利用槓桿滑輪將石塊拉往建造中的金字塔上層，「嗯，監督官要知道怎麼建造金字塔才行，選一道適合的題目，放在新編的教科書裡面好了。」阿莫斯這樣喃喃自語著爬上通往神殿的階梯。

時間隨著尼羅河水不停地流動，故人不在，埃及的沙漠與金字塔卻依然矗立在那兒，見證無數的生老病死、悲歡離合。1858 年，蘇格蘭律師兼古董商萊茵德 (Alexander Henry Rhind, 1833–1863) 在尼羅河谷旅行，在一個偶然的機遇下，見到了從底比斯 (Thebes) 的廢墟中被拯救出來的一份紙草文書，「抄錄者為書記阿莫斯」，這句話讓他莫名地想像起阿莫斯這個青年是以怎樣的虔誠態度抄寫著這份文件：

> 精確計算，通向世間萬物和一切奧祕的知識大門。

萊茵德大概想不到自己會在三十歲的年紀英年早逝，這份文件後來被英國大英博物館收購，得以展示在眾人之前，阿莫斯的努力也終不至於塵封於某地不見天日。萊茵德因為他的慧眼留名，阿莫斯抄寫的這份文獻現在稱為萊茵德紙草文書（*Rhind Mathematical Papyrus*，約 1650 B.C.)。

這份被當成書記學院訓練學生的教材之文獻包含了 84 個數學問題，內容有關算術、簡單代數與幾何。在當時只有皇室與書記階級才能從事閱讀、書寫與算術，它所記載的數學訓練內容對當時的政府官員、神廟的祭司，以及為他們工作的書記官們都是必備知識。此文獻中的第 56 題即是有關金字塔建造的塞克特 (seked) 問題：

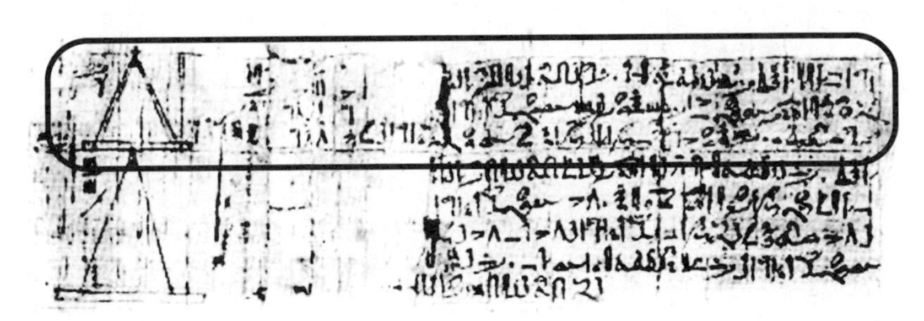

圖 10–1　《萊茵德紙草文書》第 56 題部分，現存於英國大英博物館，編號 EA10057。

如果一個金字塔 250 肘尺高，底邊的邊長為 360 肘尺，則它的塞克特 (seked) 為何?

360 取其 $\frac{1}{2}$ 為 180;

乘上 250 可得 180，(多少乘以 250 等於 180)

即 $\frac{1}{2}\frac{1}{5}\frac{1}{50}$ 肘尺

乘以 7:（單位換算，肘尺換成掌長）

1	7		
$\frac{1}{2}$	3	$\frac{1}{2}$	
$\frac{1}{5}$	1	$\frac{1}{3}$	$\frac{1}{15}$
$\frac{1}{50}$		$\frac{1}{10}$	$\frac{1}{25}$

取 7 的一半

取 7 的 $\frac{1}{5}$

取 7 的 $\frac{1}{50}$

則塞克特為 $5\frac{1}{25}$ 掌。

在這個計算過程中，我們可以充分地觀察與體會到埃及數學的特色。首先，埃及人習慣把分數寫成單位分數的連加，所謂單位分數即是分子為 1 的分數，像是這一題的答案 $\frac{1}{2}\frac{1}{5}\frac{1}{50}$。再來就是埃及人在作乘除的運算時，會充分利用加倍與減半的技巧，例如此題要將 $\frac{1}{2}\frac{1}{5}\frac{1}{50}$ 乘以 7，先從 1 開始列，取一半即是 $\frac{1}{2}$，同時 7 取一半得 $3\frac{1}{2}$，同樣地，取 7 的 $\frac{1}{5}$ 與 $\frac{1}{50}$，最後將這些結果加總即可。最後一點，當時埃及的長度度量單位通常都是身體的某部位，如手肘、手掌，其標準當然就是法老王啦。

什麼叫做塞克特呢？埃及人所謂的塞克特即是橫長對縱高之比，亦即我們現今所謂的 $\tan\theta$ 的倒數，也就是 $\cot\theta$。那麼為何埃及人需要求這樣的比值？據猜測可能與建築金字塔有關。角錐形狀的金字塔有四個面，在建造時，如何才能確保隨著高度增加，最後四個三角形面的頂點會完美地會合在一起呢？因為這樣的需求，在建築時必須固定每個面的傾斜程度，也就是隨著高度增加，水平方向與垂線的偏離程度必須固定，這個比值就是塞克特（如圖 10–3）。同時這也是現今建築業者的實際作法，他們用直傾斜 (batter) 來度量一面牆的內傾斜率。

圖 10–2　吉薩金字塔群

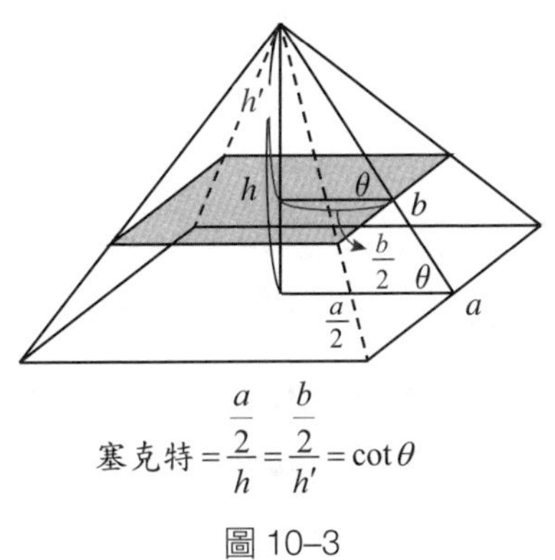

圖 10–3

三、角度與邊的對應關係

如果我們因為古埃及有塞克特的想法，就宣稱古埃及人發明了三角函數，這未免有點牽強附會，三角函數概念的起源還有很關鍵的一點，即是長度與角度的對應關係。從古埃及到希臘時期，數學發展了一千多年，人們關心的問題從地面拓展到天上，日昇日落、月亮的圓缺、日蝕月蝕、行星的移動等等這些現象的觀察與解釋，都將人類文明與知識進展推向另一個階段。大約西元 100 年左右，希臘人克勞蒂烏斯．托勒密（Claudius Ptolemy，約 85–165）在亞歷山大港進行天文觀測的工作。當時的宇宙觀普遍認為宇宙是個球體，地球是宇宙的中心，其他行星附著在此天球上作圓周運動。而為了觀察與計算行星的運行軌跡，需要有一套系統將觀察到的移動角度，轉換成圓周運動時的弦長。托勒密進行觀察與研究數年之後，集結前人與他自己的研究成果，完成了《數學大全》（*Mathematical Collection*，約 148）這本天文學的重要經典。

《數學大全》全書共十三冊，完整的包含了當時希臘人的宇宙模型與描述，可以說是希臘天文學的集大成，在十六世紀哥白尼的學說被廣為接受之前，它是最有影響力的天文學作品，因此後人常在這本書後面加上 *megiste*（至高無上）的形容詞，幾世紀之後的伊斯蘭人在稱呼此書時，保留了 *megiste*，稱此書為 *al-magisti*，意即最偉大的 (the greatest)，以區分其他內容較少的天文學作品。從此，這本書就被稱為《大成》(*Almagest*)。在這書的第一冊裡，托勒密先簡單介紹古希臘人的宇宙觀念，接著說明計算行星位置所需的數學知識，最後就是要完成此冊的主要工作——製作弦表。托勒密將弦長定義為圓心角所對應的值(與現今使用的正弦函數只差一個常數倍數)；而圓心角之補角所對應的弦長，他稱之為半圓的剩餘 (remainder of the semicircle，與現今的餘弦函數只差一個常數倍數)，亦即對特定的半徑 R（托勒密以 60 為半徑，大概是因為當時他使用了巴比倫人的六十進位制)，若以 crd 表示托勒密的正弦函數，當圓心角為 α 時，弦長 $d=\mathrm{crd}(\alpha)$。以現在的符號表示其關係如下：

$$\frac{d}{2}=R\sin\frac{\alpha}{2}，即\ d=2R\sin\frac{\alpha}{2}=\mathrm{crd}(\alpha);$$

$$\frac{s}{2}=R\sin\frac{\beta}{2}，即\ s=2R\sin\frac{\beta}{2}，$$

$$但\ \frac{\alpha}{2}+\frac{\beta}{2}=90°，所以\ s=2R\cos\frac{\alpha}{2}$$

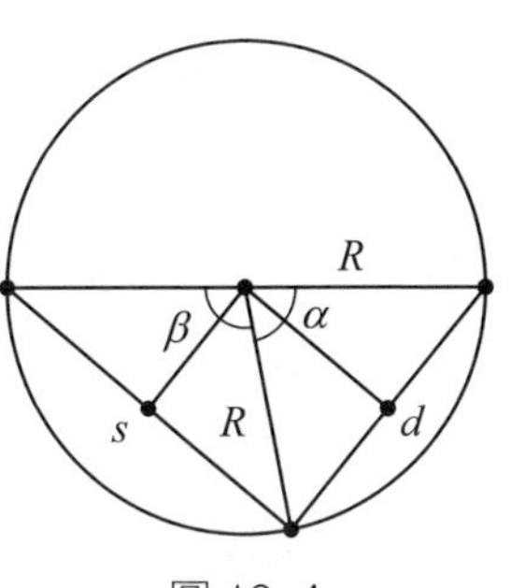

圖 10–4

Prima　　7

medietate partis. Et in tabula secunda numerum partium chordarum et minutorum partium et secundorum earum: que subtenduntur arcubus consequenter ex latere. ita q; queq; chorda suum consequatur arcum: sm diuisionem diametri circuli per 120. In tabula vo tertia partem tricesimā superflui: quod est inter oēs duas chordas: que subtendunt arcub° superfluentib° medietate partis et medietate partis: Ideo vt cū sciuerim° numerū minutorum portionis medial minuti vnius nō diuerse a veritate sm sensum: possimus scire leui opere portionē minutorū: q̄ sunt ab vno minuto vsq; ad. 30. minuta: ex eis que sunt inter omnes duas chordas. Quā̄ bene q̄ declarabit nobis cū dubitauerim° de errore existēte in aliquo numero alicuius chordarū descriptarū in tabulis verificatio illius erroris: qm̄ poterimus per hec capitula rectificare illud: et scire eius veritatē: aut per scientiam chorde que subtēditur duplo arcus dati: aut per scientiā superflui quod est inter duos arcus notos duas notas habentes chordas: aut per totius arcus scientiam: qui est ad complendum semicirculum cum arcu noto chordam habente notam. Et hec est tabularum descriptio.

Capitulum Undecimū de positione arcuum et chordarum eorum in tabulis.

Prima

Arcus partes	Arcus m	Chorde ptes	Chorde m	Chorde 2	Pars tricesima ptes	m	2	3
0	30	0	31	25	0	1	2	50
1	0	1	2	50	0	1	2	50
1	30	1	34	15	0	1	2	50
2	0	2	5	40	0	1	2	48
2	30	2	37	4	0	1	2	48
3	0	3	8	28	0	1	2	48
3	30	3	39	52	0	1	2	48
4	0	4	11	16	0	1	2	48
4	30	4	42	40	0	1	2	48
5	0	5	14	4	0	1	2	46
5	30	5	45	27	0	1	2	44
6	0	6	16	49	0	1	2	44
6	30	6	48	11	0	1	2	44
7	0	7	19	33	0	1	2	42
7	30	7	50	54	0	1	2	42
8	0	8	22	15	0	1	2	40
8	30	8	53	35	0	1	2	38
9	0	9	24	54	0	1	2	38
9	30	9	56	13	0	1	2	38
10	0	10	27	32	0	1	2	34
10	30	10	58	49	0	1	2	32
11	0	11	30	5	0	1	2	32
11	30	12	1	21	0	1	2	30
12	0	12	32	36	0	1	2	28
12	30	13	3	50	0	1	2	28
13	0	13	35	4	0	1	2	24
13	30	14	6	16	0	1	2	22
14	0	14	37	27	0	1	2	22
14	30	15	8	38	0	1	2	18
15	0	15	39	47	0	1	2	18
15	30	16	10	56	0	1	2	14
16	0	16	42	3	0	1	2	12
16	30	17	13	9	0	1	2	10
17	0	17	44	14	0	1	2	6
17	30	18	15	17	0	1	2	4
18	0	18	46	19	0	1	2	4
18	30	19	17	21	0	1	2	0
19	0	19	48	21	0	1	1	58
19	30	20	19	19	0	1	1	54
20	0	20	50	16	0	1	1	52
20	30	21	21	12	0	1	1	48
21	0	21	52	6	0	1	1	44
21	30	22	22	58	0	1	1	42
22	0	22	53	49	0	1	1	40
22	30	23	24	39	0	1	1	36

Secunda

Arcus partes	Arcus m	Chorde ptes	Chorde m	Chorde 2	Pars tricesima ptes	m	2	3
23	0	23	55	27	0	1	1	32
23	30	24	26	13	0	1	1	30
24	0	24	56	58	0	1	1	26
24	30	25	27	41	0	1	1	22
25	0	25	58	22	0	1	1	18
25	30	26	29	1	0	1	1	14
26	0	26	59	38	0	1	1	12
26	30	27	30	14	0	1	1	8
27	0	28	0	48	0	1	1	4
27	30	28	31	20	0	1	1	0
28	0	29	1	50	0	1	0	56
28	30	29	32	18	0	1	0	52
29	0	30	2	44	0	1	0	48
29	30	30	33	8	0	1	0	44
30	0	31	3	30	0	1	0	40
30	30	31	33	50	0	1	0	36
31	0	32	4	8	0	1	0	28
31	30	32	34	22	0	1	0	26
32	0	33	4	35	0	1	0	22
32	30	33	34	46	0	1	0	18
33	0	34	4	55	0	1	0	12
33	30	34	35	1	0	1	0	8
34	0	35	5	5	0	1	0	2
34	30	35	35	6	0	0	59	58
35	0	36	5	5	0	0	59	52
35	30	36	35	1	0	0	59	48
36	0	37	4	55	0	0	59	44
36	30	37	34	47	0	0	59	38
37	0	38	4	36	0	0	59	32
37	30	38	34	22	0	0	59	26
38	0	39	4	5	0	0	59	22
38	30	39	33	46	0	0	59	16
39	0	40	3	24	0	0	59	12
39	30	40	33	0	0	0	59	6
40	0	41	2	33	0	0	59	0
40	30	41	32	3	0	0	58	54
41	0	42	1	30	0	0	58	48
41	30	42	30	54	0	0	58	42
42	0	43	0	15	0	0	58	36
42	30	43	29	33	0	0	58	32
43	0	43	58	49	0	0	58	24
43	30	44	28	1	0	0	58	18
44	0	44	57	10	0	0	58	12
44	30	45	26	16	0	0	58	6
45	0	45	55	19	0	0	58	0

b

圖 10–5　托勒密的弦表，此書頁出自 1515 年的拉丁文版本 *Almagestum*

在我們所知最早的印度有關天文與三角學的著作 *Paitāmaha siddhānta*（第五世紀早期）一書中，給出了一張「半弦表」，梵文譯為 *jyd-ardha*。而稍後的阿耶波多 (Āryabhaṭa, 476–550) 在他的《阿耶波多曆數書》(*Āryabhaṭīya*, 499) 一書中，常將其簡寫成 *jya* 或 *jiva*，後來當一些印度書籍被翻譯成阿拉伯文時，採用了音譯而非意譯，翻譯成 *jiba*，由於書面的阿拉伯文中省略了母音成 *jb*，後人把它譯為 *jaib*，意即胸部。在十二世紀時，某一部阿拉伯文的三角學書譯成拉丁文時，其中以 *sinus* 代替，意思仍為胸部，引申義為海灣、曲線山谷等，英文的正弦 (sine) 即由拉丁文的 *sinus* 演變而來。看看下面的正弦函數圖形，是不是很像胸部的起伏，或是海灣的蜿蜒呢?

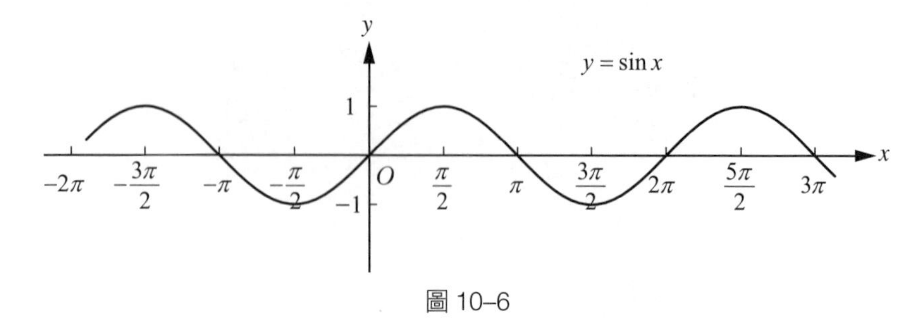

圖 10–6

數學的發展脫離不開人類的活動，從一個概念的發明、延拓與應用，當然還包括數學術語的使用。反之，數學與科學的發展同時也支撐著人類文明的進步，從人類文明的軌跡看數學知識的進展，總可以看出許多樂趣。

篇 11

有意思的餘弦修正項

幾何最重要定理之一的畢氏定理告訴我們直角三角形三邊長的關係，那麼鈍角或是銳角三角形的邊長之間又有什麼樣的關係呢？隱藏在任意的三角形間的邊與角關係，一次性地完全解密。

一、餘弦為補正弦之不足？

在為了測量而發展的平面三角學中，正弦定理與餘弦定理為測量應用中不可缺少的兩大定理。正弦定理處理三角形的邊角關係時，主要的對象為邊與對角的對應關係，將國中時耳熟能詳的關係「大角對大邊，小角對小邊」利用一個比例式作定量化的呈現，這點從定理的形式就可一窺一二：

在 $\triangle ABC$ 中，$\angle A$, $\angle B$ 與 $\angle C$ 的對邊分別為 a, b 與 c，則有

$$\frac{a}{\sin A}=\frac{b}{\sin B}=\frac{c}{\sin C}$$

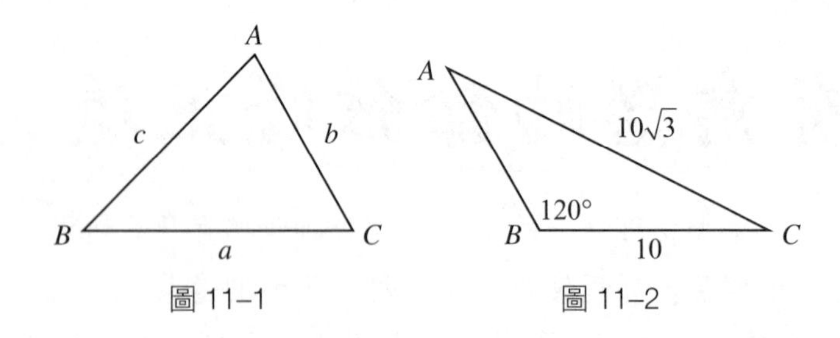

圖 11–1　圖 11–2

當在實地測量，或解三角形時，如果已知兩邊與不是夾角的一內角，要求對角，甚至是第三邊的長度時，正弦定理就是個很好用的工具（如圖 11–2，求 $\angle A$）。

正弦定理的另一層意義為三角形的邊角與其外接圓的關係。設 R 為三角形 ABC 外接圓的半徑，那麼

$$\frac{a}{\sin A}=\frac{b}{\sin B}=\frac{c}{\sin C}=2R$$

在天文數學剛開始發展之初，如托勒密時代的天文觀測，他們相信地

球是宇宙中心的地心說，地球是靜止不動的，其他星球如太陽、月亮、水星、金星、木星等鬆散地連接在一個天球上，並繞著地球作等速圓周運動。因此為了觀測這些星體的移動距離，定義出圓心角與弦長的關係是必須的，這個關係就演變成現在我們使用的正弦函數。如圖 11–3，我們利用三角形的外接圓可以簡單地證明正弦定理，因此在有關外接圓的幾何問題中，常可利用正弦定理求出所需的幾何量。

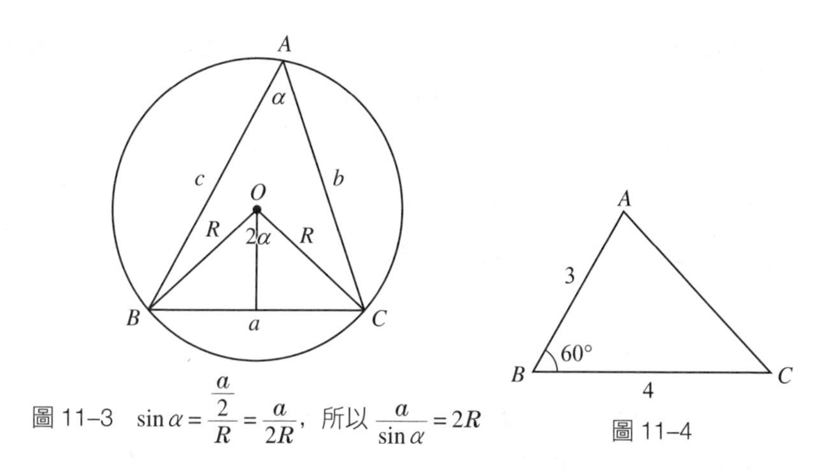

圖 11–3　$\sin\alpha = \dfrac{\frac{a}{2}}{R} = \dfrac{a}{2R}$，所以 $\dfrac{a}{\sin\alpha} = 2R$

圖 11–4

不過正弦定理也有不足之處，當測量時碰到已知兩邊和其夾角，要求第三邊或解這個三角形其他未知角時，利用正弦定理就會顯得困難與複雜（如圖 11–4，求 $\overline{AC}$），因此需要有別的工具幫數學家們輕易地解決這類問題，這個工具就是餘弦定理。我們先看看圖 11–4 這個問題的解法，可以先過 A 點作 $\overline{BC}$ 的垂直線 $\overline{AD}$，那麼

$$\overline{AC}^2 = (4 - 3\cos 60°)^2 + (3\sin 60°)^2$$
$$= 4^2 + 3^2 - 2 \cdot 4 \cdot 3\cos 60°$$

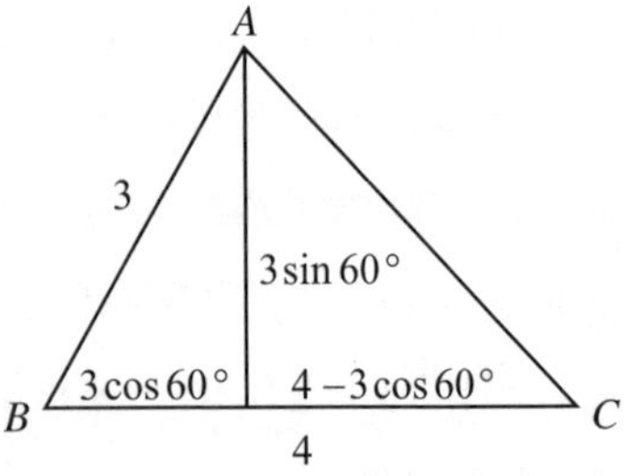

圖 11–5

上式就是我們常見的餘弦定理形式。從這個作法的過程中，可以體會到餘弦定理應該跟畢氏定理有密切的關係，這個關係甚至不是一句「特例」可以簡單形容的。

二、畢氏定理的衍生物

三角形的餘弦定理為：

在 $\triangle ABC$ 中，$\angle A, \angle B$ 與 $\angle C$ 的對邊分別為 a, b 與 c，則

$$a^2 = b^2 + c^2 - 2bc\cos A$$
$$b^2 = c^2 + a^2 - 2ca\cos B$$
$$c^2 = a^2 + b^2 - 2ab\cos C$$

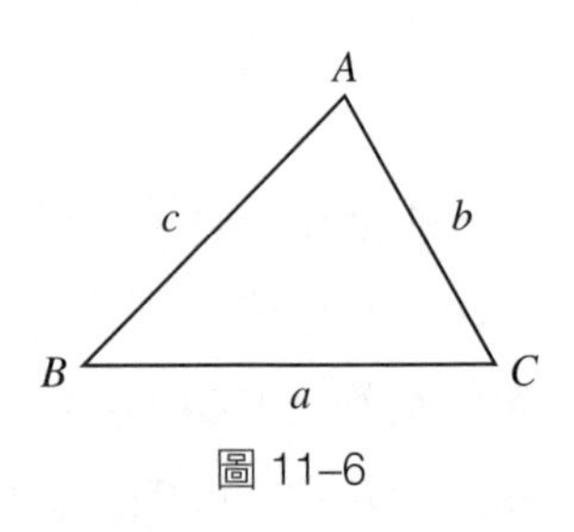

圖 11–6

目前教科書提供的證明，大多為代數的操作，讓
學生透過代數式子核證此定理為真，例如常見的投影證法：
在不失一般性的情況下，以銳角三角形為例，如圖 11–7，過 A 作 $\overleftrightarrow{BC}$ 的垂直線（或作 $\overline{AB}$ 在 $\overleftrightarrow{BC}$ 上的正射影），可知

$$b^2=(a-c\cos B)^2+(c\sin B)^2$$
$$=a^2+c^2-2ac\cos B$$

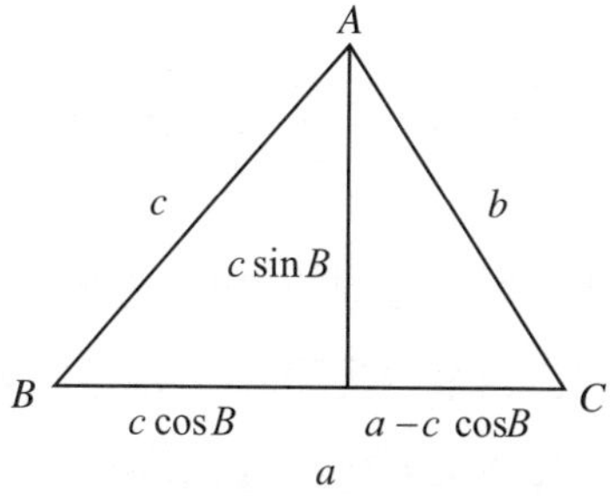

圖 11–7

或是以坐標系統的距離公式來證明:

在不失一般性的情況下，以銳角三角形為例。如圖 11–8，建立坐標系，以 B 為原點，$\overleftrightarrow{BC}$ 為 x 軸，因此

$$\overline{AC}^2=b^2=(c\cos B-a)^2+(c\sin B)^2$$
$$=a^2+c^2-2ac\cos B$$

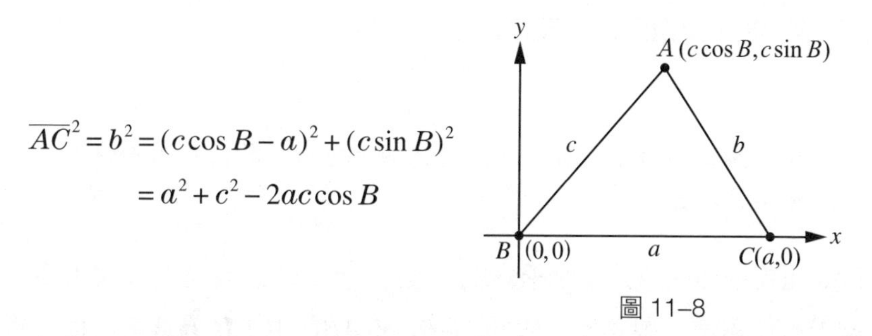

圖 11–8

通常證明完畢之後，會再強調畢氏定理（$\angle B$ 為直角時 $b^2=a^2+c^2$）為餘弦定理的特例。雖然證明過程沒什麼難度，但是卻無法說明餘弦定理與畢氏定理關係的幾何意義，以及這個多餘的「修正項 $2ac\cos B$」到底代表什麼樣的意義，在與畢氏定理連結時，所代表的幾何意義為何？這些都無法從上述的代數證明方式得到清楚的呈現，更無法從一句「特例」得到釐清。事實上，餘弦定理來自於畢氏定理，它是將畢氏定理的直角三角形一般化而成的通式。

三、從畢氏定理到餘弦定理

關於畢氏定理的證明，在歷經了 4000 年的旅程之後，目前已知已有超過三百多種的證明方法，不過最經典的當屬歐幾里得在《幾何原本》中提供的證明。《幾何原本》共 13 卷，是歐幾里得集結古希臘數學研究的經典之作，曾經在數百年的時間中一直是學子們研究數學的入門以及檢定資格的重要書籍，全書以定義、公設、公理、命題的邏輯形式寫成，這種寫作形式也成為後世數學書籍的標準範本。

在第一卷倒數第二個命題的第 47 命題即是大名鼎鼎的畢氏定理，第 48 個命題則是畢氏定理的逆命題：

命題 47：
在直角三角形中，直角所對邊上的正方形等於夾直角兩邊上正方形的和。

歐幾里得的證明方式被暱稱為風車證法，因為他證明過程中用的幾何圖形有如風車一般美麗。如圖 11–9，$\triangle ABC$ 中 $\angle B$ 為直角，他先證明 $\triangle FAC$ 和 $\triangle BAD$ 全等，又因為正方形 $ABGF$ 面積等於 $\triangle FAC$ 面積的 2 倍（同底等高），矩形 $ADLI$ 面積等於 $\triangle ABD$ 面積的 2 倍（同底等高），因此正方形 $ABGF$ 面積等於矩形 $ADLI$ 面積；同樣的道理，$\triangle ACK$ 和 $\triangle BCE$ 全等，因此正方形 $BCKH$ 面積等於矩形 $ILEC$ 面積；故可得直角所對邊上的正方形等於夾直角兩邊上正方形的和。

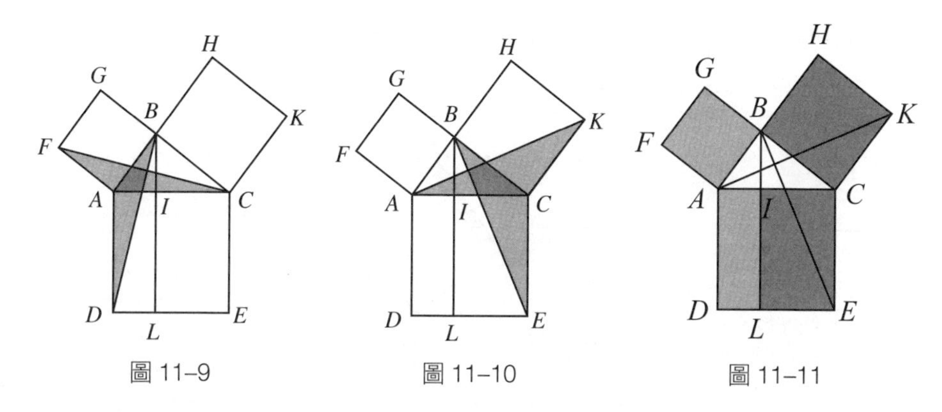

圖 11-9　　圖 11-10　　圖 11-11

接著考慮 $\angle B$ 不是直角的情形。以 $\angle B$ 為銳角時為例，仿照畢氏定理的證明方式，不過此時 $\triangle FAC$ 面積等於矩形 $MFAJ$ 面積的一半（同底等高），同理 $\triangle ACK$ 面積等於矩形 $ONCK$ 面積的一半（同底等高）。

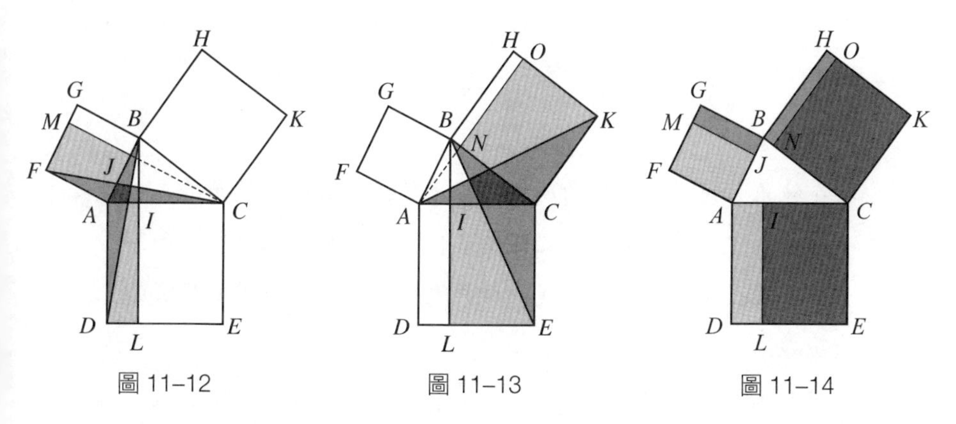

圖 11-12　　圖 11-13　　圖 11-14

因此 $\angle B$ 對邊正方形面積 (b^2) 與夾角兩邊正方形面積 (a^2, c^2) 的關係修正為：$b^2 = a^2 + c^2 - (\text{矩形 } BJMG + \text{矩形 } BNOH)$，

其中矩形 $BJMG$ 面積 $= \overline{BG} \times \overline{BJ} = c \times a\cos B = ac\cos B$

矩形 $BNOH$ 面積 $= \overline{BH} \times \overline{BN} = a \times c\cos B = ac\cos B$

因此可得 $b^2 = a^2 + c^2 - (\text{矩形 } BJMG + \text{矩形 } BNOH)$

$$= a^2 + c^2 - 2ac\cos B$$

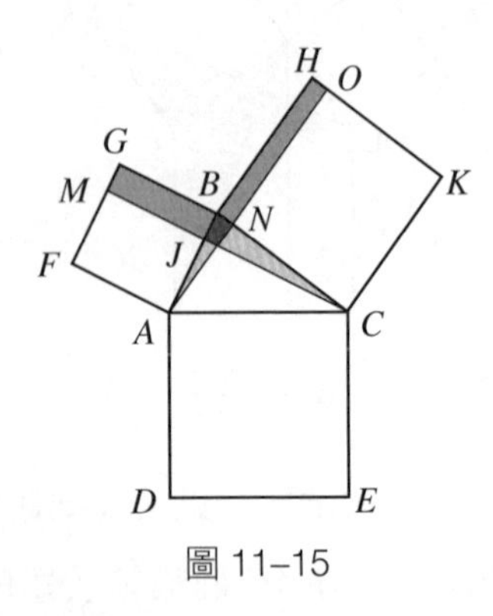

圖 11–15

也就是說，在餘弦定理中多出來的「修正項」為矩形面積，用來調整三角形三邊所作的三個正方形面積之間的關係，就如同《幾何原本》在有關餘弦定理的命題上的敘述一般。有關餘弦定理的命題出現在第 2 卷：

> 命題 12：
>
> 在鈍角三角形中，鈍角所對的邊上的正方形比夾鈍角的二邊上的正方形的和大一個矩形的 2 倍，此矩形為由一銳角向對邊的延長線作垂線，垂足到鈍角之間一段與另一邊所構成的矩形。
>
> 命題 13：
>
> 在銳角三角形中，銳角對邊上的正方形比夾銳角二邊上的正方形的和小一個矩形的 2 倍，此矩形為由另一銳角向對邊作垂線，垂足到原銳角之間一段與該邊所構成的矩形。

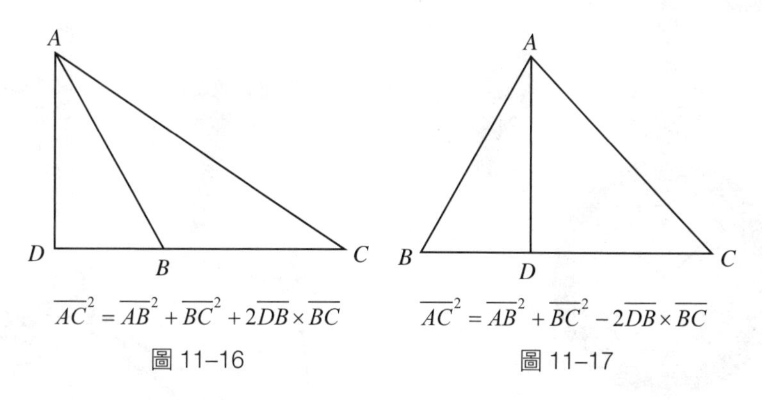

$\overline{AC}^2 = \overline{AB}^2 + \overline{BC}^2 + 2\overline{DB} \times \overline{BC}$

圖 11–16

$\overline{AC}^2 = \overline{AB}^2 + \overline{BC}^2 - 2\overline{DB} \times \overline{BC}$

圖 11–17

從上述的證明過程中，我們可以發現餘弦定理並不是憑空冒出。一般定理的出現都有其脈絡，當數學家們發現了直角三角形三邊所作的正方形有著畢氏定理這樣的關係時，接下來感興趣的課題自然而然就是非直角三角形時是否保持一樣的關係？或是要作如何的修正？從特例到通例，從熟悉的已知推廣到未知，餘弦定理的出現脈絡為數學定理的發現做了個很好的示範。

篇 12

海龍公式大解密

三角形的全等性質告訴我們，當我們知道兩邊一夾角 (SAS)、兩角一夾邊 (ASA) 或是三邊長 (SSS) 時三角形唯一確定，也就是所有的邊、角與面積的度量皆為確定可知。利用三邊長求面積的海龍公式怎麼來的？怎麼證明？半周長 (s)，$s-a$, $s-b$, $s-c$ 這些長度指的是三角形中的哪一段長度？這篇文章讓你從各角度全方位解讀海龍公式。

一、三角形全等與面積公式

國中時我們學過三角形的全等性質，像是 *SSS*、*SAS*、*ASA* 三個全等性質。以 *SAS* 全等性質為例，兩個三角形中如果有二邊對應相等，且此兩邊的夾角也對應相等，即這兩個三角形全等；換句話說，只要給定一個三角形的二邊長與其夾角，這個三角形就唯一決定，亦即三邊長、三內角及面積等都已固定，可計算得出。因此若一個三角形中，已知兩個邊和一個夾角 (*SAS*)，我們可利用正弦求此三角形的面積。如圖 12–1，已知 a, b 的長度與 $\angle C$ 的角度，$\triangle ABC$ 的面積 $=\frac{1}{2}ab\sin C$。若已知兩內角與一夾邊 (*ASA*)，可先利用正弦定理求另一邊，接著再利用正弦求得面積。例如在圖 12–1 中，已知 $\angle A$ 與 $\angle B$ 及夾邊 c，可先由內角和 180° 得 $\angle C$，由正弦定理 $\frac{a}{\sin A}=\frac{c}{\sin C}$ 可得邊長 $a=\frac{c}{\sin C}\times\sin A$，因此得 $\triangle ABC$ 的面積 $=\frac{1}{2}ac\sin B$ 可得。那麼已知三邊長又該如何求面積呢？這時就輪到海龍公式登場了。

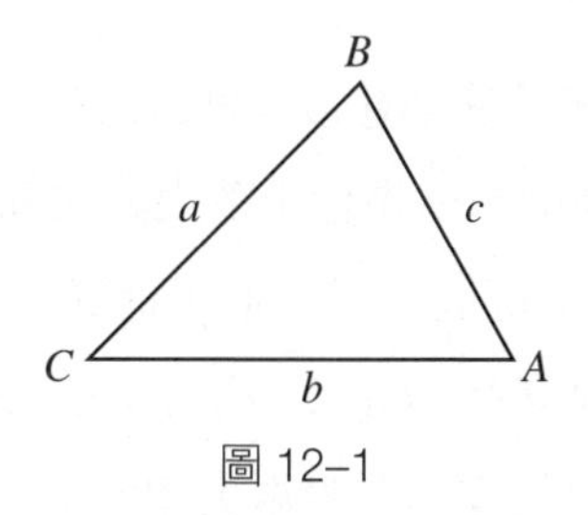

圖 12–1

$\triangle ABC$ 的三邊長分別為 a, b, c 時，海龍公式告訴我們：

$\triangle ABC$ 的面積 $=\sqrt{s(s-a)(s-b)(s-c)}$，其中 $s=\frac{a+b+c}{2}$

在現行高中教材中，有關這個公式的證明大多採取代數式子的操作，先從 $\triangle ABC$ 面積 $=\frac{1}{2}ab\sin C$ 著手，接著利用平方關係，將 $\sin C$ 換成 $\sqrt{1-\cos^2 C}$，再利用餘弦定理，將角度換成邊長關係，即 $\cos C=\frac{a^2+b^2-c^2}{2ab}$，代入後強力運算，即可核證海龍公式為真。課本會使用這樣的證法自有其道理，在這個章節的教學過程中，此時剛好可以利用這個公式的證明過程，展示與應用之前學過的知識。雖然如此，代數的操作僅是讓我們知道此公式為真而已，並無法讓我們對它產生有意義的連結。更甚者，海龍（Heron of Alexandria，約 10–75）是生活在西元一世紀時的人，當時正弦與餘弦的觀念還沒成熟，代數符號不發達，甚至連代數的學術地位都不高，一切數學思考又以幾何為圭臬，不太可能在證明過程使用這種形式。那麼海龍是怎麼證明這個公式的呢？或者是說，對海龍而言，s、$s-a$、$s-b$ 與 $s-c$ 必須是確實存在的幾何量，那麼它在哪裡呢？讓我們先從海龍生活的年代說起吧。

二、海龍與海龍公式

對於海龍的生存年代我們並沒辦法詳細確定，只能從殘存的史料來推論，目前較為可信的說法是他生於大約西元 10 年，死於大約西元 75 年。從海龍的作品中可以合理地推論他曾在亞歷山大 (Alexandria) 的博物館中教書，他的著作看起來像是上課的講義，而上課的內容包含數學、物理、氣體動力學以及機械力學。

圖 12–2
海龍肖像，此圖取自 1688 年海龍的 *Pneumatics* 的德文翻譯本。

當阿基米德 (Archimedes of Syracuse, 287 B.C.–212 B.C.) 於西元前 212 年死於羅馬百夫長之手後，沉浮於政治秩序與征服世界美夢中的羅馬人，在經歷幾次血腥征戰之後，於西元前 146 年穩固羅馬人在地中海中部的掌權地位；西元前 30 年，在羅馬軍隊的三大頭屋大維 (Octavian)、雷必達 (Marcus Lepidus) 與馬克・安東尼 (Marcus Antonius) 錯綜複雜的權力糾葛中，摻和進來個埃及豔后克莉歐佩特拉 (Cleopatra)，埃及短暫抵抗之後也落入羅馬人統治之中。到西元 30 年，羅馬人統治的版圖已擴大到空前的地位。不過羅馬人的統治和數學研究與知識發展又有什麼關係呢? 羅馬人崇尚的是武力與秩序，在羅馬人的統治下，當時完成了許多精密的工程計畫，包括橋樑與道路的建設。在羅馬人的光環之下，數學研究從古希臘傳統著重的抽象純數學中轉移些許目光到實用數學上。在這個時空背景中生存的海龍，他的著作自然呈現出一種與古希臘祖先的經典著作完全不同的風貌。

在海龍的著作中多少都可看到一點實用的影子，譬如在他的《屈光學》(*Dioptra*) 中，他以相似三角形來作為測量高度、距離或山谷深度的工具，還闡述了如何在開挖隧道時確保兩端各自的方向，使得最後能連成一直線的方法；另外，海龍的《度量論》(*Metrica*) 一書更是實用測量手冊方面的代表著作。此書共三卷，第一卷給出計算平面圖形面積與立體圖形表面積的方法；第二卷計算立體圖形的體積；第三卷介紹將圖形合成各種比例的問題。海龍公式就出現在第一卷的命題 8 中。他先以一個實際的例子帶出公式：

> 這裡有一個一般的方法可以求出任意給定三邊的三角形面積，而且不用作出垂直線。例如三邊長分別為 7, 8, 9……

海龍所使用的計算方法當然就是我們所稱的海龍公式：

$$\triangle = \sqrt{s(s-a)(s-b)(s-c)}，其中\ s = \frac{a+b+c}{2}$$

這個問題雖然有其實用性，他的證明方式卻是抽象幾何推理的傑作之一。這個特點其實在海龍的著作中到處可見，在實用問題的包裝下面，卻是嚴謹地遵循古希臘《幾何原本》流傳下來的縝密邏輯推理傳統。海龍先說明他的出發點，即 $\triangle ABC$ 面積 $= \frac{1}{2}(a+b+c)\cdot r = s\cdot r$，其中 r 為內切圓半徑。因此他在 $\triangle ABC$ 中作內切圓，如圖 12–3，

令 $\overline{BC}=a, \overline{AC}=b, \overline{AB}=c$，

那麼就可得 $\overline{AE}=\overline{AF}=s-a$,

$\overline{BF}=\overline{BD}=s-b, \overline{CE}=\overline{CD}=s-c$,

又 $s=(s-a)+(s-b)+(s-c)$,

延長 $\overline{CH}=s-a$，使得 $\overline{BH}=s$。

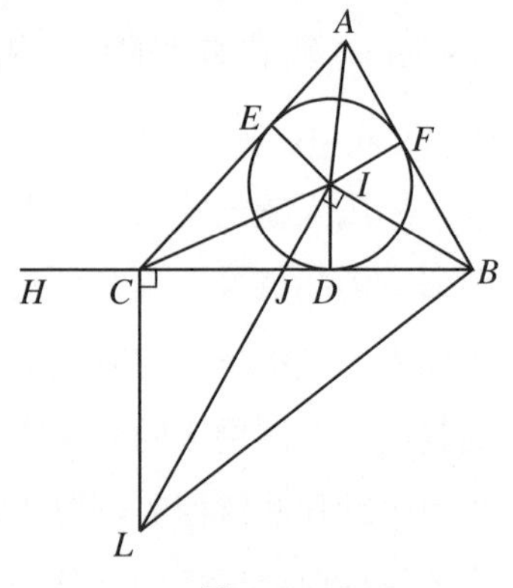

圖 12–3

從此圖的幾何關係中，只要得出比例式 $\dfrac{s^2}{s(s-a)}=\dfrac{(s-b)(s-c)}{r^2}$，即 $s^2r^2=s(s-a)(s-b)(s-c)$，由此海龍公式的正確性就可大功告成。想要得出此比例式，就得從相似三角形著手，海龍選擇了 $\triangle AEI$ 與 $\triangle BCL$，然後運用圓內接四邊形 $BICL$ 對角互補的性質，證明 $\triangle AEI$ 與 $\triangle BCL$ 相似：

過 I 與 C 分別作 $\overline{BI}$ 與 $\overline{BC}$ 之垂線而相交於 L，則因 $\angle BIL=\angle BCL=90°$，故 B、I、C、L 四點共圓（兩直角三角形斜邊 $\overline{BL}$ 的中點到此四點等距，為其外接圓圓心）。因此，$\angle BLC=180°-\angle BIC$，而

$$\begin{aligned}\angle BIC&=\angle BID+\angle CID\\&=(90°-\frac{1}{2}\angle ABC)+(90°-\frac{1}{2}\angle ACB)\\&=180°-\frac{1}{2}(\angle ABC+\angle ACB)\\&=180°-\frac{1}{2}(180°-\angle BAC)\\&=90°+\frac{1}{2}\angle BAC\end{aligned}$$

故 $\angle BLC=180°-\angle BIC=180°-(90°+\frac{1}{2}\angle BAC)$

$$=90°-\frac{1}{2}\angle BAC=\angle AIE$$

因此，$\triangle AEI\sim\triangle BCL$

接著由相似三角形得出比例式，然後利用比例的性質，將涉及的線段長置換成 $\overline{BH}$ 上的相同線段長，即可引入 s：

故 $\dfrac{\overline{BC}}{\overline{AE}}=\dfrac{\overline{CL}}{\overline{IE}}=\dfrac{\overline{CL}}{\overline{ID}}=\dfrac{\overline{CJ}}{\overline{DJ}}$（因 $\triangle IDJ \sim \triangle LCJ$）

又 $\dfrac{\overline{BC}}{\overline{CH}}=\dfrac{\overline{BC}}{\overline{AE}}$，得到 $\dfrac{\overline{BH}}{\overline{CH}}=\dfrac{\overline{BC}}{\overline{CH}}+1=\dfrac{\overline{CJ}}{\overline{DJ}}+1=\dfrac{\overline{CD}}{\overline{DJ}}$

於是 $\dfrac{\overline{BH}^2}{\overline{BH}\cdot\overline{CH}}=\dfrac{\overline{BH}}{\overline{CH}}=\dfrac{\overline{CD}}{\overline{DJ}}=\dfrac{\overline{BD}\cdot\overline{CD}}{\overline{BD}\cdot\overline{DJ}}=\dfrac{\overline{BD}\cdot\overline{CD}}{\overline{ID}^2}$

因此 $\overline{BH}^2\cdot\overline{ID}^2=\overline{BH}\cdot\overline{CH}\cdot\overline{BD}\cdot\overline{CD}$

即 $s^2r^2=s(s-a)(s-b)(s-c)$

故可得 $\triangle=sr=\sqrt{s(s-a)(s-b)(s-c)}$

海龍這樣的證明過程，雖然看起來比課本的代數操作形式複雜一些，不過從證明過程中，我們可以理解到何謂 s、$s-a$、$s-b$ 與 $s-c$，它們是真實存在於三角形中的幾何量（如圖 12–4）。這一點確實符合當時的希臘傳統：數字必須依附於幾何量而存在，一個數代表一個線段長。那麼對於二個維度的面積而言，不就應該僅表示成二個線段（二個數）相乘而已嗎？譬如之前的 $\frac{1}{2}\times$底$\times$高。然而更令人讚嘆的是海龍承襲這樣的傳統，卻不受限於此，而是勇於突破，敢以四個幾何量相乘再開根號的形式表示二維的面積，這樣的形式對當時的數學家而言，應該是相當匪夷所思吧!

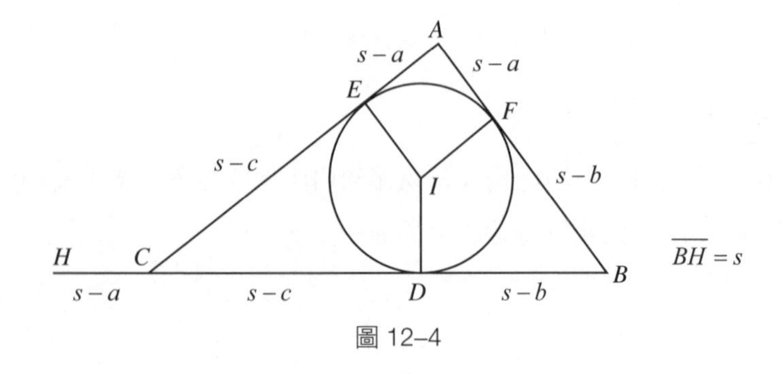

圖 12–4

海龍在證明過程中，僅使用到國中所學的幾何性質程度，因此在學習難度上較低，不過此證明在學習的接受度上較為困難，因為海龍所使用的相似三角形 ($\triangle AEI$ 與 $\triangle BCL$)，一般人很難想到從此著手。估計海龍如此天才的手法應該也是不斷嘗試之後的結果吧。不過，從海龍的證明過程，我們不難看出他對《幾何原本》命題的熟悉程度，才能如此輕鬆寫意地在證明過程中應用自如。這一點告訴我們，天才的表現通常需要實力的累積做後盾，這一點也是值得我們學習與借鏡之處。

篇 13

從複數到向量
——一段奇妙之旅

當解析幾何的發明將代數與幾何結合在一起，帶來令人驚奇的便利性與豐富成果之後，數學家們開始積極尋找如何解析地表示方向，期待再興起一次革命性的發明。此時複數的表徵方式為數學家帶來不同的思考角度，從複數平面到平面向量轉換得平順又理所當然。然而 3 維度的空間向量的難度升級了不只一個層次，數學家們該從何著手呢?

就數學發展的歷史軌跡來看，一開始幾何與代數這兩個分支各自為政，而且傳統上幾何的地位要高一些，有很長的一段時間幾何都是數學的代名詞，因此有傳說柏拉圖學院 (Platonic Academy) 的牌樓上寫著：「不懂幾何者不得入內」。直到坐標系統發明之後，代數才結合幾何成為解析幾何而開始發揮效力，以微積分這把大刀席捲整個數學與科學應用領域。這樣的徑路為數學家開啟了一種可能性，亦即跨領域的結合似乎可以帶來意想不到的發展結果。我們在學校學習數學的過程，好似重複著數學發展的路徑，幾何、代數，然後坐標系統的解析幾何，那麼接下來，應該就是向量幾何登場了。然而數學是怎麼發展到向量的呢？

一、尋找複數的幾何解釋

隨著 3 次方程式公式解的出現，數學家不得不正視 $i=\sqrt{-1}$，即使心理上不斷抗拒，還是得接受它的存在，定義它的運算，促成了數系往複數擴充。然後高斯 (Johann Carl Friedrich Gauss, 1777–1855) 的代數基本定理告訴我們：每一個 n 次 ($n\geq 1$) 複數係數方程式，在複數系中至少存在有一個根，到此數系的發展似乎已經足夠且圓滿。同時法國數學家伽羅瓦 (Évariste Galois, 1811–1832) 在他年輕短暫的生命裡提出的伽羅瓦理論說「五次及五次以上的方程式沒有公式解」。到這個階段，方程式求解的完成似乎結束了代數學上的一個重要篇章。然而數學發展的腳步並沒有就此停止，數學家又將關愛的眼神重新投注到另一個古老神聖的數學領域——幾何學上。

1702 年萊布尼茲說:「虛數是聖靈完美而奇妙的避難所,也差不多是介於存在和不存在之間的兩棲類。」這個時期數學家對虛數該有什麼性質,什麼意義都還不是很清楚,不過因為「有用」而接受它的存在。直到十九世紀,數學家最終才對複數的性質有了清楚的理解。複數的表徵有兩種形式,一種是純代數形式的,將複數寫成 $a+bi$ 的形式,其中 a, b 為實數,這種形式依賴實數而存在,其運算規則如同我們在高一學過的一般。然而這種「規定」的複數運算除了在其體系中相容不矛盾之外,如果沒有實質意義,怎麼能讓人打從心底接受呢?因此不久之後,直到十九世紀末時,有關複數的研究幾乎都走向了幾何解釋的道路。

對於任一複數 $z=a+bi$,其中 a, b 為實數,我們可以將這個複數考慮成數對 (a, b),然後在坐標平面上將橫軸當作實軸,與其垂直的坐標軸當成虛軸,進而將數對 (a, b) 當成點表示在此平面上,這樣一來複數便有了幾何表徵,兩個複數的加法與乘法運算便有了幾何意義。兩個複數 $z_1=x_1+y_1i$, $z_2=x_2+y_2i$,這兩個複數的加法幾何地表示成 $z_1+z_2=(x_1+x_2,\ y_1+y_2)$,代表平面上的平移;而 $z_1z_2=(x_1x_2-y_1y_2,\ x_1y_2+x_2y_1)$ 的幾何意義為將 z_1 根據 z_2 作伸縮與旋轉的變換。不過,將原點與表示複數的一點連接起來,不就可以用來表示平面上的有向線段(向量)?

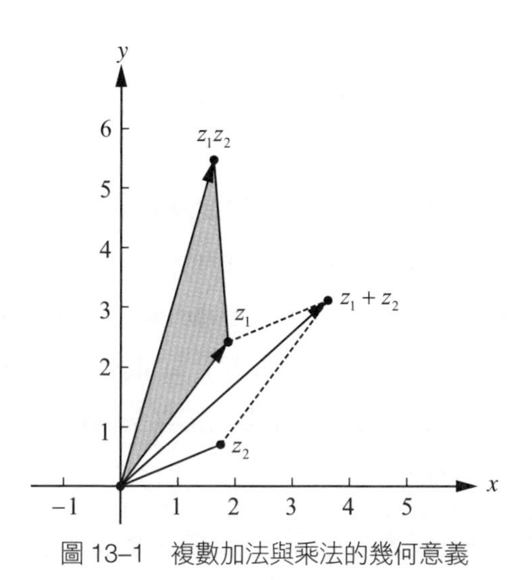

圖 13–1　複數加法與乘法的幾何意義

向量作為一個同時帶有大小與方向的量，因為在力、速度等物理現象上的觀念而早被接受，並以有向線段的幾何形式來表徵；以平行四邊形法則表示兩個這種量的加法，早在亞里斯多德 (Aristotle, 384 B.C.–322 B.C.) 及阿基米德的書中就已發現。然而當坐標系統的解析幾何在微積分上取得廣泛成就之後，數學家們努力地想將這樣的結合徑路，套用在複數與有向線段上：為代數形式的複數尋求幾何解釋，以及為幾何的有向線段尋求解析的代數符號表徵方式。所謂解析 (analytical)，此處意同解析幾何的用法，即以代數形式表示幾何物件及其運算，例如函數圖形的方程式。事實上，這兩件事是一體兩面。為複數尋找幾何意義以及幾何表徵方式，首次完整地出現在挪威數學家韋塞爾 (Caspar Wessel, 1745–1818) 1799 年的著作中，他以複數的幾何表徵形式來闡明平面有向線段，即平面向量的解析表徵與運算法則。

二、韋塞爾的〈方向的解析表示：一種嘗試〉

1797 年，韋塞爾向丹麥皇家科學院發表論文，於 1799 年以丹麥文的形式出版在論文集中，名為〈方向的解析表示：一種嘗試——主要用於平面與球面多邊形的解〉(On the Analytical Representation of Direction : An Attempt, Applied Chiefly to the Solution of Plane and Spherical Polygons)，這篇文章的主要目的在於創造解析方法來表示方向與方向的運算，他說：

> 目前我們嘗試論述的問題是：怎樣解析地表示方向，也就是我們怎樣表示直線 (right lines)，才能在一個包含一未知直線與若干已知直線的方程式中，把未知直線的長度和方向都表示出來。

這裡要注意的是韋塞爾論文中的直線，指的即是有向線段，後面皆同。接著他把這個問題分成兩個命題：

> 第一，能被代數運算作用的方向之改變，能用它們的符號來表示。
>
> 第二，只有當方向能用代數運算改變時，它才是一個代數對象。

簡單地說，當我們想將幾何物件（有向線段）與關係（彼此間長度與方向的關係）以代數表示時，幾何關係的改變，例如方向改變時，要能用這些代數符號及其運算表達得出幾何意義來，也只有這樣解析地表示有向線段才算達成目標。

韋塞爾首先幾何地說明有向線段的加法運算，即我們熟知的平行四邊形法則；而兩個有向線段的「乘積 (product)」必須滿足：⑴這兩個「因子（factor，相乘的兩個物件，在此為有向線段)」與正單位位於同一平面；⑵積的長度等於兩者長度相乘；⑶積的角度（他稱為散度，divergence from unit）等於兩者方向角 (direction angles of factors) 的和。接著他開始以我們現在熟知的方式定義複數平面：

> +1 表示正的直線單位，+ε 表示某個垂直於正單位且原點相同的單位，那麼 +1 的角度等於 0°，−1 的角度等於 180°，+ε 的角度等於 90°，−ε 的角度等於 −90° 或 270°。根據法則，積的方向角等於因子方向角的和，我們有：
> $(+1)(+1)=+1$; $(+1)(-1)=-1$; $(-1)(-1)=+1$;
> $(+1)(+\varepsilon)=+\varepsilon$; $(+1)(-\varepsilon)=-\varepsilon$;
> $(-1)(+\varepsilon)=-\varepsilon$; $(-1)(-\varepsilon)=+\varepsilon$;
> $(+\varepsilon)(+\varepsilon)=-1$; $(+\varepsilon)(-\varepsilon)=+1$; $(-\varepsilon)(-\varepsilon)=-1$。
> 由此可見 $\varepsilon=\sqrt{-1}$，不違背普通的運算法則，積的散度得到確定。

接著他以單位圓為例，圓周上一點可表示成 $\cos v+\varepsilon\sin v$，換成現代符號即 $\cos v+i\sin v$，其中 v 表示此點與圓心連成的半徑偏離正單位的角度。接著他說與直線 $\cos 0°$（+1，即實軸正單位）與 $\varepsilon\sin 90°$（$+i$，即虛軸正單位）在同一平面，且長度為 r，方向角為 v 的有向線段的一般表達式即為 $r(\cos v+i\sin v)$。

韋塞爾告訴我們，一個複數 $z=a+bi$ 可以用來表示平面向量，當此有向線段的長度為 r，與實軸正向所夾的方向角為 θ 時，$a=r\cos\theta$,

$b = r\sin\theta$，換句話說，在此平面上，可用點 (a, b) 表示複數，或是平面上的向量。以這樣的表徵方式，可以解釋複數運算的幾何意義；同時，利用複數的幾何表徵也可為平面向量提供一套代數律則，用來表示向量與向量間的運算。以坐標系統的解析形式表徵向量之後，例如 $\vec{u} = (a, b)$，向量長度的伸縮與角度的改變就可以用代數運算如加減法與乘積來操作，它們的運算就如同我們在課堂中學習到的方式。

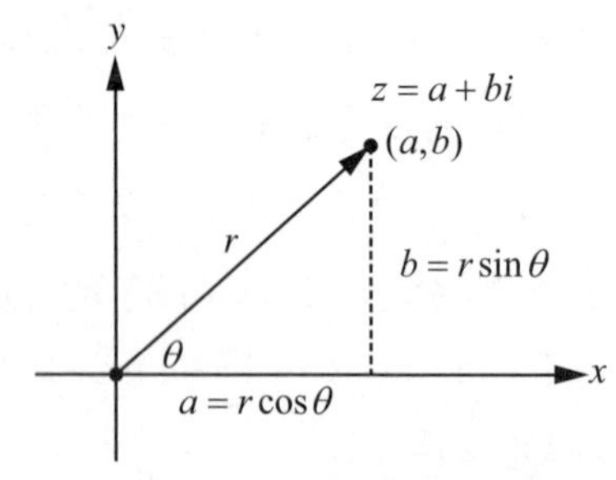

圖 13–2　複數與向量的轉換關係

韋塞爾這篇論文發表之時，因為語言的限制並沒有受到太大的注意，直到 1897 年翻譯為法文之後才引起重視。不過差不多與韋塞爾同時的瑞士數學家阿甘得 (Jean Robert Argand, 1768–1822) 於 1806 年亦曾發表有關複數的幾何表徵方面的論文；而名聲顯著的高斯亦於 1831 年出版有關複數幾何表徵的著作，在此書或高斯的日記中，他都曾表示過他早在 1793 年就有這樣的想法了。當然高斯著作的影響力顯得更高一些，因此我們常將表示複數的幾何性的這個平面稱為高斯平面，不過法國人似乎更喜歡稱它為阿甘得平面。此時的數學家們在接觸與熟悉複數的幾何表徵，以及複數用來表示平面向量及其運算的方式，還有它所帶來的便利性之後，數學家們開始將目光放得更遠，思考在三維或更高維度上如何表示向量及其運算。

三、四元數的誕生

在複數用於表示平面向量上取得成功之後，數學家們開始尋找類似複數的形式來表示三維空間的向量，畢竟現實世界以及物理問題處理的大多是不在同一平面的向量。雖然我們可以用空間直角坐標系統中的點 (x, y, z) 來表示原點至該點的向量，如同我們現在課堂上使用的一樣，然而這樣的方式在當時還沒辦法定義向量的代數運算，更重要的是無法解釋與使用向量的運算來表示向量間的伸縮和旋轉，因此數學家才想尋找類似複數的「超複數」來表示三維向量，甚至更高維度的向量。

不過這個問題並不是那麼容易解決，愛爾蘭數學家與物理學家漢彌爾頓 (Sir William Rowan Hamilton, 1805–1865) 在 1833 年出版複數幾何表示的相關著作之後，他就著力於尋找所謂的三維複數來解決這些問題。十年過去了，他依然沒有完成。直到 1843 年的某一天，漢彌爾頓和太太在秋高氣爽的日子裡散步，經過一座橋樑時忽然靈光一閃，他形容為「突然一種電流似的思緒向我逼近」，於是他想到了解決方法：3 個分量行不通，必須有 4 個分量，同時還得犧牲乘法交換律才行。事實上，想以一個新數系統來表示空間中向量的伸縮與旋轉，確實需要 4 個分量，要將空間中的一個向量作旋轉，需要繞一個固定的軸作旋轉，要表示固定軸的方向需要有 2 個量 (例如經度和緯度)，向量繞軸旋轉的角度是 1 個量，長度的伸縮是 1 個量，因此這樣的新數需要有 4 個分量而非 3 個 (如圖 13–3)。漢彌爾頓稱他的新數叫做四元數 (quarternions)。

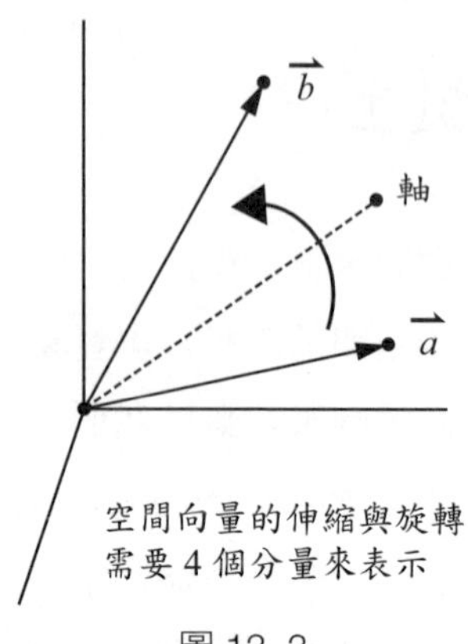

圖 13–3

每個四元數都可表示成：$d+ai+bj+ck$，其中 a, b, c, d 為實數，d 稱為純量部分，其餘部分稱為向量部分，向量部分的係數 $(a,\ b,\ c)$ 為空間直角坐標系中某一點的坐標，而 i, j, k 稱為定性單位 (qualitative unit)，在幾何上即是直角坐標系的三個坐標軸的方向，需滿足 $i^2+j^2+k^2=-1$，且 $ij=k$, $ji=-k$、$jk=i$, $kj=-i$、$ki=j$, $ik=-j$，這是為了使四元數除法得到唯一結果的必要犧牲。四元數可以定義加減運算，就如同我們習慣的向量加減法，可用來解釋向量平移的幾何意義。而四元數的乘法運算可根據分配律與上述法則得到，舉例來說，設兩個四元數 $u=d+ai+bj+ck$, $v=w+xi+yj+zk$，可得

$$\begin{aligned}uv&=(d+ai+bj+ck)(w+xi+yj+zk)\\&=(dw-ax-by-cz)+i(aw+dx+bz-cy)\\&\quad+j(bw+dy+cx-az)+k(cw+dz+ay-bx)\end{aligned}$$。

可以看出兩個四元數相乘之後仍是四元數，以及不滿足乘法交換律，當然也可定義與計算乘法的反運算——除法。

四、從四元數到向量

漢彌爾頓在四元數的研究上花費了大半輩子的時光，他認為四元數是處理幾何學與數學物理問題的關鍵。然而一開始除了少數同樣為英國人的數學家支持外，四元數並不受到數學家，尤其是物理學家的青睞。對物理學家而言，他們需要的是像空間直角坐標系統一樣的表示方式，或與空間坐標系密切相關的概念。當漢彌爾頓辛苦地研究四元數的同時，住在現今波蘭斯特丁的葛拉斯曼 (Hermann Günter Grassmann, 1809–1877) 正在發展一套大膽的數學體系，以他所謂的擴展量來表示 n 維空間。1844 年他出版了簡稱為《擴展論》(*Die Lineale Ausdehnungslehre*, 1844) 的這一本書，在此書中用一種有 n 個分量的「高元數」表示 n 維幾何空間中的向量，例如一個三維的高元數 a 可表示成 $a=x_1e_1+x_2e_2+x_3e_3$，其中 x_i 為實數，e_1, e_2, e_3 在幾何上可視為代表單位長度的有向線段，具有共同端點，並決定一個右手直角坐標系，這幾乎已經是現在我們學習的向量形式了。本來他的系統應該更符合當時數學家與物理學家的需求，不過因為他的書過於隱晦難明，呈現的方式也過於神祕抽象，因此一直為人所忽視。有關他這本書的銷量及受注目的程度，從這本書的出版商寫給葛拉斯曼的一封信就可以一目了然，他的出版商寫道:「你的書《擴展論》已經有好一陣子沒有印刷出版了。因為你的作品一點都不好賣，大約有 600 本被當成垃圾處理，只賣出奇零的幾本，其中還有一本放在我們的圖書館裡。」

葛拉斯曼的作品不受重視，漢彌爾頓的四元數卻逐漸吸引大多數人的注意，雖然物理學家覺得不好用，但是他們卻也在四元數的基礎上發展出我們現在使用的三維向量系統。這些人像是電磁學大師馬克斯威爾 (James Clerk Maxwell, 1831–1879) 將四元數中的向量部分獨立出來，當成個體來研究處理，到十九世紀末已經發展成獨立的三維向量分析體系。在空間中一個向量 $\vec{u}$，考慮一個四元數，讓純量的地方為 0，只考慮向量部分，如上述的 $u=d+ai+bj+ck$, $v=w+xi+yj+zk$，讓 d, w 等於 0，將 $\vec{u}$ 表示成 $\vec{u}=ai+bj+ck$，其中 i, j, k 分別是沿著 x, y, z 軸的單位向量。我們可定義向量的加減法如同四元數的加減法則；再由四元數的乘法，可得

$$\begin{aligned}\vec{u}\vec{v}&=(ai+bj+ck)(xi+yj+zk)\\&=-(ax+by+cz)+i(bz-cy)+j(cx-az)+k(ay-bx)\end{aligned}$$

由此我們可以定義向量的兩種乘積：純量的內積 $\vec{u}\cdot\vec{v}=ax+by+cz$，可用來解釋與計算正射影。另一種乘積為向量的外積：

$$\vec{u}\times\vec{v}=i(bz-cy)+j(cx-az)+k(ay-bx)$$

外積所指涉的方向為與這兩向量垂直，並由右手系統決定的方向。這些代數運算就足以表示空間向量間的平移、旋轉與伸縮。到此為止，終點已經達成?!

數學發展的腳步從來不曾停止，也不會因為某位數學家的作品被忽視而停滯，可能只是步伐稍微減緩而已。葛拉斯曼的作品雖然不受注意，然而數學知識的洪流，還是朝著他所指向的數學張量方向發展。向量分析這一分支，也不會只到三維向量就停滯不前，只要人類還存在著對未知的好奇，數學，甚至是任何知識體系都將繼續前進不懈。

篇 14

高斯消去法之前

數學問題的起源來自於生活的需求，長久以來，數學家追求的就是如何快速有效地解決問題。在處理牽涉到大量數據的問題時，高斯消去法提供了一種相當有效率的計算方式，然而在數學發展成熟到高斯消去法的使用可輕鬆自如之前，前人們做了什麼樣的努力與貢獻呢？

一、算術與代數

對於現代的我們來說，不管年代為何，只要接受過數學教育的人，應該都做過雞兔同籠的問題吧。舉例來說：「在一籠子裡雞與兔共 30 隻，牠們合起來共 82 隻腳，問雞與兔各有幾隻?」常有學生會說這個問題不合理，誰會把雞跟兔子關在一起啊? 如果不管現實問題，想一想我們拿這個問題來學習什麼? 在國小階段還沒學習符號代數之前，這個問題僅能以算術的形式作答，像是先假設不管兔與雞，每隻 2 隻腳，那麼應該有 $30\times2=60$ 隻腳，這樣還有 22 隻腳，因為每隻兔子比雞多 2 隻腳，因此兔子共有 $22\div2=11$ 隻，雞有 19 隻。數學老師利用這個問題來培養學生的數學感，在還沒學習用符號代數解聯立方程組之前，從題目中觀察數字的關係，並用簡單的方法加以解決，這個就是數學素養。

數學發展的動力源自於解決人類生活問題的需求，以及人類對智力的挑戰。在早期數學文獻的紀錄中，我們可以看見許多古人們如何解決問題的痕跡，這些痕跡彷彿帶領我們穿越時空，讓我們在那個時代的氛圍下理解當時人們的努力，如何以所知的數學知識解決問題，努力地傳播這些知識，並讓數學知識源源不絕地往前進展。在許許多多的文本中，這一篇章只將焦點著重在解聯立方程組的方法。在課本學到所謂的「高斯消去法」之前，解聯立方程組的方法與概念，又是經過什麼樣的演變呢?

在沒有代數符號的表徵方法之前，這些現在被我們歸類為解聯立方程組的問題，靠著對數字的算術運算技巧，古代數學家們依然可以解決問題並將數學的發展進一步延續下去。在西元 2000 多年前的巴比倫楔形泥板（Cuneiform VAT 8389，現存於柏林的 The Museum of the Ancient Near East）中，其中有一塊是解聯立方程組的教學講義，這塊泥板的作者隨時提醒學生要將數字「記住在你的腦袋裡 (may your head hold!)」。它上面的第一題就是這樣的題目：

> 我有一塊田地的租金是每 1 bur 收 4 gur；另一塊田地的租金每 1 bur 收 3 gur；第一塊田地的租金比第二塊田地的租金多 8;20，兩塊田地的面積和為 30′。我的田地面積各是多少？

首先，面積單位 1 bur = 30′ sar，容積單位 1 gur = 5′ sila；再者，巴比倫人用的是 60 進位制，題目中的租金差指的是 8;20 sila，即 $8\times60+20=500$ sila，面積和 30′，意即 $30\times60=1800$ sar。若我們以當時的單位，現代的符號來表達這個題目，即是解聯立方程組 $\begin{cases} x+y=30' \\ \frac{4\times5}{30}x-\frac{3\times5}{30}y=8;20 \end{cases}$。記住，他們當時沒有符號，當然就不會有現代我們用的代入或加減消去法。在這片泥板上記載的方法告訴我們，巴比倫人用嘗試改誤與數字的比例關係解決這個問題：

> 因為一塊田地每 30′ sar 租金 20 sila；另一塊田地每 30′ sar 租金 15 sila，因此先假設 2 塊田地面積都是 15 sar，那麼它們的租金分別為 10 sila 與 7;30 sila，兩者差為 2;30，與題目所要求的還差 5;50；接下來進行「轉移」，要從第二塊田地「轉移」多少面積到第一塊呢？因為第一塊田地 1 sar 要 $\frac{2}{3}$

sila，亦即 0;40 sila 租金；第二塊田地 1 sar 要 $\frac{1}{2}$ sila，亦即 0;30 sila 租金，若第二塊田地少 1 sar 到第一塊田地，彼此租金差就會增加 $0;40+0;30=1;10$，用此除 5;50 得 5，因此只要從第二塊田地轉移 5 sar 即可，即第一塊田地的面積為 20 sar，第二塊田地的面積為 10 sar。

這個方法後來發展變成解此類應用問題的試位法與雙設法，成為代數符號發明之前解含二個未知數方程式的主流方法。

古代算術方法在丟番圖（Diophantus of Alexandria，約 200–284）的《算術》（*Arithmetica*，約 250）中達到一個新的高峰。這本書本來共有 13 卷，後來遺失後再發現只找到 10 卷。有關這本書最出名的一個「事件」，即是費馬在他擁有的 1621 年出版的譯本裡，第二卷問題 8 旁邊的留白處寫下的有關費馬最後定理的備註，不過此與本篇章主題無關，在此略過不提。這本書有許多關於解方程式與聯立方程組的問題，其中第一卷內容為解確定方程組 (determinate equations) 問題。譬如第一卷的問題 19：

找出四個數使得任三數的和與第四數的差為一給定值。
必要條件：所有這些給定值的一半要比任何給定值大。
假設第一、二、三數的和與第四數的差為 20 單位；第二、三、四數的和與第一數的差為 30 單位；第三、四、一數的和與第二數的差為 40 單位；第四、一、二數的和與第三數的差為 50 單位。

在《算術》中使用的方法是這樣的：
假設這四個數的和為 $2\alpha\rho\iota\theta\mu\acute{o}\varsigma$ $(x_1+x_2+x_3+x_4=2X)$，$\alpha\rho\iota\theta\mu\acute{o}\varsigma$ 這個

字的希臘字母直接對照英文字母為 *arithmos*，有 number 之意，丟番圖用它來表示為題意而設的一個未知數。

由第一個條件得四個數的和比第四個數的 2 倍多 20 $(x_1+x_2+x_3+x_4-2x_4=20)$；

因此可得第四個數為 1 個 $\alpha\rho\iota\theta\mu\acute{o}\varsigma$ 減去 10 $(x_4=X-10)$；

同理可得第一個數為 1 個 $\alpha\rho\iota\theta\mu\acute{o}\varsigma$ 減去 15 $(x_1=X-15)$；

同理可得第二個數為 1 個 $\alpha\rho\iota\theta\mu\acute{o}\varsigma$ 減去 20 $(x_2=X-20)$；

同理可得第三個數為 1 個 $\alpha\rho\iota\theta\mu\acute{o}\varsigma$ 減去 25 $(x_3=X-25)$；

因此可得 $X=35$，此四個數為 20, 15, 10, 25。

事實上，若以現代代數符號來解題，我們可能輕易地以假設四個未知數來解決這個聯立方程組問題，但是從上述的解題過程中可以發現，丟番圖僅假設一個未知數就解決這個問題。在沒有那麼便利的代數符號表徵情況下，數學家們反而能更透徹地看清數量之間的關係，僅憑藉簡單的算術運算就能解決問題。

DIOPHANTI
ALEXANDRINI
ARITHMETICORVM
LIBRI SEX,
ET DE NVMERIS MVLTANGVLIS
LIBER VNVS.
Nunc primùm Græcè & Latinè editi, atque absolutissimis Commentariis illustrati.
AVCTORE CLAVDIO GASPARE BACHETO MEZIRIACO SEBVSIANO, V.C.

LVTETIAE PARISIORVM,
Sumptibus SEBASTIANI CRAMOISY, via Iacobæa, sub Ciconiis.
M. DC. XXI.
CVM PRIVILEGIO REGIS.

圖 14–1
1621 年出版的《算術》的拉丁文譯本封面

二、中國的方程術

同樣沒有現代代數符號表徵的條件，古代中國卻發展出一套近似於現代我們所學高斯消去法的程序性演算法，用來解決線性聯立方程組問題。成書於西漢 (202 B.C.–8) 中葉的《九章算術》一書共九卷，包括二百四十六個問題與解法。在所有關於《九章算術》的註解中，其中最重要的即是魏晉人士劉徽所做的註。本書第八卷「方程」中提出的「方程術」即為中國解線性方程組的算法。劉徽在註解中寫道：

> 程，課程也。群物總雜，各列有數，總言其實。令每行為率，二物者再程，三物者三程，皆如物數程之。並列為行，故謂之方程。行左右無所同存，且為有所據而言耳。

在中國算法中，所謂的「程」有計量、考核之意，「方程」的本義就是「並而程之」，也就是把諸物之間的各數量關係並列起來，考核其度量標準。每一行為一個數量關係，有幾個未知數就需要幾個數量關係，將這些關係一行一行並列起來進行計算，因此稱為「方程」，在中國古代算學中以此名詞來稱呼線性聯立方程組。以第一問為例：

> 今有上禾三秉，中禾二秉，下禾一秉，實三十九斗；上禾二秉，中禾三秉，下禾一秉，實三十四斗；上禾一秉，中禾二秉，下禾三秉，實二十六斗。問上、中、下禾實一秉各幾何？

這個問題要測量穀物之產量，取上、中、下禾若干，捆脫去外殼成米計算產量。若以現代代數符號解答，設上禾一秉去殼成米 x 斗，中禾一秉去殼成米 y 斗，下禾一秉去殼成米 z 斗，由數量關係列出的方程組為 $\begin{cases} 3x+2y+z=39 \\ 2x+3y+z=34 \\ x+2y+3z=26 \end{cases}$。在《九章算術》的方程術中所用的解法，除了數字用算籌（小木棍）擺放的形式表示之外，計算過程就如同現今高中數學所教授的高斯消去法一般：

先將條件以算籌排列成行（如圖 14–2），利用「遍乘」將中行與左行的每一個係數乘以右行的第一個係數，再進行「直除」，一直與右行相減直到中行與左行第一個係數為 0；再針對中行剩下的中禾係數重複剛才的遍乘與直除，讓左行剩下一個未知數。先以現代符號將程序表示如下：

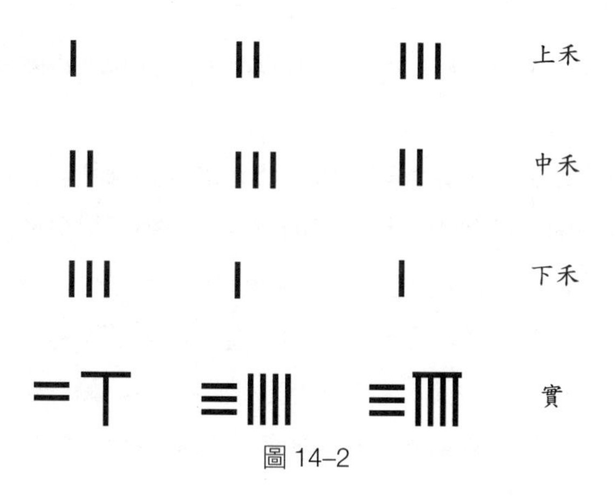

圖 14–2

$$\begin{cases} 3x+2y+\ \ z=39 \cdots ① \\ 2x+3y+\ \ z=34 \cdots ② \\ \ \ x+2y+3z=26 \cdots ③ \end{cases} \xRightarrow{②\times 3,\ ③\times 3} \begin{cases} 3x+2y+\ \ z=39 \\ 6x+9y+3z=102 \\ 3x+6y+9z=78 \end{cases}$$

$$\xRightarrow{②\times 3-①\times 2,\ ③\times 3-①} \begin{cases} 3x+2y+\ \ z=39 \\ \quad\ \ 5y+\ \ z=24 \cdots ④ \\ \quad\ \ 4y+8z=39 \cdots ⑤ \end{cases} \xRightarrow{[⑤\times 5-④\times 4]\div 9} \begin{cases} 3x+2y+\ \ z=39 \cdots ① \\ \quad\ \ 5y+\ \ z=24 \cdots ④ \\ \qquad\quad 4z=11 \cdots ⑥ \end{cases}$$

$$\xRightarrow{[④\times 4-⑥]\div 5} \begin{cases} 3x+2y+\ \ z=39 \cdots ① \\ \quad\ \ 4y \qquad =17 \cdots ⑦ \\ \qquad\quad 4z=11 \cdots ⑥ \end{cases} \xRightarrow{[①\times 4-⑥-⑦\times 2]\div 3} \begin{cases} 4x \qquad\qquad =37 \\ \quad\ \ 4y \qquad =17 \\ \qquad\quad 4z=11 \end{cases}$$

將④ ×4 − ⑥後再除以 5，得到 4 秉中禾之實 17，接著① ×4 − ⑥ − ⑦ ×2 後再除以 3，得 4 秉上禾之實 37，最後皆除以 4 即可得上禾、中禾、下禾 1 秉之實。

由於中國傳統算法以算籌的擺弄代替筆算的這種特性，即使沒有西方後來發展的符號代數表徵形式的條件，依然可以發展出一套程序性的計算步驟，用以解決聯立方程組的問題。不過也因為問題單純與算籌擺弄不能過於複雜的限制，讓這一套方法的發展無疾而終。反觀西方解聯立方程組的技術，在符號代數發明之後，配合數學與其他學科發展之需求，得以繼續獲得更多數學家灌溉養分，持續進展。

三、代數表徵方程組與消去法

法國數學家韋達 (F. Viète, 1540–1603) 在 1591 年出版《解析技術引論》(*In Artem Analyticem Isagoge*, *Introduction to Analytic Art*) 後，將以代數符號表徵方程式的觀念正式引入歐洲。不過關於解聯立方程組的方法並沒有受到太多的重視與改進，在 1550 年到 1660 年間出版的 107 本代數書籍中，只有 4 本提到聯立線性方程組，例如佩爾蒂埃 (J. Peletier du Mans, 1517–1583) 於 1554 年出版的《代數》(*L'Algebre*)，以及博雷爾 (J. Borrel, 1492–1572) 於 1560 年出版的 *Logistica*。1660 年之後的著作以影響力的深遠而論，首推牛頓的《通用算術》(*Universal Arithmetick*, 1707) 一書。

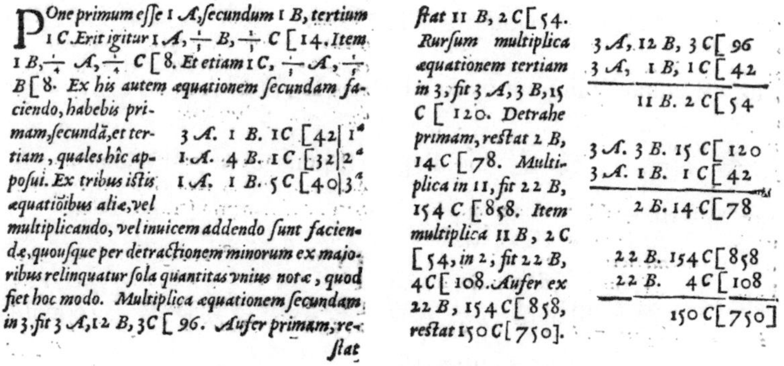

Pone primum eſſe 1 A, ſecundum 1 B, tertium 1 C. Erit igitur 1 A, $\frac{1}{3}$ B, $\frac{1}{3}$ C [14. Item 1 B, $\frac{1}{4}$ A, $\frac{1}{4}$ C [8. Et etiam 1 C, $\frac{1}{3}$ A, $\frac{1}{5}$ B [8. Ex his autem æquationem ſecundam faciendo, habebis primam, ſecundã, et tertiam, quales hîc apposui. Ex tribus iſtis æquatiõibus aliæ, vel multiplicando, vel inuicem addendo ſunt faciendæ, quouſque per detractionem minorum ex majoribus relinquatur ſola quantitas vnius notæ, quod fiet hoc modo. Multiplica æquationem ſecundam in 3, fit 3 A, 12 B, 3 C [96. Aufer primam, reſtat 11 B, 2 C [54. Rurſum multiplica æquationem tertiam in 3, fit 3 A, 3 B, 15 C [120. Detrahe primam, reſtat 2 B, 14 C [78. Multiplica in 11, fit 22 B, 154 C [858. Item multiplica 11 B, 2 C [54, in 2, fit 22 B, 4 C [108. Aufer ex 22 B, 154 C [858, reſtat 150 C [750].

3 A. 1 B. 1 C [42 | 1ª
1 A. 4 B. 1 C [32 | 2ª
1 A. 1 B. 5 C [40 | 3ª

3 A, 12 B, 3 C [96
3 A, 1 B, 1 C [42
11 B. 2 C [54

3 A. 3 B. 15 C [120
3 A. 1 B. 1 C [42
2 B. 14 C [78

22 B. 154 C [858
22 B. 4 C [108
150 C [750]

圖 14–3　博雷爾著作的 *Logistica* 書影，1560 年出版

牛頓於 1669 年接任英國劍橋大學的盧卡斯講座教授 (Lucasian Professor of Mathematics) 時的工作之一，即是對大學生講授代數學，他的上課講義先後於 1707 年與 1720 年以拉丁文與英文出版。在 1720

年的英文版本中，牛頓敘述了如何解聯立方程組的策略，基本上跟我們現在解方程組的概念是一樣的，亦即消減未知數，他在〈為了*消減*未知量，將兩個或更多個方程式轉換成一個的方法〉(Of the Transformation of two or more Equations into one, in order to *exterminate* the unknown Quantities) 這一節中說到：

> ……方程式（如果超過兩個時，兩兩一起）是如此的相關，每一次的操作中可以消減未知量中的一個，從而造出一個新的方程式。……你們將會學到，用一個方程式可以消去一個未知量，因此，當方程式的個數和未知量的個數一樣多時，所有的方程式最後可以消減成只剩一個，且此式只有一個未知量。

牛頓的方程組並不侷限在線性方程組，不過他介紹的卻是解方程組的核心策略：減少變數的方法。他將我們所謂的加減消去法稱之為 “taking off equal Thing out of equal Thing”，譬如 $\begin{cases} 2x=y+5 \\ x=y+2 \end{cases}$，兩式相減，得 $x=3$；或是 “adding Equals to Equals”，譬如 $\begin{cases} ax-by=ab-az \\ bx+by=b^2+az \end{cases}$，兩式相加得 $ax+bx=ab+b^2$，最後解得 x。牛頓使用的消減未知量的方法還有一種，稱為等價消去 (equality of values)，譬如在 $\begin{cases} ax-2by=ab \\ xy=b^2 \end{cases}$ 的例子中，由第一式可得 $y=\dfrac{ax-ab}{2b}$，第二式得 $y=\dfrac{b^2}{x}$，因此 $\dfrac{ax-ab}{2b}=\dfrac{b^2}{x}$，整理得 x 的二次方程式 $x^2-bx-\dfrac{2b^3}{a}=0$ 後解得 x，是不是跟我們所謂的代入消去法有點雷同？

Of the Transformation of two or more ÆQUATIONS *into one, in order to exterminate the unknown Quantities.*

WHEN in the Solution of any Problem, there are more Æquations than one to comprehend the State of the Queſtion, in each of which there are ſeveral unknown Quantities; thoſe Æquations (two by two, if there are more than two) are to be ſo connected, that one of the unknown Quantities may be made to vaniſh at each of the Operations, and ſo produce a new Æquation. Thus, having the Æquations $2x = y + 5$, and $x = y + 2$, by taking off equal Things out of equal Things, there will come out $x = 3$.

$x = 3$. And you are to know, that by each Æquation one unknown Quantity may be taken away, and conſequently, when there are as many Æquations as unknown Quantities, all may at length be reduc'd into one, in which there ſhall be only one Quantity unknown. But if there be more unknown Quantities by one than there are Æquations, then there will remain in the Æquation laſt reſulting two unknown Quantities; and if there are more [unknown Quantities] by two than there are Æquations, then in the laſt reſulting Æquation there will remain three; and ſo on.

There may alſo, perhaps, two or more unknown Quantities be made to vaniſh, by only two Æquations. As if you have $ax - by = ab - az$, and $bx + by = bb + az$; then adding Equals to Equals, there will come out $ax + bx = ab + bb$, y and z being exterminated. But ſuch Caſes either argue ſome Fault to lie hid in the State of the Queſtion, or that the Calculation is erroneous, or not artificial enough. The Method by which one unknown Quantity may be [exterminated or] taken away by each of the Æquations, will appear by what follows.

The Extermination of an unknown Quantity by an Equality of its Values.

WHEN the Quantity to be exterminated is only of one Dimenſion in both Æquations, both its Values are to be ſought by the Rules already deliver'd, and the one made equal to the other.

圖 14–4 牛頓的《通用算術》書影

牛頓解方程組的方法持續影響到十八與十九世紀初的代數學習，在十八世紀的代數教科書中，可以看到牛頓用詞與策略的影響，牛頓用了拉丁文的 *extermino*，以及後來英文版的 exterminate 來形容消滅未知量的動作，這個用詞持續出現在後世的代數教科書中，直到拉克洛瓦 (Sylvestre François Lacroix, 1765–1843) 在 1804 年出版的《代數原本》(*Elemens d'algèbre*) 中稱「這種消去一個未知數的方法，就叫消去法 (elimination)」，這本法文作品於 1818 年翻譯成英文後在美國出版，「消去法」就成了美國，乃至今日代數書中的固定說辭。

四、結語

解聯立方程組的需求在高斯的年代達到前所未有的高峰。當時無論是天文觀測或是大地測量，都需要處理大量的觀測數據並進行預測，因此解線性聯立方程組的技巧變成減少大量計算工作的重點需求。高斯為了精簡計算過程，將按照順序，不需要寫下未知數符號的方程式以數字表列，更有效率地組織計算工作，大幅削減了以當時教科書中所提供方法去進行的計算量。作為解線性聯立方程組的一種方法，高斯消去法在矩陣、演算法以及計算機科學等新概念、新學科的新血加入之後，持續地蓬勃發展。一個數學概念與技巧的產生，不是只有一位數學家一人的功勞，即使是偉大如高斯也是如此，通常都是經由許多世代，許多數學家共同灌溉而得的成果，高斯消去法就是一個很好的典範例。

在沒有代數符號幫我們運算之前，人們習慣觀察數量的關係，並利用這些關係簡單的解決問題，這種算術解法在代數符號超強的抽象化與一般化能力面前，好像顯得非常的小兒科、上不了臺面。然而當我們這些普通人出社會之後，碰到需要解聯立方程組問題的機率會有多大呢？到時候又有多少人會用代數方程組來解決問題呢？說到底，學校學習數學的人有 80% 會成為一般公民，培養這些公民的數學感才應該是重要的數學教育課題，這些數學感是學校畢業之後可以帶著走的能力，而不是考完試後馬上拋在腦後的無意義的代數操弄。然而對於那些與人類未來生活品質息息相關的 20% 的學生學習又該如何呢？符號化的數學是一項強大的工具，能讓我們用一般化，甚至可程序化的方法更簡便地處理複雜的問題。以高斯消去法為例，除了學習基本的高斯消去法技巧之外，透過了解它的發展過程去學習它所整合在一起的各個面向的概念與學問，數學的學習才會變得更加完整，讓人在冷冰冰的知識學習之外，增加一點人文的溫暖在裡面，因此培養出來的學生未來才會真正考慮人類的福祉，不至於變成瘋狂科學家或自負自大、眼光淺短的大人。

篇 15

圓錐曲線的命名

在高中數學課本以二次曲線稱呼拋物線、橢圓與雙曲線時，就是宣告在課本教材中僅從代數面向來看待這三個曲線。然而幾何曲線怎麼可以脫離幾何而獨立操作？這篇文章純粹從幾何面向重新看待這三個曲線，從問題的起源、名稱的由來以及表徵方式，三合一整合地以一致的眼光重新審視二次曲線，或還原的名稱——圓錐曲線。

一、問題起源

數學家對圓錐截痕的興趣與研究，起源相當地早，圓錐截痕理論的發展在希臘時期就已相當蓬勃豐盛。他們雖然沒有現代方便的代數表徵來指涉確實的圓錐曲線，然而藉由幾何的表達方式，古人同樣可以將圓錐截痕，即現在所謂的圓錐曲線清楚地表現出來。古希臘人對圓錐截痕的興趣可能起源自尺規作圖的三大問題之一——倍立方問題 (Delian problem)。

所謂的三大作圖題即是古希臘流傳下來，在尺規作圖限制下無法完成的三個作圖問題，包括化圓為方、三等分任一角以及倍立方問題。關於倍立方的問題，有一個傳說是關於提洛 (Delos) 這座小島，因此倍立方的問題有時會被稱為 Delian problem。這個說法是這樣的：

> 阿波羅藉著一位先知命令提洛 (Delos) 島民，要將他的立方體形狀的祭壇體積加倍，並且保持形狀。他們作不出來，就將這個問題拿去問柏拉圖，柏拉圖告訴他們說，阿波羅給出這個命令，不是因為他要一個兩倍大小的祭壇，而是他要藉著這個苦差事，來強調數學的重要性。

將一個邊長為 a 的正立方體體積加倍，即是要作出一新的正立方體之邊長 x，滿足 $x^3=2a^3$。這個問題被希波克拉提斯（Hippocrates of Chios，約 410 B.C.）歸結為作出兩線段長 a 與 $2a$ 的兩個連續比例中項。也就是說，要作出兩線段 x, y 滿足

$$\frac{a}{x}=\frac{x}{y}=\frac{y}{2a}$$

x 即為所要求的新正立方體的邊長。希波克拉提斯如何想出這個倍立方問題的兩個比例中項解法，並沒有詳細的記載。據推測，他可能是這樣想的：將兩個邊長為 a 的正立方體放在一起，成為一個立方體長寬高分別為 $2a, a, a$，體積為 $2a^3$；想像將這個立體拉整一下，使其成為高維持為 a，長寬分別為 x, y 的立方體（圖 15–1），因為體積要維持一樣，所以 $xy=2a^2$，從中可發現 $\frac{a}{x}=\frac{y}{2a}$；再將立方體拉整成長為 x，寬與高亦為 x 的立方體。同樣，體積要維持一樣，所以 $x^2=ay$，或 $\frac{a}{x}=\frac{x}{y}$。故可得 $\frac{a}{x}=\frac{x}{y}=\frac{y}{2a}$。

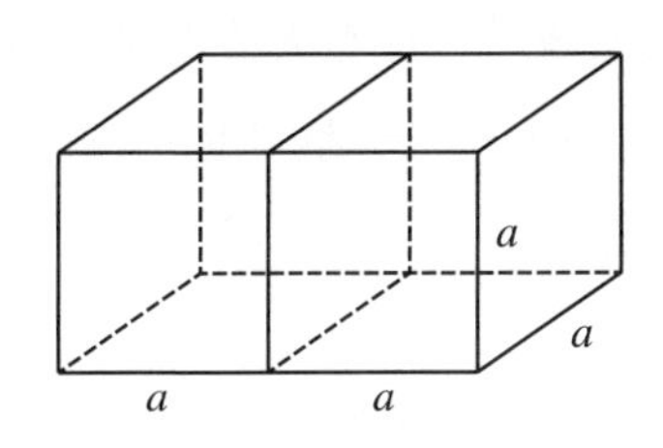

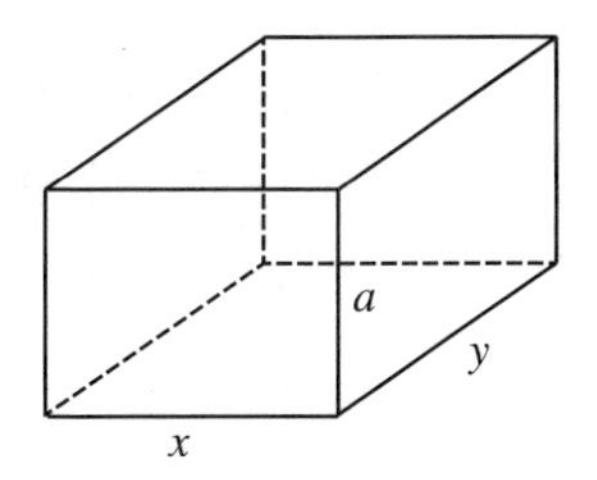

圖 15–1

希波克拉提斯的發現並沒有解決倍立方的問題，只是將問題轉換成另一形式而已，即是如何作出兩個比例中項 x 與 y。將連比例式拆成兩個等式：$\frac{x}{y}=\frac{y}{2a}$ 及 $\frac{a}{x}=\frac{x}{y}$，由此可得方程式 $x^2=ay$，及 $y^2=2ax$，這兩個方程式代表的曲線即是拋物線。而因為 a 已知，所以這兩個拋物線是可以唯一確定的，也就是此兩拋物線的交點可作出，即 x 與 y 可得。這個問題由古希臘人麥納奇馬斯（Menaechmus，約 350 B.C.）引入的新曲線，亦即圓錐截痕就可完美解決，不過由於圓錐截痕無法以尺規作圖，只能算是另闢蹊徑的解法而已。

二、阿波羅尼斯之前的名稱

麥納奇馬斯分別用三種圓錐來定義不同的圓錐截痕：銳角圓錐、直角圓錐與鈍角圓錐，歐幾里得則將這三種圓錐的定義清楚地寫在《幾何原本》有關立體幾何的第十一卷中：

> 定義 18：
> 固定直角三角形的一條直角邊，旋轉 (carried round) 此直角三角形到開始的位置，所形成的圖形稱為圓錐 (cone)。
> 如果固定的一直角邊等於另一直角邊時，所形成的圓錐稱為直角圓錐 (right-angled cone)；如果小於另一邊，則稱為鈍角圓錐 (obtuse-angled cone)；如果大於另一邊，則稱為銳角圓錐 (acute-angled cone)。

接著定義何謂圓錐的軸（定義 19）與底（定義 20），這三個定義在整個十一卷的命題中並沒有用到，不過歐幾里得應該很清楚麥納奇馬斯如何分別出三種圓錐截痕才是。麥納奇馬斯分別以一個平面，垂直於圓錐的一條母線與三種圓錐相交，其中與銳角圓錐相交的截痕，即是現今我們稱為橢圓的曲線，古希臘人稱為「銳角圓錐的截痕」(圖 15–2)；與直角圓錐相交的截痕，即是現今我們稱為拋物線的曲線，古希臘人稱為「直角圓錐的截痕」(圖 15–3)；與鈍角圓錐相交的截痕，即是現今我們稱為雙曲線的曲線，古希臘人稱為「鈍角圓錐的截痕」，也因為這種定義方式，當時認識的雙曲線只有一支（圖 15–4)。這種稱呼圓錐截痕的方式，一直沿用到阿波羅尼斯（Apollonius of Perga，約 262 B.C.–190 B.C.）之前，譬如阿基米德在他的書《論圓錐曲面體與球體》(*On Conoids and Spheroids*，約 213 B.C.) 也是如此稱呼這些圓錐截痕，唯一的不同只是他將直角圓錐稱為等腰圓錐 (isosceles cone)。

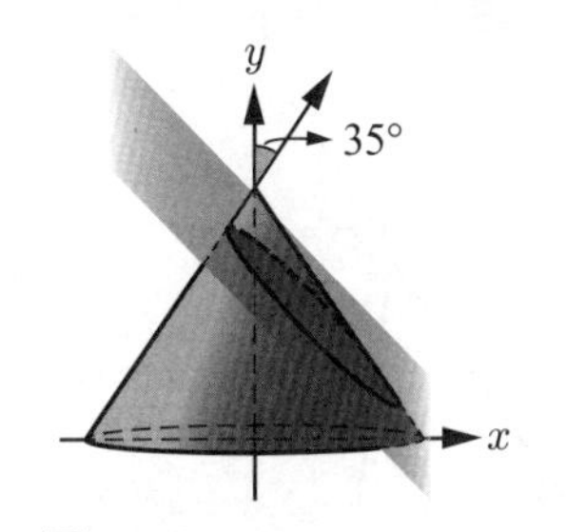

圖 15–2
橢圓，銳角圓錐截痕

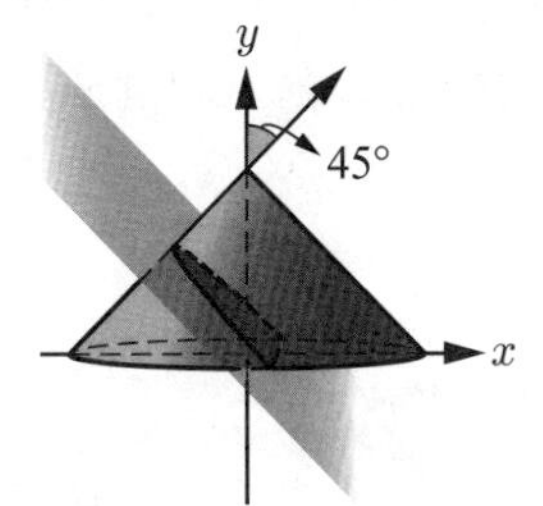

圖 15–3
拋物線，直角圓錐截痕

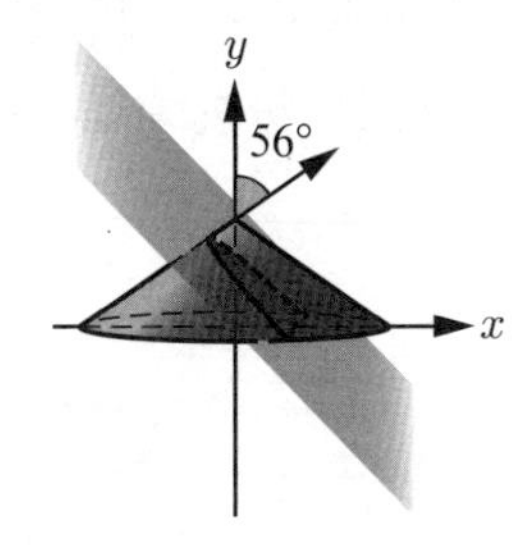

圖 15–4
雙曲線的一支，鈍角圓錐截痕

三、阿波羅尼斯的命名

古希臘人對圓錐截痕的研究，最後由阿波羅尼斯集大成。阿波羅尼斯的《錐線論》(*Conics*，約 200 B.C.) 共八卷，其中第七卷已失傳。前四卷為基礎部分，後四卷為擴展的性質內容。第一卷為這三個截痕的一般性質；第二卷為直徑 (diameters)、軸和漸近線的性質；第三卷中含有現今所知的焦點性質。阿波羅尼斯在第一卷中先定義何謂「圓錐」：

> 一條過一固定點不確定地 (indefinite) 延伸的直線❶，沿著一個與此點不在同一平面上的圓作圓周繞行，連續地通過圓周上的每一個點，這條直線繞行的軌跡稱為圓錐。

❶希臘時期的數學家們由於受到芝諾悖論的影響，覺得無法清楚、嚴謹地談論無限的概念，因此傾向於不使用這個字眼，而以 “indefinite” 替代。

如圖 15–5，阿波羅尼斯不再以古希臘傳統的用直角三角形旋轉的方式來定義圓錐，改以直線繞軸旋轉的方式來定義，因此他的圓錐截痕所使用的圓錐，不再分銳角、直角或鈍角，而是考慮一個平面以不同的角度跟一般直圓錐相交所得的三種不同截痕。

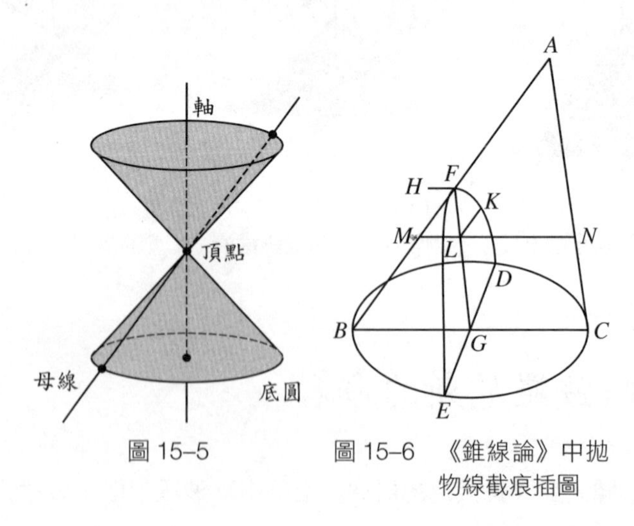

圖 15–5　　圖 15–6　《錐線論》中拋物線截痕插圖

接著他在第一卷的命題 11, 12, 13 引入三種圓錐截痕。首先在命題 11 中，他說當平面與圓錐的一條母線平行地相截時，從截出的各個線段長中，我們可以得出一個與拋物線對稱軸垂直的線段 HF，那麼這個截痕上的任一點 K 就會滿足：「正方形 KL = 矩形 HF, FL」，亦即以 KL 當邊長的正方形面積，會等於以 HF 與 FL 當兩邊長的矩形面積。若以直角坐標系的角度來看，任一點 K 的縱坐標（y 坐標）為 KL，橫坐標（x 坐標）為 LF，即可得方程式 $y^2 = px$，此處 $p = HF$，在一般的英文翻譯中稱作「參量」(parameter) 或是「正焦弦」(*latus rectum*)。阿波羅尼斯稱這樣的截痕為拋物線 (parabola)，取其原意「剛好相等」來命名（圖 15–7）。

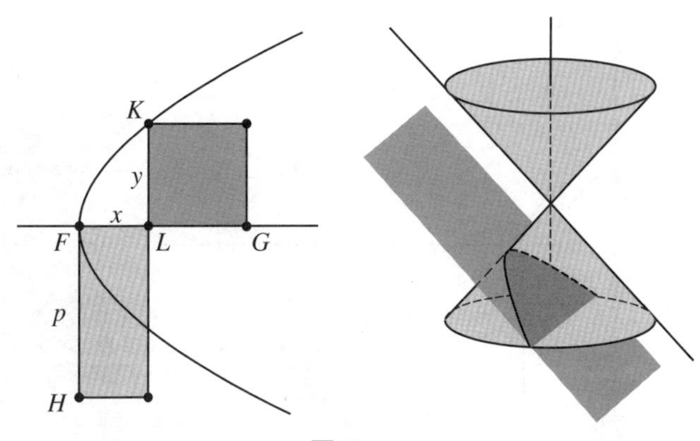

圖 15–7

在命題 12 截痕為雙曲線的情形中，他在此截痕中先找出與對稱軸垂直的一個線段長 $\overline{FL}$，則此截痕上任一點 M 滿足「它的縱坐標 MN 所得到正方形面積等於矩形 FX 的面積，這個矩形等於以 FL 為高度，以 FN 為寬度的矩形，再加上另一個矩形 $OLPX$」。若我們建立坐標系統來看，以 F 為原點，HF 為 x 軸，那麼 $FN=x$, $MN=y$，讓 $FL=p$, $HF=d$，因為 $HF:FL=OL:LP$，即 $d:p=x:LP$，所以 $LP=\frac{p}{d}x$，按照這個截痕的結論，可以得到 $y^2=px+\frac{p}{d}x^2$，此處 $p=FL$ 即為正焦弦。阿波羅尼斯將此截痕命名為雙曲線 (hyperbola)，取其原意「超過、大於」來命名（圖 15–8）。同樣地，在命題 13 截痕為橢圓的情況下，在直角坐標系上討論，可得方程式為 $y^2=px-\frac{p}{d}x^2$，其中 p 就是正焦弦。阿波羅尼斯將這個截痕稱為橢圓 (ellipse)，取其原意為「縮小、小於」來命名。

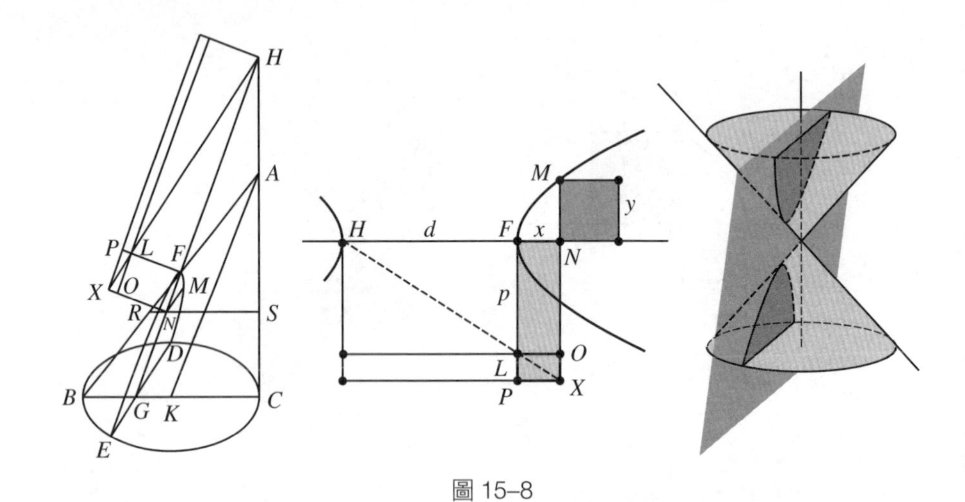

圖 15–8

在上述的三個命題中，可以看出阿波羅尼斯將截痕命名為 parabola, hyperbola, ellipse 的源由。他利用圓錐截痕上一正方形與以正焦弦為一邊的長方形面積作比較，並以其結果相等、大於或是小於來命名。事實上，這種「面積貼合 (applied to)」的方式，來自於畢達哥拉斯學派的想法。畢達哥拉斯或其學派的人，認為將二次方程式的解（一個幾何量的解）與一已知線段的長度作比較時，以下三種情形有一種會發生：短於、超過或是剛好；第一種情況命名為 elleipsis，其語源為「短少」之意；第二種情況命名為 hyperbole，其語源為「過剩」之意；第三種相等的情況命名為 parabole，語源上有「比擬、相當 (a placing beside)」之意。

事實上，在歐幾里得的《幾何原本》中，也將這種「面積貼合 (applied to)」的方式應用在命題上。在第一卷的命題 44 中是這樣說的：

To a given straight line in a given rectilinear angle, to apply a parallelogram equal to a given triangle.

也就是說，想要在一已知線段上，以一固定角度作一平行四邊形使得面積等於已知三角形。由此更進一步地，在命題 45 及第二卷命題 14 皆有提到如何作平行四邊形或正方形，使其面積等於已知直線形面積。然後在有關比例式的第六卷的命題 28 與 29 中，作出另外兩種不相等的情形：

命題 28：
在已知線段上作一平行四邊形 (To apply a parallelogram...)，面積比已知直線形面積再少一個平行四邊形，此平行四邊形相似於一已知的平行四邊形。另外，給定的直線形面積必須不能超過在已知線段的一半上所畫出的平行四邊形。

命題 29：
在已知線段上作一平行四邊形，使得其面積比已知直線形面積再超過一個與另一已知平行四邊形相似的平行四邊形。

這幾個命題告訴我們，熟悉古希臘數學的學者們，自然知悉畢達哥拉斯這種「面積貼合」的想法，甚至如何在一線段上以尺規作圖方式，作出符合需求的矩形（或平行四邊形）也不是一件難事。當阿波羅尼斯在著作《錐線論》時，想必他應該相當熟悉《幾何原本》裡的諸多命題，因此當他發現在拋物線截痕的情況中，將縱坐標所得的正方形面積「貼合」到以其正焦弦為一邊的矩形，它們的面積相等時，他自然而然地就將這個曲線命名為 parabola（相等）；同樣地，在雙曲線截痕的情況中，將縱坐標所得的正方形面積「貼合」到以其正焦弦為一邊的矩形，發現面積比此矩形還超過一個矩形面積時，他就將這個曲線命名為 hyperbola（超過）；在橢圓截痕的情況中，將縱坐標所得的正方形面積「貼合」到以其正焦弦為一邊的矩形，發現面積比此矩形還短少一個矩形面積時，他就將這個曲線命名為 ellipse（短少）。這樣的命名方式在他看來想必是理所當然的呀。

歷史上諸位學者在將阿波羅尼斯所使用的文字翻譯成英文時，通常使用「參量」(parameter) 這個字來描述一段特殊的線段，例如卷一命題 11 中的 FH，命題 12 中的 FL 以及命題 13 中的 EH。這個線段（參量），阿波羅尼斯稱為 *ὀρθία*（原文的英譯為 upright side，即豎直邊），拉丁文翻譯時譯作 *latus rectum*，後來也成為一個英文名詞，翻譯成「正焦弦」。當一個平面跟圓錐相截時，在這個截痕的圖形中，它的「正焦弦」這一段長度就已經固定了，阿波羅尼斯利用「比例式（希臘人寫成 $a:b::c:d$)」，並以垂直於「直徑」的方式作出這一段線段[2]。在古希臘人比例式中，「::」意指「類比」(analogia)，史學家弗雷德 (M. Fried, 1939–) 認為阿波羅尼斯所用的「類比」，不只是比例式的抽象操弄而已，更是「類比」於它所代表的幾何意義。他認為，圓錐截痕中的「直徑」與「正焦弦」合成一個圓錐截痕的「圖像」(figure)，經由這個圖像，可以「類比」出這個圓錐截痕的特性。所以，阿波羅尼斯將正焦弦稱為 “upright side”，即是意指這個矩形的一邊，再者阿波羅尼斯以截痕上任一點的縱坐標所得的正方形，與由正焦弦為邊所產生的矩形來表徵此圓錐截痕，讓「正焦弦」這個線段不再只是一段需要我們背誦長度的普通線段而已，可以說圓錐截痕的正焦弦決定了圓錐截痕的分類。

---

❷阿波羅尼斯將所謂的「直徑」定義為過一組平行弦中點連線的弦。

最後，讓我們回到坐標系統的解析幾何來看圓錐截痕的方程式表徵。在上述 3 個命題中，我們可以輕易的將阿波羅尼斯以面積比較所得的等式，轉換成直角坐標系中的方程式表徵形式（頂點為原點），拋物線 $y^2=px$（相等），雙曲線為 $y^2=px+\frac{p}{d}x^2$（超過），以及橢圓的 $y^2=px-\frac{p}{d}x^2$（短少）。但是橢圓與雙曲線的樣子好像跟高中課本裡的標準式不太一樣？以雙曲線為例，將 $y^2=px+\frac{p}{d}x^2$ 重新整理配方，得

$$\frac{p}{d}x^2+px-y^2=0$$

$$\frac{p}{d}(x^2+dx+(\frac{d}{2})^2)-y^2-\frac{pd}{4}=0$$

$$\frac{p}{d}(x+\frac{d}{2})^2-y^2=\frac{pd}{4}$$

$$\frac{(x+a)^2}{\frac{d^2}{4}}-\frac{y^2}{\frac{pd}{4}}=1$$

由此標準式可以看出中心位置，也可算出正焦弦長度為 $\dfrac{2\times\frac{pd}{4}}{\frac{d}{2}}=\frac{pd}{d}$ $=p$，與課本中以焦點定義所得的標準式是一致的，並且可核證 p 確實為正焦弦長。

圓錐曲線是組相當奇妙的曲線，可由許多不同的定義方式得到，例如平面截圓錐的幾何定義，離心率的定義，或是焦點與準線距離的定義。在這些不同的定義方式中，仔細觀察就可發現它們都有個相同不變的形式，那就是相等（parabola，拋物線）、超過（hyperbola，雙

曲線）與短少（ellipse，橢圓）。藉由這個因性質而起的名字由來，圓錐截痕（圓錐曲線）的觀念得以整合成一體，而不再只是零碎的三個不相關曲線而已。

篇 16

天文學中的數學模型 I

——托勒密的本輪勻速點模型

天文學在古希臘時期既然被視為數學的一個分支，當然離不開數學，要解釋天體運行的軌道、週期等等一切祕密，當然還是非數學不可。在沒有時髦的高科技玩意兒的古代，天文學家的大大前輩托勒密是怎麼自創一套學說來解釋天體運行方式呢？這套理論又有什麼不足呢？

一、古希臘的宇宙天文觀

自古幾何學的發展就源自於人類對量天與測地的需求。尤其是對天的研究，因為人類對曆法的需求，必須確定四季、節氣之分，以及日蝕、月蝕的時間等等問題，無論在哪個地域文明與年代，天文學都是當時當地的顯學之一。古文明的巴比倫人能從簡單的觀測中發現像是日昇、日落，月亮的變化還有四季之分；不過即使是古希臘文明泰斗的畢氏學派，也只能用一些簡單的算術與代數來計算與研究這些觀測結果，並沒有建立一個能將各種天文現象結合在一起的模型，直到柏拉圖學派，天文學的研究才有些微的進展。

在此之前，先說明一下古希臘人的宇宙天文觀。當時普遍認為宇宙是由兩個同心球體構成的，一個是位居中心的地球，另一個是恆星附著其上的天球。在他們的觀點裡，地球是靜止不動的，他們堅持的理由是因為他們「看到」從高塔上丟一顆石頭下來，石頭垂直落下，而不是掉在塔的西邊；如果地球在動，我們看到天上的飛鳥應該是倒退著飛的，可是並沒有這種現象，因此地球是靜止的！（他們那時候還沒有石頭、飛鳥等會跟著動的慣性定律觀念。）在這種根深蒂固的前提下，他們認為天上星體的運動就是天球帶著這些星體繞著地球轉動所引起的，天球上除了固定不動的恆星之外，還有鬆散連結在天球上的「漫遊星」，也就是行星。行星的英文 planet 這個單字，來自希臘字 *planetes*，這個字原本的意思就是漫遊。當時認為天球上有七大行星：日、月、金星、水星、木星、火星與土星。從地球上看這些行星的運動與測量它們的位置，看的是這些行星在天球上的投影，利用投影與恆星的相對位置來決定觀測值。為了方便理解，此篇以下所提的行星位置皆為其在天球上的投影。

當時經由觀測已經知道太陽的軌道並不跟天球的赤道重合，而是有個夾角。他們將太陽軌道所在的平面稱為黃道面 (ecliptic plant)，將上面的恆星位置分成十二個星座，即我們所熟知的魔羯、天蠍、水瓶、牡羊、雙魚等等的十二星座，稱為黃道帶，太陽軌道通過黃道帶，稱為黃道。太陽軌道與天球赤道的交點為春分與秋分，而黃道與天球的交點即為夏至與冬至（參考圖 16–1)。

圖 16–1　William Cuningham 的木刻版畫 *The cosmographical glasse*, 1559，描繪大力神亞特拉斯 (Atlas) 撐起整個宇宙，其中地球在宇宙中心。這樣的宇宙觀從西元前三世紀一直延續到十七世紀。

這種想法繼續藉著亞里斯多德結合形上學與物理學的理論而鞏固。亞里斯多德認為整個宇宙由月亮分成兩個截然不同的區域，月亮上面的天界是純粹不朽，永恆不變的，因此那些行星的運動是完美物體的自然運動，即是周而復始，永不改變速率的等速圓周運動。同時他還認為有一種隱藏在恆星背後的原動力來引起這種圓周運動。而人類生存的地球是多樣與變動的，所有的物質變化與運動都有其「目的」，可能是朝上飛或是往下落，而人類追求的最終目的就是性靈的提升，提升到眾神所在永恆不變的天界中。亞里斯多德的這種同時兼顧到心靈與現實的理論，在宗教威權的加持下變得不容挑戰，一直主宰著天文學的觀點長達將近兩千年。

柏拉圖在許多觀點上皆與亞里斯多德不同。他承襲畢氏學派的看法，認為只有通過數學才能理解現實世界與超越自然存在的理想化世界。他主張我們不必理會可見天空的各種變化，真正的天文學是研究數學天空中真實星體的運動定律，即以數學來「整理外觀」。在辛普利修斯（Simplicius of Cilicia，約 490–560）的《評亞里斯多德的《論天體》》(*On Aristotle, On the Heavens*) 中，藉由柏拉圖之口，向希臘時期的天文研究提出一個挑戰:「應該假定行星是作什麼樣的等速且規律的圓周運動，才能使這些星球所呈現與被觀察所得的運動得以保持?」當時的天文觀測最大的問題就是行星逆行現象。所謂行星逆行現象即是在地球的觀測者看到行星的運動方向有一段時間會由順行改向逆行，然後再回到順行的現象，如圖 16–2 即為火星在 2003 年出現的逆行現象。首先回應這個問題的是柏拉圖的學生歐多克斯 (Eudoxus of Cnidus, 408 B.C.–355 B.C.)。

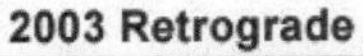

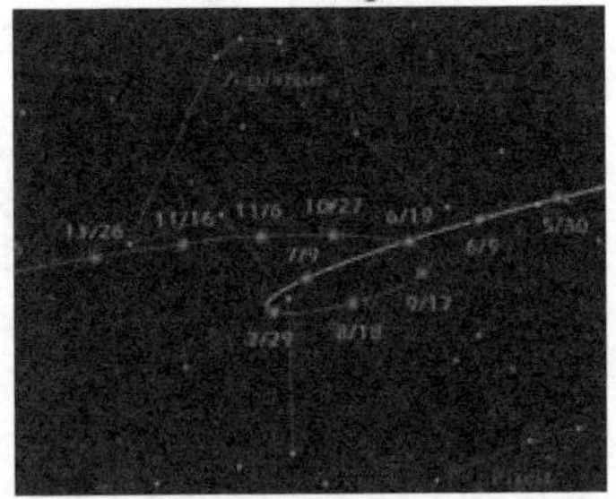

圖 16–2　火星逆行現象。

二、托勒密之前的天體模型

歐多克斯對行星逆行的解決方法由亞里斯多德與辛普利修斯保存下來。他對原本的 2 球模型做了許多修改，不過仍然謹守柏拉圖的要求，只用圓周運動。在他的模型中，所有天體被放在一組互相關聯的球之球面上，以地球為中心，但是各自繞不同的軸旋轉，由於這些軸互相牽制的結果，就產生了由地球上觀測所看到的行星逆行。例如他以二個球來說明太陽的運動（圖 16–3），太陽在內球，旋轉軸與外球夾 α 角，外球繞中心軸旋轉，兩球旋轉運動的疊加就形成了我們觀察到的太陽運動。如果要解釋行星逆行，在歐多克斯的模型中則需要用到 4 個同心球。在《千古之謎——幾何、天文與物理學二千年》這本書中，簡單清楚地以圖例的方式說明了歐多克斯模型的運作方式（圖 16–4）。儘管如此，歐多克斯認為這些球只是用來輔助計算的模型而已，並不是實實在在的實體，並不能解釋所有觀察到的自然現象，例如在模型中所有星體與地球的距離固定，因此無法解釋為何行星在逆行時會顯得特別明亮的問題。

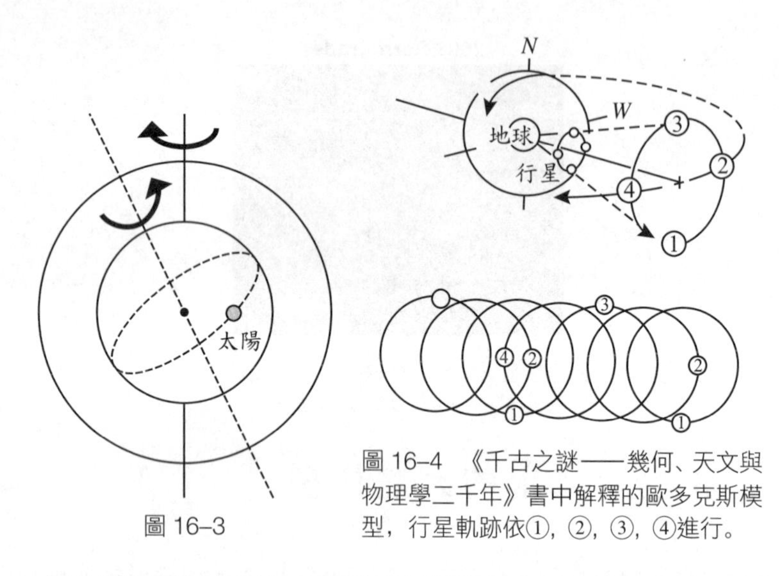

圖 16–3

圖 16–4 《千古之謎——幾何、天文與物理學二千年》書中解釋的歐多克斯模型，行星軌跡依①，②，③，④進行。

阿波羅尼斯試著對柏拉圖的那個問題提出新的解決方案。雖然我們對阿波羅尼斯的了解僅侷限在他對圓錐曲線方面的輝煌成就，然而他在天體運行模型方面提出的理論，確實影響了後世的天文學家。早在巴比倫人的時代，人們經由簡單的觀測就已經知道一年四季的四個節點春分、秋分、夏至與冬至間的時間並不等長，歐多克斯以地球為中心的等速圓周運動並沒辦法解答這個問題，以及上述所提行星逆行時的亮度問題。阿波羅尼斯提出的解決方案就是在圓周運動中加入偏心點的觀念。他把行星繞地球運行的軌道稱為均輪，其圓心在距地球一段固定距離的地方，如圖 16–5 為太陽的運行軌道，由圖就可簡單看出由春分到夏至的時間，與由夏至至秋分的時間長短並不相同。要運用這個模型首先要知道 $\overline{OE}$ 或 $\overline{OE}$ 與 $\overline{OS}$ 的比值，那麼就需要觀測太陽每日的位置，並解三角形以求得 $\angle OES$ 的度數。事實上三角學就是由此得到發展的契機。除了偏心點這個模型之外，阿波羅尼斯還發現亦可由另一個幾何模型來解釋行星運動，即是行星運行本輪的概念。

他將行星設想在一個稱為本輪的小圓上運動，這個小圓的圓心沿著原本以地球為中心的圓作圓周運動。亦即本輪的圓心繞地球一周時，行星同時也在自轉。阿波羅尼斯發現如果將這兩種模式結合在一起，將可解釋更複雜的行星運動，如圖 16–6，行星 P 在以 C 為圓心的本輪上運動，而 C 繞著以 O 為中心的均輪旋轉，O 在距離地球 E 一固定距離的地方，如果 $\overline{OE}$ 距離恰當，且本輪的半徑與行星運行速度也適合時，將可用來解釋行星的逆行運動。如果能夠確定各個所需參數值，例如 $\overline{PC}$ 與 $\overline{OE}$ 的長度與角度，就可由三角學求出該行星在任一時刻的位置。

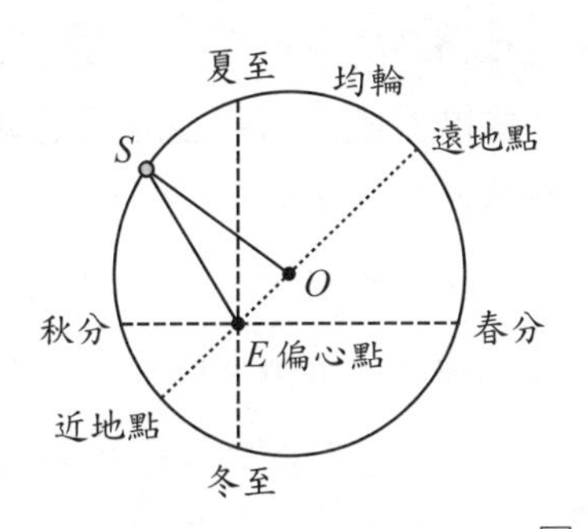

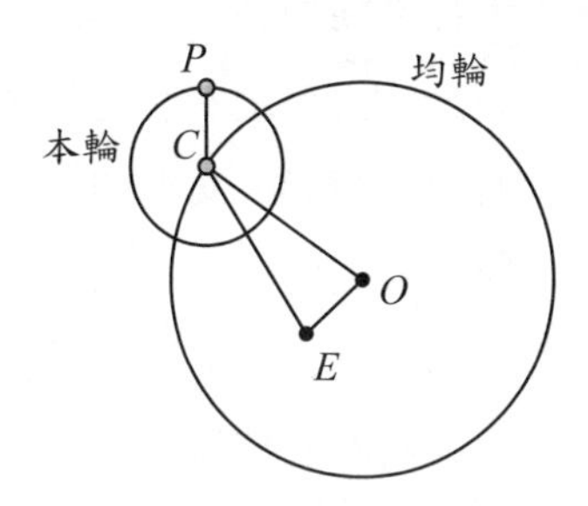

圖 16–5

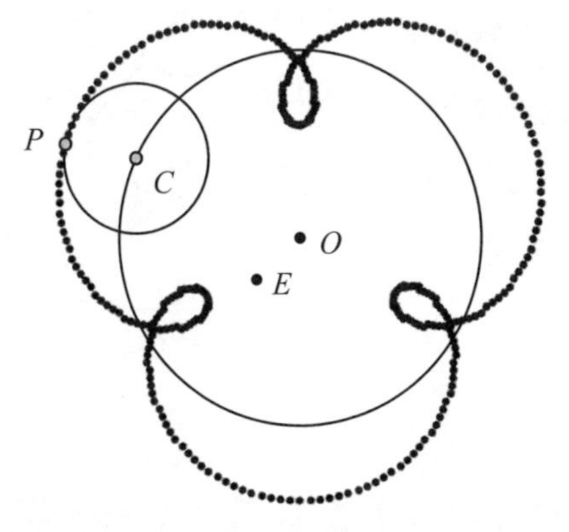

圖 16–6
以 GeoGebra 模擬阿波羅尼斯的偏心點與本輪模型，此圖行星運行的速度為本輪速度的 3 倍，可以看出在某段時間行星運行的方向從順行到逆行再到順行。

三、托勒密的本輪勻速點模型

雖然阿波羅尼斯這個簡單的模型看起來好像可以解釋行星逆行，然而事情並不是這麼簡單地！行星逆行並不是單一弧形或單一不規則軌跡，也沒有足夠的觀測數據來做檢測或修正與推廣。因此之後有一段時間，有天文或數學家例如希帕克斯 (Hipparchus of Rhodes, 190 B.C.–120 B.C.) 鼓吹天文研究應轉向有系統地收集及執行觀測。在問題還沒完全解決的情況下，托勒密辛苦地進行了 14 年的實地觀測，以及花費大把時間做枯燥的大量計算，最後將他畢生對天文學的研究寫成《大成》一書。這本書完整地包含了當時希臘人對宇宙的模型和描述，他將之前有關天文學的知識成果彙集在這一本書中，可以說是希臘天文學集大成之作。在這本托勒密的最早期作品中，他詳細地陳述了想要描述太陽、月亮以及其他行星運行時所需的數學原理，利用這些數學原理與觀測值做出正弦表、恆星表。而在托勒密的行星運行模型中，最主要的觀念就是偏心勻速點 (equant) 的引入。他修正了歐多克斯與阿波羅尼斯的偏心點與本輪模型，如圖 16–7，行星 P 在以 C 為中心的本輪上作圓周運動，C 在以 O 為圓心的均輪上運動，使得徑向 $\overrightarrow{VC}$ 以勻速點 V 為中心，以固定角度變化作等速率圓周運動，地球則在圓心另一邊。

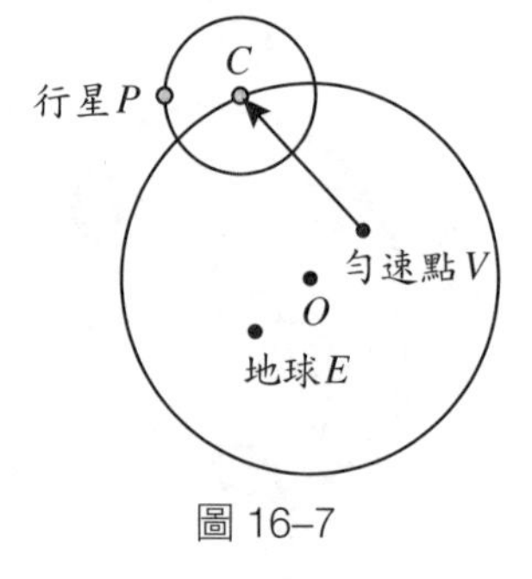

圖 16–7

托勒密以數學的精確性來呈現這一套系統，而非物理原因，藉由數學嚴密的幾何與代數運算讓他這套系統免於受人質疑，再加上可以藉由不斷增加的本輪或是修改勻速點，讓這套系統符合實地觀測值。因為符合觀測值的「正確」，加上地心說與完美永恆的圓周運動符合當時形上學與宗教權威所倡導的一切學說，因此直到克卜勒之前，前後總共十三個世紀，托勒密的天體運行模型主導了整個天文學的研究領域，後世的天文學家們僅做一些技術上的修正，或是增加圓的個數而已。譬如對三角學發展有卓越貢獻的雷喬蒙塔努斯（Regiomontanus, Johannes Müller von Königsberg，早期翻譯作玉山若干，1436–1476）於 1472 年出版他的老師佩爾巴赫 (Georg von Peuerbach, 1423–1461) 天文學課程的講義《新行星理論》(*Theoricae Novae Planetarum*)，在此書中解釋了托勒密這套偏心勻速點與本輪的模型，成為當時大學天文學課程最受歡迎的教科書，圖 16–8 左圖即為此書 1534 年出版的一個版本中的插圖。雷喬蒙塔努斯在他老師忽然逝世之後，接手老師的工作，出版有關托勒密《大成》這本書的翻譯工作，於 1496 年出版《托勒密大成之概要》(*Epitome of Ptolemy's Almagest*) 一書，在它的扉頁插圖中，在畫的左邊為托勒密，正讀著《大成》這一本書，右邊即為雷喬蒙塔努斯，認真聽著托勒密的講解，並指向托勒密作品中所描述的井然有序的天體模型（圖 16–8 右圖）。這本書同樣暢銷且影響深遠，哥白尼與克卜勒對托勒密體系的理解皆出自此書。

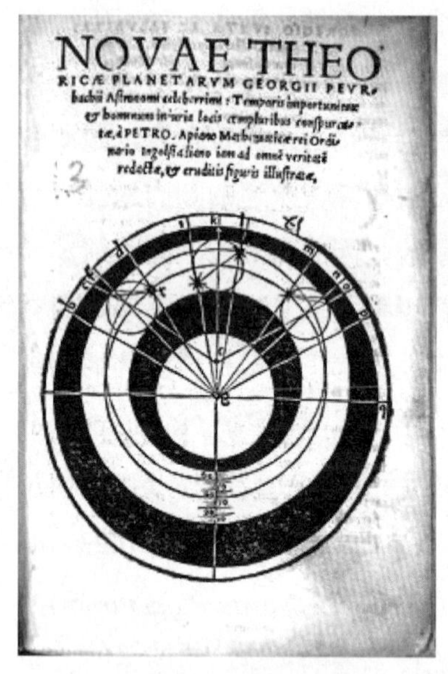

圖 16–8

托勒密的天文體系是個龐大、複雜的系統，為了計算月亮、太陽及五大行星的運動，就必須引進 77 個圓才行。儘管如此，在經過幾個世紀之後，許多原本可以忽略的小誤差經過幾百年的累積後變得不容忽視了，譬如在月球理論中需要對觀測值做遠超過實際所需的修正，還有地月距離的誤差；對於行星位置或日月蝕的預測出現了大誤差，使得航海技術沒有精確的天文星表可供依據；甚至對於春分日期的推算到十六世紀初時已整整誤差了 10 天，迫使天主教會不得不推行曆法的改革，然而當時的天文學家大都因為沒有完善的天文觀測環境與缺乏精確的數學基礎而拒絕教會的徵召，其中一人就是哥白尼 (N. Copernicus, 1473–1543)。我們將在下二篇中再來詳細看看哥白尼與克卜勒天體理論中的故事。

篇 17

天文學中的數學模型Ⅱ

——哥白尼的日心模型

當地球上的每個人抬頭仰望天空，看見太陽在天際緩慢進行著日昇日落的例行工作時，要說服大眾事實上是地球在移動這件不易察覺的事實，需要多大的勇氣？又要面臨多大的外界壓力？哥白尼是什麼樣的人？他是怎麼做到的呢？

一、哥白尼的日心模型

上一篇描述的托勒密天文體系是個龐大、複雜的系統，並且在經過幾個世紀之後，許多原本可以忽略的小誤差經過幾百年的累積後變得不容忽視了。哥白尼雖然拒絕了教會的徵召，然而他對重整天文學體系絕對是有興趣的。哥白尼在義大利博洛尼亞 (Bologna) 大學學習法律與醫學時，寄宿於一名著名的數學家與托勒密批評者諾瓦拉 (D. M. de Novara, 1454–1504) 家裡，並跟著他學習天文學，即使後來成為天主教的牧師也無法減少他對天文學的熱情。由於托勒密體系在圓的數量上無法更簡潔，也因為偏心勻速點的使用而無法達到和諧對稱的需求，諾瓦拉批評托勒密體系違反了天文宇宙應是一個有序的數學和諧體；同時也因為諾瓦拉是個新柏拉圖主義的忠實擁護者，認為數學是宇宙萬物的本質，這些觀點都影響與啟發了哥白尼，讓他重新閱讀古人的智慧，企圖尋求不同觀點之啟發。事實上，古希臘時期就有位主張地動說的先驅者阿利斯塔克斯（Aristarchus of Samos，約 310 B.C.–230 B.C.），根據阿基米德的記載，他主張太陽不動，而是地球繞著太陽運行。只是他的說法超前時代太多，無法說服當時的人們相信，因此被指控為沒有信仰的異端邪說。

1513 年，哥白尼自己購買材料，DIY 建造了一座觀測塔，用簡單的四分儀、視差儀與星盤等儀器，裸眼進行對太陽、月亮與行星的觀測。一年後，將他對行星運行的想法寫了一本簡短的小冊子《要釋》(*Commentary on the Theories of the Motions of Heavenly Objects from Their Arrangements*)，其中列出了七點設準（postulates，哥白尼也稱為

公理 (axioms))，其中第⑴～⑶點如下：

⑴所有的天球或球面沒有唯一的中心。

⑵地球的中心不是宇宙的中心，僅是重力的中心與月球軌道的中心。

⑶所有的天體繞著太陽旋轉，好像它在它們全體的中心，所以宇宙的中心在太陽附近。

哥白尼寫下的這些設準並不是不證自明的，只是他要將他的整個理論基礎架設在這 7 個設準之上。這份手稿寫完之後，哥白尼擔心會受到教會的譴責與理論的不夠完整，並沒有將它出版，僅在朋友圈中流通。1530 年，經過數年的修訂和增補，終於完成《天體運行論》(*On the Revolutions of Heavenly Spheres*) 這一本書。完美主義的哥白尼同樣遲遲不將它付梓印刷，直到 1543 年中風癱瘓的他不得不將這份手稿交給他的學生印刷出版，不久後哥白尼就去世了，並沒有親身體驗到這本書所引發的爭議。

NICOLAI
COPERNICI TO-
RINENSIS DE REVOLVTIONI-
bus orbium cœlestium,
Libri VI.

IN QVIBVS STELLARVM ET FI-
XARVM ET ERRATICARVM MOTVS, EX VETE-
ribus atq; recentibus obseruationibus, restituit hic autor.
Præterea tabulas expeditas luculentasq; addidit, ex qui-
bus eosdem motus ad quoduis tempus Mathe-
matum studiosus facillime calcu-
lare poterit.

ITEM, DE LIBRIS REVOLVTIONVM NICOLAI
Copernici Narratio prima, per M. Georgium Ioachi-
mum Rheticum ad D. Ioan. Schone-
rum scripta.

Cum Gratia & Priuilegio Cæs. Maiest.

BASILEAE, EX OFFICINA
HENRICPETRINA.

圖 17–1 《天體運行論》第二版 (1566) 扉頁

在《天體運行論》的序言裡有一段話是這樣說的：

> 因此，在我稍後會描述的地球運動的假設下，藉由長期深入的研究，我終於發現，如果把其他行星的運動看成是和地球一樣的圓周運動，按照各自的運行來計算，不僅天象與結論相符，而且所有星體與天球的大小與分布順序，以及整個天穹彼此緊密聯繫在一起，任何其他部分的分離將造成其他部分乃至整個宇宙的混亂。

在這篇不是哥白尼親自寫下的序言中，說明了哥白尼在經過對前人，尤其是希臘時期的資料深入研究之後，有了假設地球跟其他行星一起繞著太陽運行的想法。然而整個天文體系不是一個簡單的假設就完事了，他這套繞太陽轉動的模型必須要能解釋觀察到的天文現象才行。首先就行星逆行現象而言，用地球與行星運行軌道來解釋，如圖17–2，以地球在內圈，觀察的星體在外圈的情形來說明，由於行星繞太陽運行的速度在內圈較快，地球與行星的相對位置有所改變，因此產生像是逆行的視覺效應，如圖 17–2 (a)，行星行進的順序為 1 → 2 → 3 → 4 → 5，在地球觀測時，看到的位置變化就會有順行→留→逆行→留→順行的效果。圖 17–2 (b)為 GeoGebra 模擬行星位置投影在恆星背景時的位置變化，較黑的部分即產生逆行的時刻，此時亮度會特別的亮。

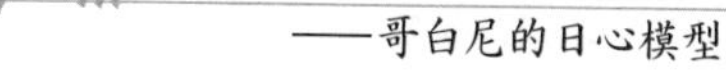

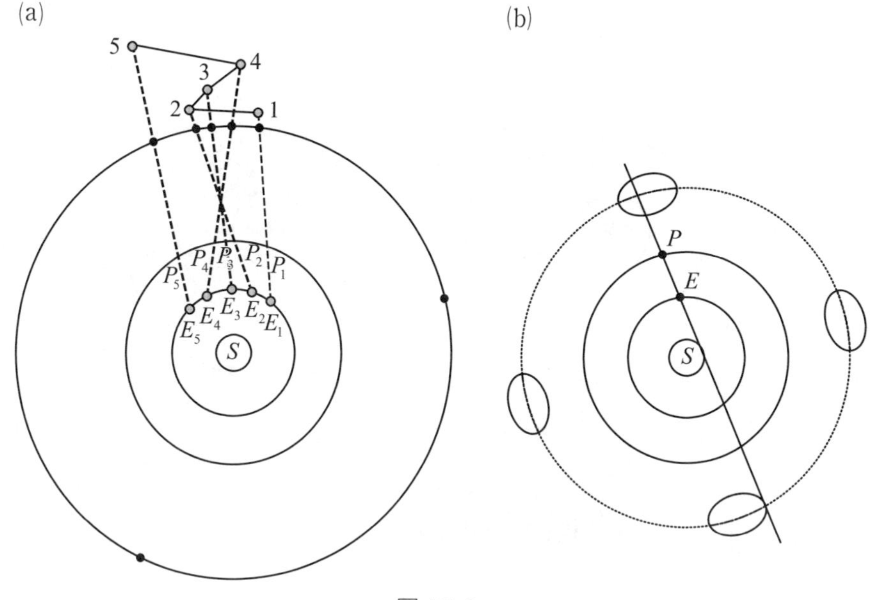

圖 17–2

哥白尼的繞日運轉系統還可以解釋托勒密系統解釋不了的巧合現象。圖 17–3 (a)為繞太陽運行的哥白尼系統，其中 E 為地球，S 為太陽，A、B 為行星。圖 17–3 (b)為地球不動的托勒密本輪系統，行星 A 與 B 在分別以 C、D 為圓心的本輪上運行。實際上我們在地球觀察到的行星現象為(a)中的 $\overrightarrow{EA}$ 與 $\overrightarrow{EB}$，其中 $\overrightarrow{EA}=\overrightarrow{ES}+\overrightarrow{SA}$, $\overrightarrow{EB}=\overrightarrow{ES}+\overrightarrow{SB}$；然而在托勒密系統中，從地球觀測到的現象為 $\overrightarrow{EA}=\overrightarrow{EC}+\overrightarrow{CA}$, $\overrightarrow{EB}=\overrightarrow{ED}+\overrightarrow{DB}$，兩者要相符合時，只有當 $\overrightarrow{ES}=\overrightarrow{CA}=\overrightarrow{DB}$，以及 $\overrightarrow{SA}=\overrightarrow{EC}$, $\overrightarrow{SB}=\overrightarrow{ED}$ 時才會發生。也就是說，在托勒密系統中，由觀察到的結果去推算這些周轉圓（圓 C 與圓 D）的半徑總是相等，相位還會一樣，以這個系統並無法解釋這種「巧合」！事實上，哥白尼告訴我們沒有所謂的巧合這一件事，一切都是「天意」，自然產生的結果。

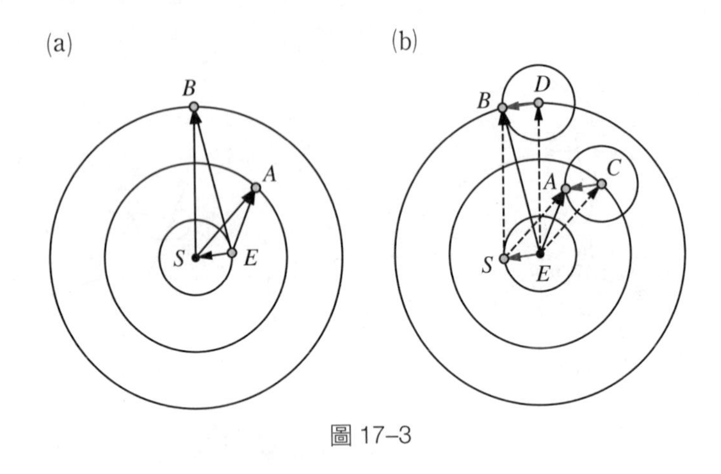

圖 17–3

二、哥白尼的圓形軌道

哥白尼堅持在他的日心系統中使用圓形軌道，因為圓形簡單、完美、和諧又有對稱性，他在《天體運行論》第一卷的第四章中提到：

> 現在我應當指出：天體的運動是圓周運動，因為球體最適當的運動就是沿著圓周旋轉。球體正是藉由這樣的動作顯示它作為最簡單物體的形狀，當它在同一個地方旋轉時，起點與終點既無法發現也無法區分彼此。

利用簡單的圓形軌道，配合觀測到的行星位置角度變化，哥白尼可以計算出各行星運行的週期與軌道半徑，從而定出星體在宇宙天球上的順序。簡單說明如圖 17–4，利用行星 P 與地球 E 同一直線的兩個位置，此時行星從 P_1 到 P_2 經過 t 年，運行的角度為 α，此時

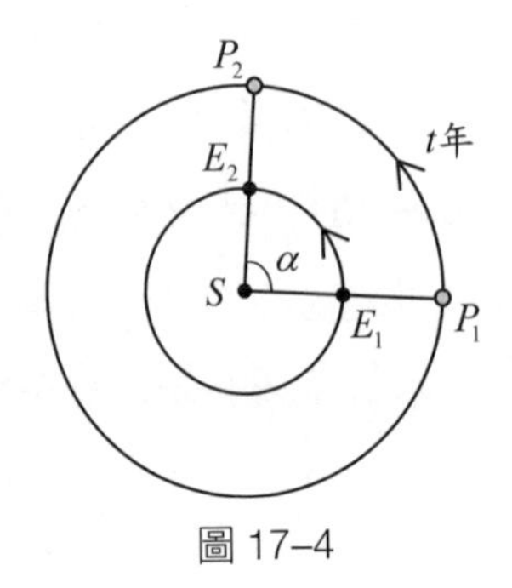

圖 17–4

地球因為速度較快 (在內圈)，經過了 $360°+\alpha$，假設行星 P 的週期為 T，地球的週期為一年，由於運行的角速度不變，那麼

$$\frac{360°}{1\text{ 年}}=\frac{(360°+\alpha)}{t\text{ 年}}=\frac{360°}{t}+\frac{\alpha}{t}=\frac{360°}{t}+\frac{360°}{T}$$

$$\text{其中對行星 } P \text{ 而言，}\frac{360°}{T}=\frac{\alpha}{t}$$

因此可得 $\frac{1}{T}=1-\frac{1}{t}$，由此可計算週期 T。利用類似的方法，再加上週期已知的話，就可計算得行星軌道半徑，因此哥白尼可以在《天體運行論》中畫下他認為的行星位置順序圖。圖 17–5 是一張十九世紀的油畫，畫中作者也畫出了《天體運行論》書中的行星位置圖。

圖 17–5
十九世紀的油畫:《天文學家哥白尼，或是與上帝的對話》(*Astronomer Copernicus, or Conversations with God*)，畫家為 Jan Matejko

若純粹從幾何學坐標的角度來看，哥白尼系統的日心說與托勒密系統的地心說，本質上只是參考點的不同而已。就好像我們選擇了不同的原點與正向，因此坐標表示就會因應而不同，哥白尼做的即是這樣的幾何變換。不過若從宗教與形上學的角度來看，那就是思想上的一大轉變 (convert) 了。由於哥白尼對圓形軌道的堅持，在圓形軌道計算出的結果跟實際觀測值有些許的誤差時，讓哥白尼在不得已之下，還是使用了托勒密的本輪方式做修正，因此不僅讓他犧牲了準確性，

更進一步犧牲掉他所念茲在茲的和諧性。同時他對於太陽的地位也一直無法清楚說明，到底它在宇宙的中心，還是中心附近？天文學下一個要破除的沉痾，就是圓形軌道這條維持了一千多年堅不可摧的信念。

下一篇我們即將看到克卜勒如何掙扎地打破圓形軌道的信念，引入一個幾世紀以來的天文學家都沒有想像過的軌道痕跡——橢圓。

篇 18

天文學中的數學模型Ⅲ

——克卜勒的行星運行模型

當孫燕姿的歌曲〈克卜勒〉唱遍大街小巷時，相信會讓不少人對這個名字好奇。出現在自然物理課本裡的克卜勒三大行星運動定律的背後，又有什麼樣的動人故事待人發掘？在數學上學習了橢圓，就在天空中看見橢圓，或許也是件美好的事。

一、克卜勒與戰神的戰爭

德國天文學家克卜勒在大學學習時，原本對神學是比較有興趣的，但是後來在他的天文學教授推薦下，到奧地利一所新教的教會學校當數學教師。某天上課在黑板上畫著正三角形的內切圓與外接圓時，發現這兩者的半徑比居然與哥白尼《天體運行論》中的木星與土星軌道（均輪）半徑比非常接近，因此大受啟發，整個生活為之改觀。他假定當時已知的除了月亮之外的六大行星都以這樣的方式圍繞太陽排列，使得幾何圖形可以完美地鑲嵌其中（圖 18–1、18–2）。一切像是天意註定好的一樣，在天球中的六大行星軌道，中間鑲嵌著五種正多面體。這個關於行星軌道與距離的幾何理論讓克卜勒寫下《宇宙的奧祕》(*Mysterium Cosmographicum*) 一書，於 1596 年出版。儘管克卜勒這個假設似乎很難行得通，但是結果卻是驚人的準確。他將這本書寄給當時赫赫有名的觀測天文學家第谷・布拉赫 (Tycho Brahe, 1546–1601)。當他因為宗教原因被迫離開教書的城市時，拜訪了當時在布拉格進行觀測的第谷，第谷當時正缺一位數學助理，幫他進行運算的工作，而傳說當時的克卜勒正覬覦著第谷豐富的觀測數據。不管如何，最後克卜勒因為他的數學能力得到了這份工作。

在與第谷合作的這段時間，第谷就真的只把克卜勒當成助理，不願讓他接觸到寶貴的觀測數據，僅想利用克卜勒的數學長才，去建構一個與哥白尼模型完全不同的體系。為了安撫克卜勒，第谷將很難搞的火星軌道問題交給他去研究，這一研究下去就是長達八年的抗戰。因為火星在西方以戰神 Mars 命名，因此，克卜勒常將這段研究火星

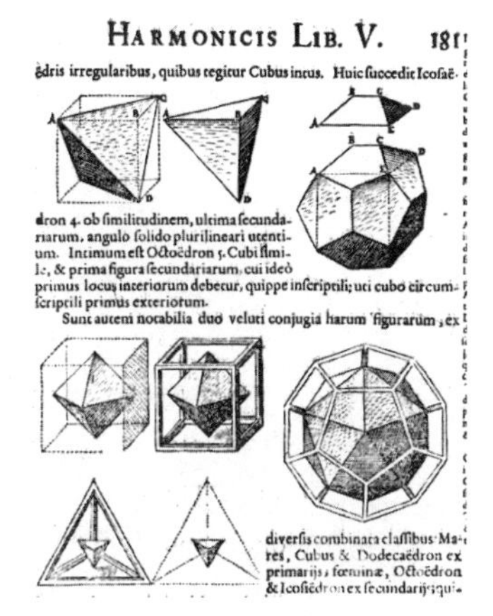

HARMONICIS LIB. V. 181

ędris irregularibus, quibus tegitur Cubus intus. Huic ſuccedit Icoſaë-
dron 4. ob ſimilitudinem, ultima ſecundariarum, angulo ſolido plurilineari utentium. Intimum eſt Octoëdron 5. Cubi ſimile, & prima figura ſecundariarum, cui ideò primus locus interiorum debetur, quippe inſcriptili; uti cubo circumſcriptili primus exteriorum.

Sunt autem notabilia duo veluti conjugia harum figurarum, ex diverſis combinata claſſibus: Mares, Cubus & Dodecaëdron ex primarijs; fœminæ, Octoëdron & Icoſiëdron ex ſecundarijs; qui-

圖 18–1　《世界的和諧》原著中的插圖。

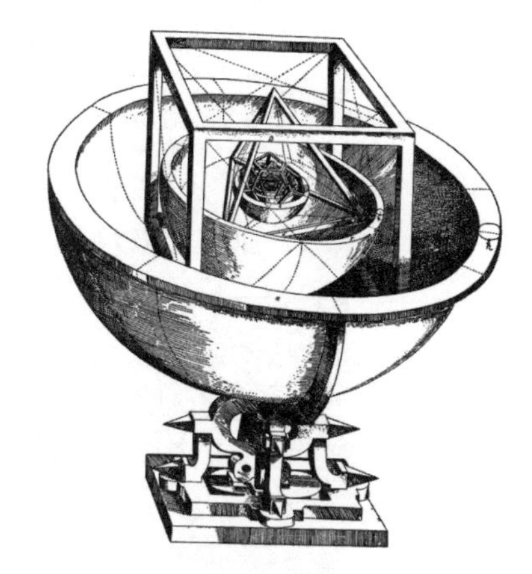

圖 18–2　《宇宙的奧祕》1621 年版本中的圖。

軌道的漫長奮鬥過程，比喻為與戰神之間的戰爭 (warfare with Mars)。不過，他付出的心力都是值得的。在第谷突然因為膀胱感染去世之後，克卜勒使了點小手段得以掌握第谷的觀測資料。關於第谷的忽然死亡，一直有傳言是克卜勒下的毒手，加上 1901 年第一次的開棺驗屍時發現第谷的鬚髮中含有汞，更讓人相信這個謠言；然而在 2012 年第谷過世 411 年的忌日那天，負責為第谷第二次開棺驗屍的科學家終於為克卜勒證明清白，第谷體內所含的汞不足以致死，克卜勒當時描述的死前症狀也確實符合膀胱嚴重發炎的症狀。因為有這些完整詳盡且精確的觀測數據，以此為基礎，再加上複雜的數學運算，克卜勒於 1605 年公布他的第一定律，並與第二定律一起發表在 1609 年出版的《新天文學》(*Astronomia nova*) 中。

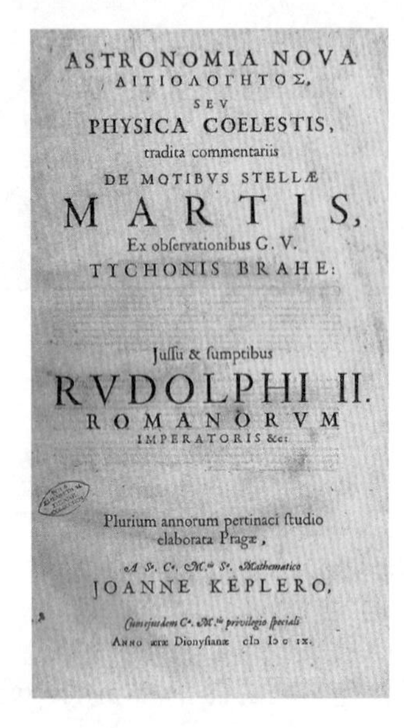
ASTRONOMIA NOVA
ΑΙΤΙΟΛΟΓΗΤΟΣ,
SEV
PHYSICA COELESTIS,
tradita commentariis
DE MOTIBVS STELLÆ
MARTIS,
Ex obſervationibus G. V.
TYCHONIS BRAHE:

Juſſu & ſumptibus
RVDOLPHI II.
ROMANORVM
IMPERATORIS &c:

Plurium annorum pertinaci ſtudio
elaborata Pragæ,
A S. C. M.tis S. Mathematico
JOANNE KEPLERO,
Cum ejusdem C. M.tis privilegio ſpeciali
Anno æræ Dionyſianæ clɔ Iɔc ix.

圖 18–3
克卜勒 1609 年出版的
《新天文學》扉頁

在此我們先暫停來整理一下，克卜勒時代的天文學家是怎麼進行天文觀測的？如同我們以經緯度標示地球上的點，當時觀測時測量的是行星投影在以恆星為背景的天球上的經緯度。在上二篇中我們已經認識了所謂的黃道與黃道帶，現在是時候把坐標轉換一下了。事實上在運行的是地球，因此黃道 (ecliptic) 即是地球在天體上的平均運行軌道（投影在恆星背景上）。在 1600 年代，天文學家們將這個軌道上下一條寬 9 度的區域稱為黃道帶 (Zodiac)，並將分布在上面的星座以座落在這個大圓直徑兩端的天蠍座 α 星 (Antares) 與畢宿五 (Aldebaran) 為基準點，每 30 度為一個劃分，分成十二星座。天文學家所進行的觀測就是看行星投影在黃道帶上哪一個星座上面的度數即是它的經度。緯度方面則是在天球的赤道面與北極星（北半球）之間分成 90°，測量北極星與行星之間的夾角。

克卜勒在天體模型建立上的一大優勢，正是第谷精確的觀測數據，在當時這些數據不管在量或質方面，都是數一數二的，更不是托勒密或哥白尼時代，沒有任何工具所進行的觀測能夠比擬。再加上克卜勒認為自己稍微勝過哥白尼一點的地方，就在於認識到行星的運行是從轉動上的地球觀測的，並以真正的太陽為固定的參考點，而不是運行的圓形軌道之圓心 (mean sun)。例如，考慮在太陽、地球、行星成一直線的行星衝 (opposition) 時，就應該考慮真正的太陽、地球與行星成一直線的情況（圖 18–4）。

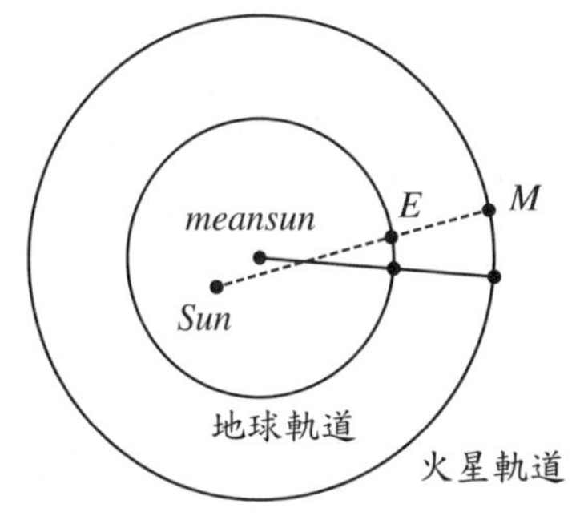

圖 18–4
虛線為真正的行星衝，兩者間的夾角為錯誤假設造成的誤差

事實上，《新天文學》有個副標題叫做「論火星」，克卜勒將他與火星奮戰多年的心得與心血結晶寫在這本書上，其主要目標當然就是要決定火星的軌道半徑。在第一章中，克卜勒先將第谷與他自己對火星的觀測資料，詳細地畫了一張從地球觀測火星的運行位置圖，時間就從 1580 年畫到 1596 年，見圖 18–5。這張圖猛一見，是不是很像餅乾上面的拉花？克卜勒將這個圖稱為「四旬齋節的椒鹽餅」(*panis quadragesimalis*)，從這個圖上可以清楚看出火星的逆行現象。接著，克卜勒必須建立起自己的天體運行模型。他將托勒密的勻速點 (equant)，均輪與本輪的觀念再次引入，假設火星在以太陽及勻速點中

點為圓心的圓形軌道上，繞著勻速點做等角速度運行。接著從觀測數據著手，這些數據「應該」要符合這個假設的模型，於是，他分別從自己以太陽為參考點的觀測數據（圖 18–6 中的虛線），以及托勒密以勻速點為參考點觀測的觀測數據（圖 18–6 中的實線）中挑選四個時間點，兩組系統中的交點應該就是火星圓形軌道上的點。

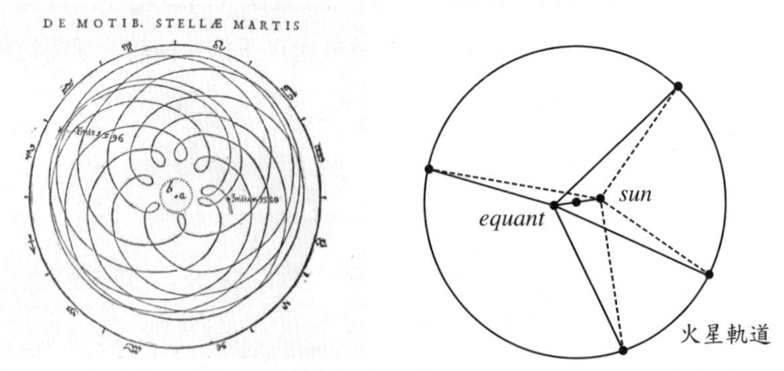

圖 18–5　中心的 a 點代表地球的位置　圖 18–6　太陽到勻速點的距離已知

克卜勒用了一種重複步驟的迭代法來進行計算，這是個相當繁瑣又複雜的計算過程，在這些計算之後，他抱怨說：

> 如果這個令人厭煩的方法讓你覺得厭惡，那麼你應該要對我充滿同情，因為我花費了大把時光計算了至少七十次。

克卜勒千辛萬苦地計算得到這個圓形軌道之後，總要檢驗一下是否符合觀測資料吧。他將第谷與自己正確的觀測值代入，反推回火星應該要在的位置，發現誤差在 2′ 之內，這個大小剛好在第谷觀測資料的誤差容忍值之內，所以，這個圓形軌道應該沒有錯了。耶？圓形軌道？繼續看下去再說。

克卜勒並沒有就此停手，他接下來要計算太陽到火星的距離。下面簡單說明一下他的計算方式。如圖 18–7，他先選擇一個火星位於行星衝的時間點及其位置，然後經過一個週期（687 天）之後，此時地球在 E 的位置，其中 θ 與 α 都是觀察可得的數據，而且太陽到地球的距離 $\overline{SE}$ 已知。由簡單的正弦定理：$\dfrac{\overline{SM}}{\sin(180^\circ-\alpha)}=\dfrac{\overline{SE}}{\sin(\alpha-\theta)}$ 即可求得日一火距 $\overline{SM}$。很不幸地，克卜勒用真實的觀測數據計算出來的日一火距，跟模型中算出來的日一火距並不一致。換句話說，模型假設錯誤。此時他的模型中用到的假設，一者為勻速點的存在，一者為圓形軌道，哪一個錯了？

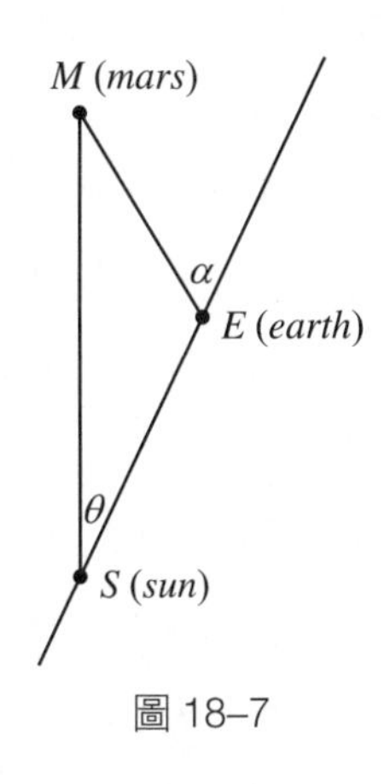

圖 18–7

二、克卜勒的面積定律

現在先把焦點轉回面積定律。克卜勒起初還是使用火星圓形軌道的假設，雖然他已知不正確，但至少可以提供較為近似的結果。在克卜勒之前的天文學家，已經知道行星在近日點時運行速度較快，在遠日點時走得較慢，他想要知道的是火星到達遠日點之後，所經過的弧長與所用時間之間的關係。在此克卜勒假設太陽到火星的距離與速度成反比，即 $\frac{r_1}{r_2}=\frac{v_2}{v_1}$ (我們現在知道這個關係只在近日點與遠日點才成立)。這個問題的困難之處在於行星每個時刻的速率皆不相同，在微積分這個工具還沒發明之前，克卜勒從阿基米德尋求圓周長與直徑之比的過程中得到啟發，他曾在自己寫的另一本書《測量酒桶的新立體幾何》(*Nova stereometria doliorum vinariorum*, 1615) 中，以將圓分割成無窮多個小三角形的方式，解釋了阿基米德所得的圓面積與直徑上正方形面積比 (圓面積公式)，他相當地熟悉這種處理曲線面積的分割手段，以及這種方法可以產生的威力，事實上，在《新天文學》中，他曾多次引用阿基米德的書籍與內容。

透過他的速度假設，他將速度轉換成每個無窮小弧段所需的時間與太陽—火星之連線的向徑（距離）成正比，那麼，在選取適當的單位之後，時間就可以用連線的這段向徑表示，最後他推理得到通過有限弧段所需的時間，可以看作構成那個部分扇形的所有向徑和，也就是，太陽—火星連線所掃過的面積（圖 18–8)。儘管他知道這個無窮小的論述不夠嚴謹，他還是將它陳述成一個「法則」(law)，亦即我們現在所稱的克卜勒行星第二定律：太陽與行星的連線在相等的時間內掃過的面積相等。我們可以看到這是一個基於不正確的圓形軌道假設與不正確的速度關係所得到的正確結果。克卜勒僅在《新天文學》的最後一章第 60 章中，重新以橢圓的性質說明這個面積定律，倒是沒有修改他錯誤的速度假設。

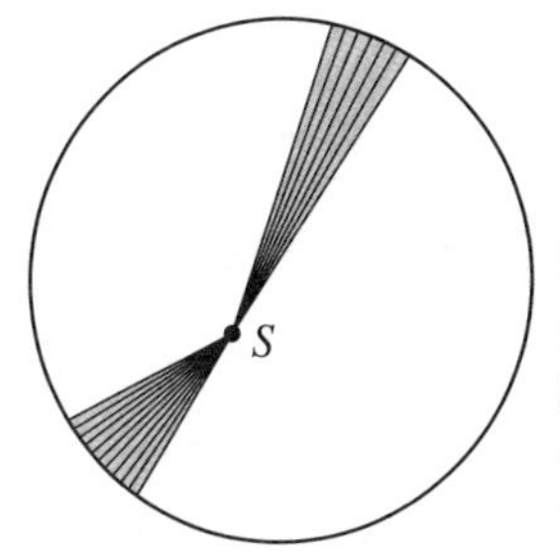

圖 18–8
將扇形作無窮多個三角形的分割，經過每一無窮小弧段的時間可以用每一點之向徑表示，如果所經過的時間相同，面積就會一樣。

三、克卜勒的橢圓軌道定律

如上所述，克卜勒起初假設火星的運行軌道為圓形，但是，在他對火星到所假設之圓形軌道中心的距離進行了各種計算之後，發現火星在近日點與遠日點附近時，到軌道中心的距離較遠，而其他部分的距離較小（見圖 18–9)，因此，軌道不可能是圓形。雖然要放棄這種從古希臘以來一直根深蒂固的基本信念，對克卜勒而言並不容易，更何況還會摧毀克卜勒一直以來想要追求的「宇宙和諧」，不過基於對真理的追求，經過多年的努力與掙扎之後，為了符合實際觀測數據，他只好將軌道轉而假設成某種卵形曲線，並開始了長達 2 年修正、再修正的計算過程。

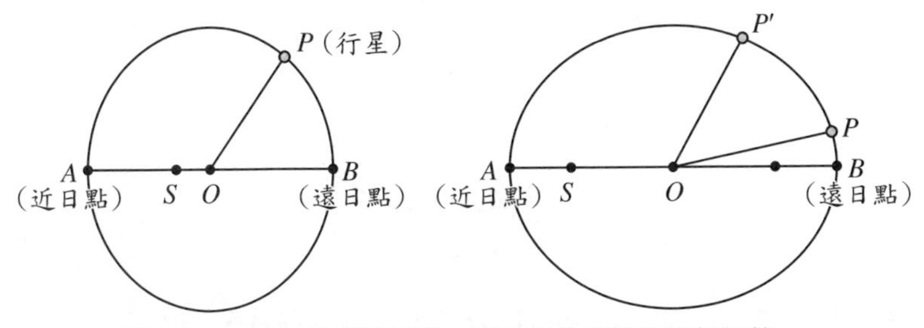

圖 18–9 如果是圓形軌道，到中心的距離應該都相等。

克卜勒利用觀測所得的 19 種不同位置的太陽一火星距離來描繪計算火星的軌道。如圖 18–10，若設圓的半徑為 1，圓心為 H，太陽到圓心的距離 $\overline{NH}=e$ 已知。他發現在圓周與這個類似於橢圓的卵形曲線之短軸頂點間的距離 $\overline{EB}=0.00429$，剛好等於 $\frac{1}{2}e^2$，因此可得：

$$\overline{HE}:\overline{HB}=1:(1-\frac{e^2}{2})\approx 1+\frac{e^2}{2}:1=1.00429:1$$

1.00429 這個數字引起了克卜勒的注意，他注意到這個數字剛好就是 $5°18'$ 的正割值，即 $\sec(5°18')=\dfrac{1}{\cos(5°18')}=1.00429$。在這種情形中，$5°18'$ 剛好是 $\overline{EH}$ 與 $\overline{EN}$ 的夾角，此時 E 為與遠日點 A 成 90° 時圓周上的點。因此 $\overline{HE}:\overline{HB}\approx\overline{NE}:\overline{NZ}\approx\overline{NE}:\overline{EH}$，其中 Z 為火星卵形軌道上的點。見到此克卜勒有如大夢初醒，他說：

> 當我看到這時，彷彿從夢中被喚醒，見到一道曙光向我穿透。我開始了底下的推理。

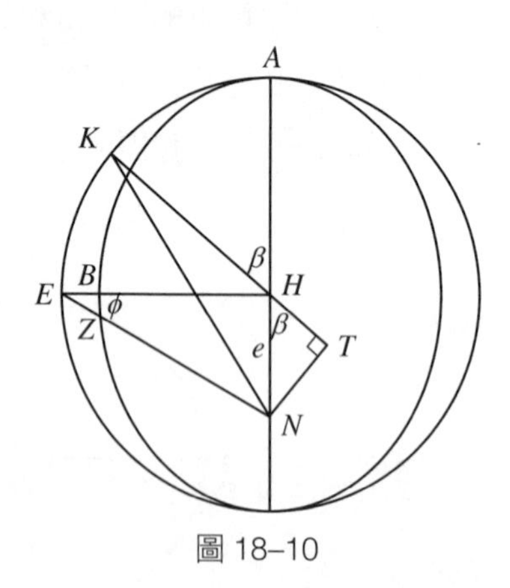

圖 18–10

此時克卜勒靈機一動，當 $\overline{HK}$ 與 $\overline{HA}$ 的夾角為任意角 β（不一定 90°）時，$\overline{NK}$:(太陽一火星距離)$=\overline{NK}$:(在 $\overleftrightarrow{NT}$ 上的垂直投影 $\overline{KT}$)

換句話說，太陽一火星距離 $=\overline{KH}+\overline{HT}=1+e\cos\beta$ (令其為 ρ)。但是這個軌道曲線到底為何? 什麼樣的曲線才會滿足太陽到火星的距離函數 $\rho=1+e\cos\beta$? 這時火星的位置又該如何決定呢?

克卜勒在《新天文學》中曾前後採取了三種不同的軌道曲線，如圖 18–11，對於任意角度 β 所決定的火星位置 P，過太陽位置 S 作 $\overline{OP}$ 的平行線，交原先的圓形軌道（均輪）於 K' 點，三種畫法皆以 S 為圓心畫圓，分別如下:

(1)使用在《新天文學》的第 39–44 章，以 $\overline{SP}$ 為半徑畫弧，其中 P 為預測之火星位置。

(2)使用於 45–50 章，以 $\overline{SK'}$ 為半徑畫弧，火星的位置應該在與本輪的交點 V。

(3)使用於 51–60 章，由上述的觀測數據結果所啟發，過 P 點作 $\overrightarrow{SK'}$ 的垂線，交於 K 點，以 $\overline{SK}$ 為半徑畫弧，交 $\overline{PF}$ 於 M 點。

在小心地比較過觀測數據後，克卜勒發現第 1 種曲線（圓形軌道，P 點）太大，第 2 種曲線太小（V 點），只有第 3 種曲線（M 點）剛好符合觀測的數據，那麼，第 3 種曲線是什麼呢?

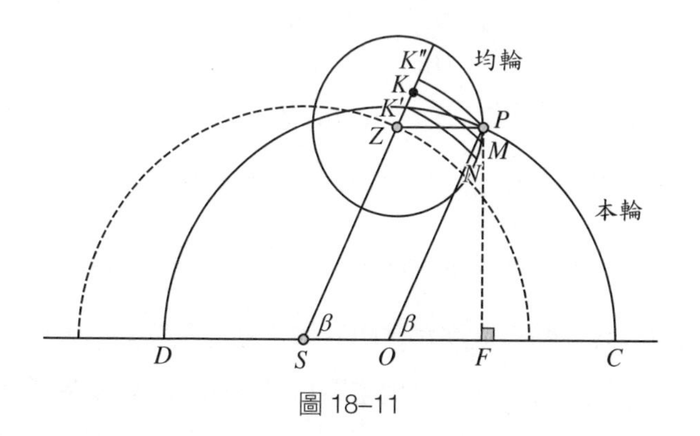

圖 18–11

在經過許多無用的計算之後,克卜勒最後決定姑且用橢圓來試試,結果才發現原來他所追求的一直近在眼前啊,他也坦承自己就像做了許多錯事的生手一般。我們以現代的符號精簡地來說明他的證明過程。如圖 18–12,按照第 3 種畫法,從 K 點做對稱軸的垂直線,交火星軌道於 M 點,此時 $\overline{NM}$ 即為太陽一火星距離 $\rho=1+e\cos\beta$。並且由觀測的數據知

$\overline{HE}:\overline{HB}=1:(1-\frac{e^2}{2})\approx 1+\frac{e^2}{2}:1=1.00429:1$,

但 $\sec(5°18')=1.00429\approx\frac{\overline{NB}}{\overline{HB}}$,因此 $\overline{NB}\approx\overline{HE}=1$。

又已知 $\overline{NL}=e+\cos\beta$, $\overline{NM}=1+e\cos\beta$,由畢氏定理可知

$$\begin{aligned}\overline{ML}^2&=\overline{NM}^2-\overline{NL}^2\\&=(1+e\cos\beta)^2-(e+\cos\beta)^2\\&=1+2e\cos\beta+e^2\cos^2\beta-e^2-2e\cos\beta-\cos^2\beta\\&=1+e^2\cos^2\beta-e^2-\cos^2\beta\\&=(1-e^2)(1-\cos^2\beta)\\&=\overline{BH}^2\sin^2\beta\end{aligned}$$

亦即 $\overline{ML}=\overline{BH}\sin\beta=\overline{BH}\cdot\frac{\overline{KL}}{\overline{HK}}=\overline{KL}\cdot\frac{\overline{HB}}{\overline{HA}}$。

這個意思是說,當我們設 $\overline{HA}=1=a$, $\overline{HB}=b$ 時,這個曲線上的點可看成圓上相對應的點以 $\frac{b}{a}$ 的比例壓縮,即為橢圓。也就是曲線上任一點 $M(x, y)$, $x=1\cdot\cos\beta$, $y=b\sin\beta$,其中 $b=1-e^2$,滿足 $\frac{x^2}{1^2}+\frac{y^2}{b^2}=1$ 這個橢圓方程式,並且太陽在其中一個焦點的位置上。因此克卜勒得到他的第一定律:行星運行的軌道即是以太陽為一焦點的橢圓。

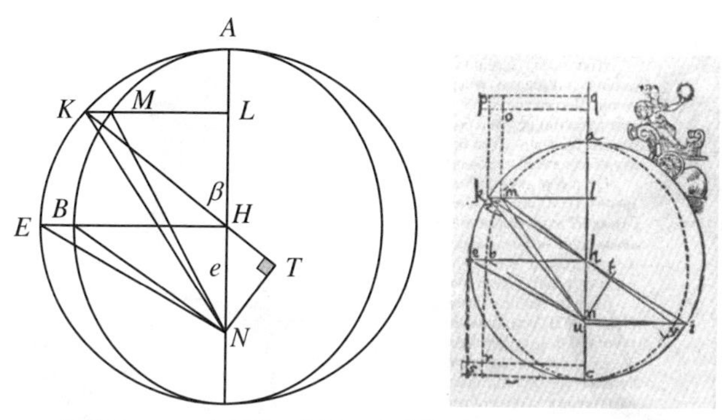

圖 18–12　右圖為《新天文學》中第 59 章的插圖

克卜勒的第三定律作為一個經驗事實首次出現在後來出版的《世界的和諧》(*Harmonies of the World*, 1619) 中。這三個行星定律在天文學與物理學上都有相當重大的地位。克卜勒所走的是一條沒有前人走過的路，有精確的觀測數據做靠山，也有敢於創新的勇氣。這三個定律的發現過程，也為後世的科學家做了一個傑出的示範。在科學的發現過程中，科學家一開始需要某些理論，隨時對理論與實地觀測或實驗結果進行比較，如果對觀測或實驗結果有信心，那麼就修改理論。克卜勒花了幾年的時間做了這樣的事，修改再修改，不畏辛苦又枯燥的計算過程，才終於讓理論與觀測結果一致。如果當初克卜勒沒能打破一千多年來對圓形軌道在哲學、美學與宗教上的「盲目」信念，或許我們現在還體會不到這個宇宙簡單、純粹與和諧之美。

篇 19

機率論發展的第二樂章

人生不如意十之八九，人生的問題不會總是數學上的理論形式，怎麼估計隨機結果出現的機率呢？且看數學家如何在前人的基礎上，從新的角度看待問題，將機率論研究的焦點轉為由次數做估計。

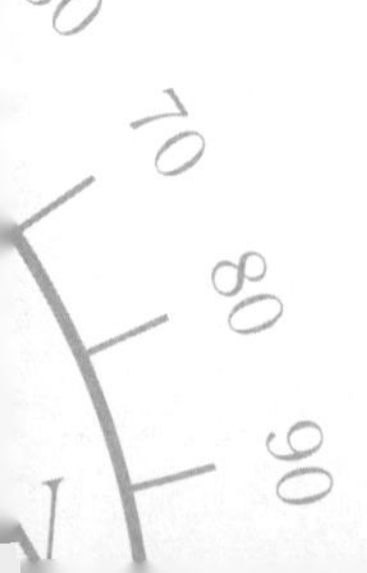

一、問題的承接：期望值

我們在之前的文章〈機率初步〉中，提到了在機率發展之初，數學家們從休閒娛樂與賭博遊戲去摸索機率的意義。其中最先的突破來自於巴斯卡與費馬，他們為了解決迪・默勒提出的問題，藉由書信往來討論得到了一點進展。在 1652 年前後，法國貴族安東尼・哥保德・迪・默勒爵士寫信給巴斯卡，提出了兩個問題：

(1)骰子問題 (Problem of Dice)：兩枚骰子要擲多少次才能使出現兩個 6 點的機率不小於 50%？

(2)得分問題 (Problem of Points)：在賭博被打斷時如何公正地分配賭注？

其中第二個問題事實上就是期望值的問題。巴斯卡為了研究這個問題的通解，進一步寫了《論算術三角》這一篇論文，應用這個算術三角形，或是我們稱的巴斯卡三角形，他得到這個問題的一般解法：

假設第一人缺 r 分後獲勝，第二人缺 s 分後獲勝，其中 r, s 不小於 1，如果整場比賽就此停止，賭注的分配應為第一人得到全部賭金的比例為 $\sum_{k=0}^{s-1} C_k^n : 2^n$，此時 $n=r+s-1$，為剩餘局數的最大值。

舉例來說，假設問題數據為：「A、B 兩人每人各出 32 個金幣為賭注，約定 5 局中先贏 3 分者勝，若 A 已先得 1 分，B 得 0 分的時候比賽中斷無法繼續，應如何分配賭注才公平?」在剩下的所有共 $2^4=16$ 種的結果中，A 獲勝共有 $C_0^4+C_1^4+C_2^4=11$ 種，因此 A 應以獲得全部賭金的比例為 $11:16$ 來分配，也就是說 A 獲得賭金的期望值為 $\frac{11}{16}\times 64=44$ 個金幣。事實上 A、B 獲勝的所有情形，可以用 $(A+B)^4$ 的二項展開式來觀察，不過在這個情境中，A 或 B 獲勝的機率相同。

巴斯卡這種以某種形式來計算一個特定事件之價值的概念，成為後續數學家研究機率論的基礎。1655 年，荷蘭數學家惠更斯第一次造訪巴黎，在這趟旅程中，他讀到了巴斯卡與費馬關於機率方面的討論與作品，開始對機率產生興趣，並於 1657 年出版《論機率博弈的計算》(*De Ratiociniis in Ludo Aleae*) 一書，成了有系統地論述機率這個主題的第一本出版作品。這本書輕薄短小，僅有 14 個命題與 5 個給讀者的練習題，命題中包含了對迪・默勒兩個問題的解法與解法背後理論的詳細說明。他把巴斯卡與費馬的想法綜合起來，並延伸到 3 人或更多玩家的情形。惠更斯的策略徑路雖然也是從每個結果「出現機會均等」的概念出發，不過，他的核心工具不是我們現在的機率概念，而是「預期結果」這個期望值的想法。他在計算像賭博這種牽涉到機率的遊戲時，正式提出期望值的概念：

> 雖然在一個純粹的機會遊戲中，結果是不確定的，但是一位玩家贏或輸的機會取決於一個特定的值。

用現代的術語來說，這個特定的值就是期望值，也就是，一個人如果進行許多次賭博遊戲，他可以贏得的平均賭金。

惠更斯在這本書的第一命題就是：「能以相等機會贏得 a 或 b 的量對我的價值就是 $\frac{a+b}{2}$」。下面以現代術語來解釋他對這個命題的證明。因為機會均等，如果第一人贏，他得到 a，如果對手贏，他得到

b，因為這個博弈要公平，因此，這個機會的「價值」就是 $\frac{1}{2}\times a+\frac{1}{2}\times b=\frac{a+b}{2}$。惠更斯在第 3 命題中將這個概念推廣到一般情形：

有 p 次機會贏得 a，有 q 次機會贏得 b，機會都是同樣的，

對我的價值是 $\frac{pa+qb}{p+q}$。

也就是說，在總共玩了 $p+q$ 次情形下，贏得 a 的機率為 $\frac{p}{p+q}$，贏得 b 的機率為 $\frac{q}{p+q}$，因此，期望值為 $\frac{p}{p+q}\times a+\frac{q}{p+q}\times b=\frac{pa+qb}{p+q}$。在證明時，惠更斯透過類比，將此問題類比於 $p+q$ 個人排成一個圓圈參與這個博弈遊戲，每個人投入相同的賭金 x，並且每人獲勝的機會相等。如果一個確定的玩家獲勝，他將全部賭金分給左邊的 $q-1$ 人每人 b，右邊的 p 人每人 a，剩下的自己保留，因為自己保留的餘額要等於 b，即 $(p+q)x-(q-1)b-pa=b$，因此 $x=\frac{pa+qb}{p+q}$，亦即這個機會的「價值」為 $\frac{pa+qb}{p+q}$。

在惠更斯的書中有一點基本信念屹立不搖，他認為每個公平博弈的玩家只願意拿出經過計算的公平賭金，也就是期望值來冒險，而不願意出更多的賭金。不過，每個人願意為一個賭博的機會付出多少代價並不一定，例如買樂透，很多人雖然明知中獎的期望值遠低於買一張彩券的價錢，他們還是買了，為的就是中頭彩的那點微乎其微的期望。人類的期望與慾念又該怎麼衡量計算？

二、焦點的轉變：觀察次數

迪・默勒的第一個問題為:「兩枚骰子要擲多少次才能使出現兩個 6 點的機率不小於 50%?」這個問題將機率論研究的焦點轉向試驗次數。在惠更斯的這本書中，針對這個問題，他曾分析與給出比巴斯卡更一般的解法。他將問題轉換成以期望值的概念來回答，亦即「兩枚骰子要擲多少次，才能使一個人在那麼多次投擲中出現兩個 6 點時可以贏得 a 而願意出 $\frac{1}{2}a$?」接著他計算了分別投擲 1 次、2 次、4 次、8 次、16 次、24 次與 25 次，結果表明到 24 次時玩家賭 $\frac{1}{2}a$ 稍微不利，而投擲 25 次時玩家又占了便宜，亦即投擲的次數至少要 25 次，才能使兩枚骰子都出現 6 點的機率超過 $\frac{1}{2}$。惠更斯的這本著作一直到十八世紀初期，都是機率論的唯一入門教材。以此為基礎，1713 年，在瑞士數學家雅各・伯努利 (Jacob Bernoulli, 1654–1705) 死後 8 年，他的《猜度術》(*Ars Conjectandi*) 一書終於出版，機率論的研究徑路開始慢慢地轉變了。

在早期從博弈遊戲中發展出來的機率論，數學家們以某種有效的途徑來計算機率與期望值，以決定遊戲的勝負。這些機率是先於經驗 (*apriori*) 而確定的。因為一顆骰子有六個面，假設材質均勻，數學上正六面體的幾何性質告訴我們，不管在骰子投擲的過程或是形狀上，沒有哪一面特別有利或不利出現，因此，每一面面朝上的機會相等，亦即機率為 $\frac{1}{6}$。但是事實上，我們在投擲骰子的過程中，可能 300 次裡 6 點出現 30 次或 80 次並不一定，那麼，我們要投擲多少次才能確保觀察的結果「足夠接近」$\frac{1}{6}$？再者，在很多實際問題中，影響事件出現的因素並不是那麼單一或者是單純地「機會均等」，尤其在十八世紀法國大革命以及十九世紀的工業革命之後，人類社會變得複雜了，許多問題因應而生，像是國家財政、人口與醫療問題、保險、工業製程等等，需要快速有效地解決。然而，影響這些事情的因素太過複雜，譬如，我們怎麼確定該為一份保單支付多少保險費用才合理？惠更斯的期望值概念告訴我們，期望值應該等於機率 × 報酬，但是，牽涉到複雜的人類社會行為之機率，又該如何衡量？這個時候只能從容易收集的觀察結果著手。

身為著名數學家族成員之一的雅各・伯努利曾出版多篇關於機率的論文，在他多年的研究中，他試圖在無法列舉出所有可能情形下量化風險。他開始提議，從許多次相同情形下的觀察所得結果來推算機率，用句心理學的行話來說，就是「後驗」(*posteriori*) 地計算機率。「觀察特定情形的次數越多，就越能更好地預測未來」，這是我們都知道的常識，但是如何數學地證明它？伯努利在他臨終前終於給出證明，他不僅說明了隨著觀察次數的增加，可以使我們在任意誤差範圍內，估算事件的實際機率，還說明了如何準確地計算出確保估算結果在真實機率附近的一個給定區間——以現代的術語來說就是信賴區間——內的觀察次數。這個方法被收入在《猜度術》的最後一卷第四卷中，它就是我們熟知的伯努利版本的大數法則 (law of large numbers)。

《猜度術》的第四卷名為〈論機率原則在政治、倫理與經濟學的應用〉(On the use and applications of the doctrine in politics, Ethics, and Economics)，伯努利在機率論研究裡引入「合乎道德的必然性」

(moral certainty)，亦即近乎確定會發生的這一概念。他規定如果事件發生的機率不小於 0.999，那這個事件就是近乎必然發生。伯努利的目標就是想要知道需觀察多少次，才能得到觀察所得機率之近乎必然性。伯努利版本的大數法則是這樣說的：

> 假設在一般情形下，N 次觀察中有 X 次成功，$p=\frac{r}{r+s}$ 為事件真正的成功率，給定一個任意小的正數 ε，和一個任意大的正數 c，總能找到整數 N（根據 c 而得），使得 $\frac{X}{N}$ 與 p 的差距不超過 ε 的機率，比該差距大於 ε 的機率乘以 c 還要大，即

$$P\left(\left|\frac{X}{N}-p\right|\le\varepsilon\right)>c\cdot P\left(\left|\frac{X}{N}-p\right|>\varepsilon\right)$$

換句話說，觀察所得機率 $\frac{X}{N}$ 與真正機率 p 接近的機率，遠遠大於不接近的機率。一般我們會將伯努利的這個式子改寫成：

> 對任意給定的一個很小的正數 ε 與任意大的正數 c，存在正整數 N 使得

$$P\left(\left|\frac{X}{N}-p\right|>\varepsilon\right)<\frac{1}{c+1}$$

這個式子牽涉到 $(r+s)^N$ 展開式中某些項的和，伯努利詳細地分析二項展開式中的每一項，不僅找到證明方式，也確定了 N 的找法。我們略去細節不談，直接跳到結論。在伯努利自己的例子中，當 $r=30$, $s=20$ 時（例如籃子中有 30 個白球，20 個紅球，觀察取到白球的次數），對於 $c=1000$（至少要使得差距很微小時的機率小於 0.001），所決定的最小 N 為 25550。

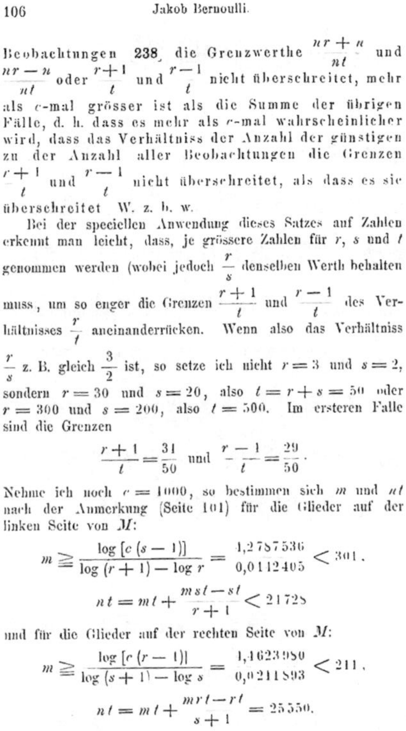

106 Jakob Bernoulli.

Beobachtungen 238 die Grenzwerthe $\frac{nr+n}{nt}$ und $\frac{nr-n}{nt}$ oder $\frac{r+1}{t}$ und $\frac{r-1}{t}$ nicht überschreitet, mehr als c-mal grösser ist als die Summe der übrigen Fälle, d. h. dass es mehr als c-mal wahrscheinlicher wird, dass das Verhältniss der Anzahl der günstigen zu der Anzahl aller Beobachtungen die Grenzen $\frac{r+1}{t}$ und $\frac{r-1}{t}$ nicht überschreitet, als dass es sie überschreitet W. z. b. w.

Bei der speciellen Anwendung dieses Satzes auf Zahlen erkennt man leicht, dass, je grössere Zahlen für r, s und t genommen werden (wobei jedoch $\frac{r}{s}$ denselben Werth behalten muss, um so enger die Grenzen $\frac{r+1}{t}$ und $\frac{r-1}{t}$ des Verhältnisses $\frac{r}{t}$ aneinanderrücken. Wenn also das Verhältniss $\frac{r}{s}$ z. B. gleich $\frac{3}{2}$ ist, so setze ich nicht $r=3$ und $s=2$, sondern $r=30$ und $s=20$, also $t=r+s=50$ oder $r=300$ und $s=200$, also $t=500$. Im ersteren Falle sind die Grenzen

$$\frac{r+1}{t}=\frac{31}{50} \text{ und } \frac{r-1}{t}=\frac{29}{50}.$$

Nehme ich noch $c=1000$, so bestimmen sich m und nt nach der Anmerkung (Seite 101) für die Glieder auf der linken Seite von M:

$$m \geqq \frac{\log [c(s-1)]}{\log(r+1)-\log r}=\frac{4,2787536}{0,0142405}<301.$$

$$nt=mt+\frac{mst-st}{r+1}<21728$$

und für die Glieder auf der rechten Seite von M:

$$m \geqq \frac{\log [c(r-1)]}{\log(s+1)-\log s}=\frac{4,4623980}{0,0211893}<211.$$

$$nt=mt+\frac{mrt-rt}{s+1}=25550.$$

圖 19–1
伯努利《猜度術》書影，
他利用兩組不等式決定出
N 的最小值。此為 1899
年出版的版本

「觀察次數不能小於 25550」，這個數字對當時的伯努利而言，幾乎是個天文數字，它甚至超過伯努利的故鄉瑞士巴賽爾 (Basel) 當時的人口總數，幾乎不可能完成。伯努利心裡應該有感覺這個數字遠大於實際所需的數字，因此，他並沒有如標題所允諾的將政治或經濟學上的應用寫入書中，甚至直到臨終前也不肯將此書出版。儘管如此，這條由伯努利開啟的新的研究徑路，在當時整個社會環境的需求刺激下，將機率論研究的焦點，順利地轉移到利用觀察結果來估算機率。緊接著，就是棣美弗登場了。

三、知識的延拓：機率分布曲線

棣美弗 (Abraham de Moivre, 1667–1754) 出生於法國巴黎近郊，於 1688 年遷居英國，雖然曾被選入英國皇家學會，但是，他從未有機會在大學任教，只能靠當家庭教師，以及為賭徒或投機商人解決博弈遊戲或年金保險中的問題來謀生。他於 1718 年出版主要著作《機會學說》(*The Doctrine of Chances*)，此書還曾於 1738 年及 1756 年兩度再版。棣美弗在本書中針對當時流行的各種賭博遊戲，給出數學化的一般法則，以及這些法則的應用。譬如，對於迪・默勒的第一個問題，他就提出更一般性的問題與解法，出現在《機會學說》第二部分的問題三：

> 在一次試驗中，假設某件事發生的機率是 a，不發生的機率是 b，試問需要做多少次試驗才能使該事件有可能發生，或者需要做多少次試驗才能確保事件發生與否沒有差別？

棣美弗在解法中假設 x 是所需的試驗次數，那麼，這個事件 x 次都不發生的機率為 $\frac{b^x}{(a+b)^x}$；因為要使發生與否沒有差別，亦即

$$\frac{b^x}{(a+b)^x}=\frac{1}{2},\ (a+b)^x=2b^x,\ (\frac{a+b}{b})^x=2$$

對兩邊取自然對數❶，可得 $x=\frac{\ln 2}{\ln(a+b)-\ln b}$。棣美弗接著說，若 $a:b=1:q$，那麼，可將原來的方程式 $(\frac{a+b}{b})^x=2$ 改寫成 $(1+\frac{1}{q})^x$

❶自然對數為以 $e=2.718\cdots$ 為底的對數，以 $\ln x$ 與常用對數作區別。

$=2$，取自然對數之後可得 $x\ln(1+\frac{1}{q})=\ln 2$。

當然在迪．默勒的問題中，我們現在可以直接用數據代入來計算。2 顆骰子都擲出 6 點與其他情況的比是 $1:35$，因此丟擲 x 次使兩顆都出現六點的機率為 $\frac{1}{2}$，即 $1-(\frac{35}{36})^x=\frac{1}{2}$，也就是 $(\frac{35}{36})^x=\frac{1}{2}$，接著我們就可兩邊直接取以 10 為底的常用對數後計算得出 x。但是棣美弗想要解決更一般的情形，在 q 未定的情形下，他只能藉著無窮級數（冪級數）將 $\ln(1+\frac{1}{q})$ 展開來計算它的值，即

$$\ln(1+\frac{1}{q})=\frac{1}{q}-\frac{1}{2q^2}+\frac{1}{3q^3}-\frac{1}{4q^4}+\cdots$$

接著他說：「如果 q 無限大，或是相比於 1 而言是個很大的數，那麼只要取展開式的第 1 項就夠了。」[2]故可得 $\frac{x}{q}=\ln 2=0.693\cdots$，取 $x=0.7q$。因此在迪．默勒的問題中他只要簡單的取 $q=35$（發生 1 次時，不發生占 35 次），即可得 $x=24.5$ 次，因此若要使機率不小於 50%，至少要拋擲 25 次。這個簡潔算法得出的結果與惠更斯繁雜的計算過程得到的完全相同。

棣美弗對機率研究的目標與伯努利相同，即想要藉由觀察結果或是試驗來估算事件的真正機率。他跟伯努利一樣清楚地知道，計算機率的方法有賴於對二項展開係數的計算與研究。他於 1773 年寫下一篇有關求二項展開式各項和的近似方法之論文，並收入於《機會學說》二、三版中。他說：

---

❷參考 1756 年版的《機會學說》P.37。

……在很多次的試驗下，事件發生的比率可能與真實應該要有的情況有所不同；假設事件發生與否的可能性相同，在 3000 次試驗之後，有可能成功 2000 次失敗 1000 次的情形不會發生，但是也有可能發生，因此一旦發生之後，它們與相等比例差異甚大的比率關係也應該被接受。因此從試驗中獲取結論的思維應該會更好一些。❸

在這個近似方法的論述過程中，他首次提到我們現在所謂的二項分布的常態近似這個概念。

假設事件發生與否的機會均等，棣美弗知道在 $(a+b)^n$ 中，當 $a=b=\frac{1}{2}$ 時，成功次數分別為 0, 1, 2, ⋯, k, ⋯，n 次的比率分別為 $C_k^n:2^n$。當 n 為足夠大的偶數時，他先考慮中間項，即事件有 $m=\frac{n}{2}$ 次成功時的比率，藉由無窮級數與對數的運算，棣美弗知道二項展開中間項 E 與總和 2^n 的比值為 $\frac{2}{\sqrt{2\pi n}}$。接著，他再處理從中間項算起的第 t 項，再次利用無窮級數與對數運算，他得到

$$P(X=\frac{n}{2}+t)\approx P(x=\frac{n}{2})e^{-(\frac{2t^2}{n})}=\frac{2}{\sqrt{2\pi n}}e^{-(\frac{2t^2}{n})}$$

以 t 為變數，機率函數 $f(t)=P(X=\frac{n}{2}+t)=\frac{2}{\sqrt{2\pi n}}e^{-(\frac{2t^2}{n})}$ 的圖形會形成一條曲線，這條曲線會近似於我們現在所謂的常態分布曲線。

❸參考 1756 年版的《機會學說》P.242。

棣美弗接著改善伯努利對於觀測次數的計算方法。為了計算從中間項算起某段區間內的比率和，亦即計算 $\sum_{t=0}^{k} P(X=\frac{n}{2}+t)$ 的值，利用積分的技巧，他將其近似於 $\frac{2}{\sqrt{2\pi n}}\int_0^k e^{-\frac{2t^2}{n}}dt$，再由冪級數展開後逐項積分來估計這個值，他發現當 $k=\frac{1}{2}\sqrt{n}$ 時（這個值就是成功機率為 $\frac{1}{2}$ 的二項分布之標準差），展開的冪級數收斂速度相當快，得以讓他推知這個和近似於 0.341344，亦即發生頻率介於 $\frac{n}{2}-\frac{1}{2}\sqrt{n}$ 與 $\frac{n}{2}+\frac{1}{2}\sqrt{n}$ 的機率為 0.682688。他說：

> 為了將此方法應用到各個特殊的例子中，必須根據試驗次數的平方根來估計事件發生與否的頻率；這個平方根……將成為我們調控估計結果的模數 (modulus)。❹

接著，他將自己的方法推廣到更一般的情形：近似計算 $(a+b)^n$ 展開式中的各項係數，其中 $a\neq b$，亦即發生與否不均等的情形。利用這個方法，他可以計算出在伯努利要試驗 25550 次的例子裡，用他的方法僅需 6498 次即可。

❹參考 1756 年版的《機會學說》P.248。

THE

DOCTRINE

OF

CHANCES:

OR,

A METHOD of Calculating the Probabilities of Events in PLAY.

THE THIRD EDITION,
Fuller, Clearer, and more Correct than the Former.

By A. DE MOIVRE,
Fellow of the ROYAL SOCIETY, *and Member of the* ROYAL ACADEMIES OF SCIENCES *of* Berlin *and* Paris.

LONDON:
Printed for A. MILLAR, in the *Strand.*
MDCCLVI.

The DOCTRINE *of* CHANCES. 243

A Method of approximating the Sum of the Terms of the Binomial $\overline{a+b}\rvert^n$ expanded into a Series, from whence are deduced ſome practical Rules to eſtimate the Degree of Aſſent which is to be given to Experiments.

ALTHO' the Solution of Problems of Chance often requires that ſeveral Terms of the Binomial $\overline{a+b}\rvert^n$ be added together, nevertheleſs in very high Powers the thing appears ſo laborious, and of ſo great difficulty, that few people have undertaken that Taſk; for beſides *James* and *Nicolas Bernoulli*, two great Mathematicians, I know of no body that has attempted it; in which, tho' they have ſhewn very great ſkill, and have the praiſe which is due to their Induſtry, yet ſome things were farther required; for what they have done is not ſo much an Approximation as the determining very wide limits, within which they demonſtrated that the Sum of the Terms was contained. Now the Method which they have followed has been briefly deſcribed in my *Miſcellanea Analytica*, which the Reader may conſult if he pleaſes, unleſs they rather chuſe, which perhaps would be the beſt, to conſult what they themſelves have writ upon that ſubject: for my part, what made me apply myſelf to that Inquiry was not out of opinion that I ſhould excel others, in which however I might have been forgiven; but what I did was in compliance to the deſire of a very worthy Gentleman, and good Mathematician, who encouraged me to it: I now add ſome new thoughts to the former; but in order to make their connexion the clearer, it is neceſſary for me to reſume ſome few things that have been delivered by me a pretty while ago.

I. It is now a dozen years or more ſince I had found what follows; If the Binomial $1+1$ be raiſed to a very high Power denoted by n, the ratio which the middle Term has to the Sum of all the Terms, that is, to 2^n, may be expreſſed by the Fraction $\frac{2A\times\overline{n-1}\rvert^n}{n^n\times\sqrt{n-1}}$, wherein A repreſents the number of which the Hyperbolic Logarithm is $\frac{1}{12}-\frac{1}{360}+\frac{1}{1260}-\frac{1}{1680}$, &c. But be-

I i 2 cauſe

圖 19–2 棣美弗《機會學說》1756 年版本之書影

雖然棣美弗的計算結果實際上比伯努利精確得多，但是他並沒有進一步好好的利用，尤其是他的機率分布曲線。對他而言，這條曲線僅是二項分布的機率近似分布，並沒有就此曲線本身作進一步研究。不過，他的著作與方法，也確實讓機率論的研究，得以更貼近當時高度發展中的社會需求，並為隨後綻放光彩的拉普拉斯與高斯的機率論研究打下良好的基礎，讓機率論得以順利地整合統計學的研究，讓統計學站穩腳步發展成一門新興的學問。

篇 20

統計學的興起與發展

當數學家由觀察事件發生的機率，推論事件真實機率的近似值時，就需要用到統計了。相較於數學的其他分支，統計這一門學問相對年輕了許多。我們在課本裡看到的那些統計名詞是在什麼樣的情境與應用中首次出現的呢？這些名詞背後又有著怎樣的故事呢？

一、數據之可靠性

在上一篇文章中，提到了伯努利與棣美弗的工作成果，儘管使用的方法不同，但是他們都想要確定觀察或試驗的次數，以使得觀察所得的機率與事件真正機率之誤差值在某個可接受的範圍內。十八世紀的前半葉，伯努利與棣美弗努力地要讓機率論的研究能符合當時社會環境的需求，將機率論研究的焦點從先驗的、理論上的機會均等概念，轉換到後驗的以實際觀察數據來衡量事件發生之機率。然而他們的成果並沒有直接獲得應用，原因之一就在於他們並沒有及時地解決應用所需面對的一個問題：根據實驗或觀察數據，已知某事件在次數確定的試驗中發生的次數，那麼該事件在一次試驗中發生的機率應該是多少？他們僅能給出觀察事件發生的頻率（觀察機率）與事件機率之間的近似程度。由觀察數據推論事件機率的這個問題，以現代的語彙來說，這個問題所要做的工作屬於統計推論的範疇。第一個嘗試要解決這個問題的，就是貝氏 (Thomas Bayes, 1702–1761)。

在高中的數學課上，我們都學過條件機率與貝氏定理的內容，這些內容貝氏寫於一篇名為〈對《機會學說》的一個問題之解答〉(An Essay towards solving a Promble in *The Doctrine of Chances*) 的論文中，於他死後 3 年發表。他所要解答的問題開宗明義地寫在論文的開頭：

> 給定未知事件發生與未發生的次數：求在一次試驗中，它發生的機率介於任兩個給定機率值之間的可能性 (chance)。

所謂未知事件是指發生的機率未知。若以符號來表示，設 X 表示在 n 次試驗中事件發生的次數，p 表示事件在一次試驗中的機率，通常我

們就把它當成此事件發生的真正機率。貝氏的目標就是要計算 $P(r<p<s|X)$，即在 X 已知的條件下，求出 p 介於 r, s 之間的機率。為了解決這個問題，貝氏總共發展了 10 個命題，3 個規則。其中第 3 個命題就是 $P(A \cap B)=P(A) \cdot P(B|A)$；第 5 個命題就是我們所謂的貝氏定理，也就是條件機率的計算：$P(A|B)=\dfrac{P(A \cap B)}{P(B)}$。貝氏問題的解決可轉換成計算 $P(A|B)$，其中 A 指的是「$r<p<s$」這個事件，B 指的是「某件事在 n 次試驗中發生了 X 次」的事件。

貝氏為了解決這個機率問題，設計了一個丟球的物理實驗，將機率的計算轉換成求面積之積分，在此略過不談，貝氏的方法在被真正應用之前，還必須解決由他的作法引發的這 2 大問題：這個物理實驗類比的有效性與積分計算的困難度。儘管如此，從伯努利與棣美弗的工作讓人們意識到觀察數據的可靠性這個議題，亦即從觀察所得數據的某些特徵，有多少程度地反映出研究的群體或現象的狀況？貝氏的工作則為解決統計推論的基本問題提供了一個契機。

二、最小平方法與統計推論

statistics（統計）這個詞的語源來自於 *state*（國家），根據語源辭典的說法，原意指的是「處理與國家或群體有關情況之數據的科學」，由一位德國的政治科學家在 1770 年開始使用[1]。然而統計若只著重在數據之收集，早在有政府的年代就已經發生過了，譬如收集出生與死亡的人口數、政府賦稅收支的數目等等。但是要讓收集的資料有意義

[1] 參考 http://www.etymonline.com 網站。

以及有更深一層的應用，研究者就必須開始思考如何分析與解讀這些數據，這樣的概念轉換首先得力於十七世紀一位富有的英格蘭百貨商格朗特 (John Graunt, 1620–1674)。格朗特在 1662 年出版一本小冊子，叫做《關於死亡清單的自然與政治觀察》(*Natural and Political Observations Made upon the Bills of Mortality*)，格朗特觀察的死亡清單來自於倫敦每週及每年的喪禮紀錄，從十六世紀中葉開始就由政府收集歸檔。格朗特把研究這些死亡清單當作消遣，他將 1604–1661 年間的紀錄整理成數值表格，然後觀察數據，他發現到事故、自殺、各種疾病死亡的百分比似乎固定不變；男嬰出生比例高於女嬰；女性活得比男性長久等等。他因此對一組同時出生的 100 位典型倫敦人，估計每十年的死亡人數，這些數據化的表格結論，被稱為「倫敦壽命年表」，此為對平均壽命數值化估計的開端。

格朗特的工作受到他的朋友佩蒂爵士 (Sir William Petty, 1623–1687) 的支持。儘管佩蒂所做的觀察沒有像格朗特那麼引人注意，但是他的觀點卻更為深刻，他認為社會科學必須像物理科學一樣定量化。他將統計這門剛起步的學問命名為「政治算術 (Political Arithmetic)」，並將其定義為：利用數字處理與政府相關問題的推理藝術。格朗特與佩蒂都嘗試藉由像是死亡清單這類的資料分析，獲得國家人口資訊。然而他們，尤其是格朗特並無法說明數據中呈現的一些確切特點，它們具有一般性或只是偶發事件？數據的可靠性已成為十八世紀歐洲科學與商業的重要議題。例如遠洋航海的安全性有賴於天文的大量觀測；保險公司的成敗也有賴於大量資料的收集，因此如何從混亂的數據中抽取正確的結論成為相當重要的議題。要從大量的數據中得到精確的知識，還是要靠數學才能完成。

十九世紀初的法國，數學界人才輩出。這一位低調的數學家勒讓德 (Adrien-Marie Legendre, 1752–1833) 在 1805 年所提出的處理數據的方法，幾乎可算是十九世紀最重要的統計方法。勒讓德的生平事蹟流傳下來的不多，他低調到連肖像畫都被長期的錯認，而正確的肖像畫卻僅有一幅流傳下來 (見圖 20–1)。1805 年勒讓德出版一本討論彗星軌道的小書，在此書的附錄中他提出一種從觀測所得數據中提取可靠資訊的方法，即是最小平方法。他在一開始先說明給出這個方法的理由：

> 在研究的大多數問題中，這些問題都是想藉由觀測所給出的度量來獲得它們所能提供的最準確結果，最常產生的是形如 $E = a + bx + cy + fz + \cdots$ 的一系列方程式，其中 $a, b, c, f, \cdots$ 為已知係數，在每個方程式間會有所不同；而 $x, y, z, \cdots$ 是未知的變數，它們必須根據將每個 E 的值化為一個是 0 或是非常小的量的條件而決定。

圖 20–1
勒讓德 1820 年的肖像畫，作者為 Julien-Léopold Boilly

要在觀測數據中找出最接近的結果，就一定會有誤差，E 就是與誤差有關的方程式。以我們在高中學過的以最小平方法找迴歸直線的方法為例，假設現在有 5 筆觀察數據，我們想要找一個含有 2 個變數的函數（線型函數 $y=a+bx$），讓它皆滿足這幾個觀測數據。對這 5 個觀測數據，我們會有：

$$E_1=a+bx_1-y_1$$
$$E_2=a+bx_2-y_2$$
$$\vdots$$
$$E_5=a+bx_5-y_5$$

這些都是最佳解的相伴誤差。勒讓德的目的就是要將所有 E_i 的總和變小：

> 在所有以此為目的所建議的原理中，我認為沒有比這個更一般，更正確以及更容易應用的方法了，這個方法就是我們在前面研究中所應用的原理，它以誤差的平方和有最小值來呈現⋯⋯

以我們的例子來說，就是求使得 $(a+bx_1-y_1)^2+(a+bx_2-y_2)^2+\cdots+(a+bx_5-y_5)^2$ 有最小值的 a 與 b。勒讓德雖然提出最小平方法，認為它可以將誤差總和控制在最小，但是他並沒有說清楚這個方法的合理性，只說它是「一般原理」。反而是高斯藉由誤差函數的引入，真正清楚地闡明了最小平方法的合理性。在《丈量世界》(*Die Vermessung der Welt*, 2006) 這本德國小說中，有趣地描述了高斯在新婚之夜想到最小平方法的瞬間：

> 就在此刻，他瞥見蒼白的月亮高掛在兩扇窗簾間，他為自己感到可恥，他竟然在這緊要關頭忽然想通了：原來利用近似值就可以修正計算行星軌道時所發生的誤差⋯⋯他一翻身，狼狽地道了一聲歉，踉蹌撲到桌邊，抓起羽毛筆沾上墨汁，

連燈也不點便急忙寫下：觀察值和計算值的差取平方以後求出各項的總和應趨於最小值……❷

我們姑且不論這段描述的真實性，在十九世紀時，這個工具隨著高斯與拉普拉斯的努力，慢慢展現出它的威力，成為在處理有關天文學與大地測量時的一個有力工具。

三、常態分布曲線與社會科學的應用

1809 年，拉普拉斯將他的研究焦點從天文學轉向機率論，重點放在研究科學數據收集過程中可能誤差的統計問題。1812 年，他出版《機率分析理論》(*Thèorie Analytique des Probabilitès*)，收集與延伸了當時所有已知的機率理論，把機率論的研究推向高峰。不過這本書實在太數學化了，只有相當熟練的數學家才看得懂，英國數學家笛摩根 (Augustus De Morgan, 1806–1871) 更把這本書形容成數學分析的白朗峰。因此他接著又寫了另一篇 153 頁講解性質的序言，後來以《機率的哲學小品》(*Essai philosophique sur les probabilités*, 1814) 獨立出版，這本書中用比較沒有那麼專門性的語彙討論這門學科的應用性，像是保險與人口統計 (例如死亡人數與生命期望值)、決策論與證據的可信度，甚至是婚姻維持的時間等等，拉普拉斯認為通過機率論，數學能夠對社會科學發揮其影響力。另一方面，當棣美弗引入常態分布曲線作為二項分布曲線的近似時，並沒有意識到這條常態分布曲線的重要性或有更進一步的闡釋，反而是高斯與拉普拉斯以誤差分布或更一般的機率分布的概念對這一條曲線的性質做更清楚與更進一步延伸。不

❷見《丈量世界》P.166，商周出版社出版。

過這條常態分布曲線卻被比利時人克威特列特 (Lambert Adolphe Jacques Quetelet, 1796–1874)「使用」得淋漓盡致，以致於招致大部分社會科學領域人士的抗拒。

1835 年，克威特列特從文藝復興時代的藝術家留傳下來的文獻中獲得人體有關尺寸的各種數據，像是達文西、丟勒與米開朗基羅等等，他們對人體各部分做過上千次的測量。克威特列特想要用這些數據發展所謂的「平均人 (the average man)」概念。因為人類所有的精神與物理特徵的機率分布幾乎都呈現常態分布，像是身高、體重、智力測驗等等的機率分布，克威特列特更把這種物理特徵的分布延伸到倫理特徵，像是個體的犯罪傾向、酗酒傾向等等，由此他提出在同民族、同性別與同年齡間，可以建立一個在給定時間與給定社會中的代表性人物之概念，也就是平均人，他把這種統計觀念用到社會科學上，企圖形成為一門他所謂的「社會物理學」研究。

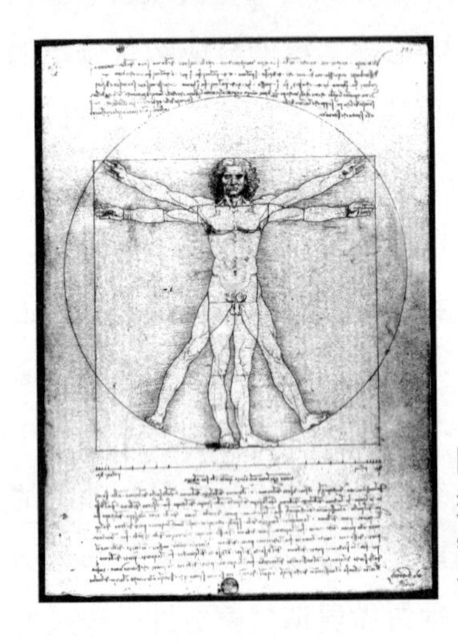

圖 20–2
達文西有關人體比例的畫作《維特魯威人》(Vitruvian Man)，他會是個平均人嗎?

常態分布曲線的描繪確實會出現一個平均值以及與平均值的誤差。1846 年在克威特列特寫給一位公爵的信中，他表達了以這種方式使用常態分布曲線的看法，他以一個人要去複製一千個某特定塑像為例，這些複製品雖然會有許多誤差，但是這種誤差卻以一種非常簡單的方式組成。事實上，他曾以蘇格蘭士兵作為實驗對象，測量其中 5732 個人的胸圍，發現他們以常態分布在平均 40 吋的周圍。不過當時克威特列特使用離平均值的「可能誤差」當作誤差單位，即所謂的百分等第（PR 值，percentile rank）的概念，當一個值與平均值的差距為一個可能誤差，表示它距離平均值的百分等第差為 25%，或它在全體的位置為 PR 75 或 PR 25。這種百分等第的誤差單位在十九世紀初的誤差理論中被引入，不過後來就改成我們現在使用的標準差當誤差單位了。

四、邁向統計學

克威特列特對常態分布曲線的「濫用」招致許多社會科學家的反感，他們認為克威特列特除了延伸他的觀察與計算之外，沒有任何實質上的貢獻，例如對導致犯罪行為的條件沒有任何有益的改變。儘管如此，常態分布曲線的想法仍然是許多統計論證的中心。十九世紀後半葉，人們開始希望能從數據中獲得某些知識，統計於是開始從機率論的陰影中走出，成為數學上獨立的一門學問。此時最重要的一位指標性人物，即是英國的統計學家，達爾文 (Charles Robert Darwin, 1809–1882) 的表弟高頓 (Sir Francis Galton, 1822–1911)。高頓是當時優生學運動的一分子，希望藉由選擇性生育來改良人類種族，於是他將克威特列特對常態分布曲線的想法應用在生物學中，並試圖透過觀察變異遺傳的方式將達爾文的演化理論數學化。

有著這樣想法的高頓於 1875 年進行了一項甜豌豆實驗。他將甜豌豆的種子依大小分成等數量的幾個組，觀察後代種子的體積大小與父代之間的遺傳變異。他發現原本的每一組之後代種子大小呈現常態分布，而且每組中的數據變化，亦即數據的分布情形本質上是相同的。不過他更進一步的發現後代的每組平均值與它們的父代不同，而且呈現線性相關，在他的實驗中得出線性相關的這條線斜率為 $\frac{1}{3}$。也就是說，後代的平均值相對父代的平均值有一種「倒退 (regressed)」現象，這個詞現在在統計上把它翻譯作「迴歸」，這個斜率就是所謂的「迴歸斜率」。高頓是首位開創統計上迴歸 (regression) 研究的統計學家，只不過當時他最先使用的名詞為「逆轉 (reversion)」。現代統計上稱的迴歸分析研究指的是一種分析數據的方法，其目的在了解兩個或多個變數間是否相關、相關方向與強度，並建立數學模型以便觀察特定變數（X，例如父代的平均值）來預測研究者感興趣的變數（Y，例如後代的平均值)。

高頓除了開創統計學的迴歸概念之外，相關係數概念的使用也要歸功於他。高頓在這個甜豌豆的實驗之外，另外還對身高的遺傳性進行研究。他選取 1000 名父親記錄下身高，然後再觀察他們兒子的身高。他發現父親與兒子間的身高一樣有類似的結果。不過因為一位父親可能同時有好幾個兒子，因此不能用傳統的函數觀念尋找兩者之間的公式關係，他在此時引入相關這個概念。也就是說，他考慮的這兩組變量是相互關聯的，當兩組數據都以誤差單位來度量時——用現在的統計方法形容就是將數據標準化，考慮每一個數據與平均值的差距是幾個標準差，這個時候每一組數據間的迴歸斜率都是相同或近似的，這個相同或近似的斜率，高頓就將其稱作這兩個變量間的「相關 (co-relation)」係數，可以用它來衡量兩個變量間相關性的強度。事實上，回憶一下我們高中學過的統計，以現在的術語及方法來看，如果先將兩組數據 X 與 Y 標準化之後，它們的迴歸直線就是 $y'=r\cdot x'$，其中相關係數 r 就是迴歸直線的斜率。

十九世紀最後十年，兩位英國的統計學者，皮爾遜 (Karl Pearson, 1857–1936) 與他的學生優爾 (George Udny Yule, 1871–1951) 接棒繼續對迴歸與相關的概念進行研究。皮爾遜除了在 1893 年引入標準差的概念之外，還引入所謂的卡方檢定法 (χ^2-test)，用以度量兩個類別變數之間的關係（像是性別與睡眠）。他的學生優爾於 1911 年出版了一本在統計學上相當有影響力的教科書《統計理論導論》(*Introduction to the Theory of Statistics*)，將高頓與皮爾遜的想法發展成為迴歸分析中一種有效的方法理論，指明如何用一種本質上是最小平方法的技巧來求最佳近似直線 (迴歸直線)。不過到二十世紀初期的這些統計學家所用的方法，都只是設計來指明已有的數據之間的關係，統計學要能在各方面廣泛的應用，必須讓使用者確定在未知情況中的有效性，例如農夫要確定不同類型肥料對農作物的有效性；醫生要確定對某種特殊疾病用不同處方的效力等等。這類方法的發展首要歸功於二十世紀初最重要的統計學家費雪 (Ronald Aylmer Fisher, 1890–1962)。

費雪將統計學奠基在嚴格的數學理論上，促使統計學成為一種強而有力的科學工具。他於 1925 年出版劃時代的鉅著《研究者的統計方法》(*Statistical Methods for Research Workers*)，十年後又出版《實驗設計方法》(*The Design of Experiments*)，強調為了獲得可用於實務問題的良好數據，必須從設計實驗著手。他在書中舉了一個例子，有位女士宣稱在奶茶中先倒紅茶或是先倒牛奶味道會不同，在所有人都不信的情況下，可以設計實驗來檢驗她的主張。這個實驗後來被稱為 lady tasting tea，謠傳這個實驗還真的有被實行過。費雪所提倡的這種實驗設計類似於科學研究所需的實驗設計，統計工具與方法因為費雪的工作已經穩固地建立成任何一位科學家所必備的工具。

從十八世紀開始，機率與統計共同發展成針對不確定事物的數學知識來討論的兩個緊密相關的領域。然而在社會與科技發展越趨複雜的時代，統計學靠著自己獨立的研究方法，已然成為現今社會所有領域中的一種處理與思考問題的顯學，尤其在電腦科技發明之後，讓統計學家處理大量數據的工作變得更加可行與簡便。短短的幾個世紀中，這門學問從對數據所提出的數學問題開始，從「為政治家提供的數據」中所得出的數學結論，慢慢演變與成長成一門獨立學問，已然成為現今社會各領域研究的一個潮流。

篇 21

歐拉與最美的數學公式

在你一生接觸的那麼多數學式子中,如果要選擇一個「最美」的數學式子,你會選擇哪一個?隨著《博士熱愛的算式》這本書的熱賣,歐拉公式 $e^{i\pi}+1=0$ 似乎是許多人的不二選擇。這一篇文章讓你從歐拉的生平與研究開始了解,到詳細解說 $e^{i\pi}+1=0$ 這個式子的每一個環節。

如果要從我們學過的數學公式中，選出一個最美的數學式子，你會選哪一個？這類票選活動曾在世界各地對有數學背景的人士進行過，結果各有不同，不過入選的公式中通常都會有這一個：$e^{i\pi}+1=0$。這個式子在這幾年中因為日本作家小川洋子 (1962–) 的小說《博士熱愛的算式》(2004) 而廣為人知，讓許多沒怎麼接觸過數學，甚至是討厭數學的讀者重新以另一種角度認識數學與這個公式。然而這個號稱最美的數學公式，為什麼有那麼多數學家認為它最美？要能夠欣賞它的美必須從認識它著手，這個式子的誕生有著什麼樣的故事呢？

一、萊昂哈德・歐拉

筆者在學校老師間私下做過一次調查，詢問數學老師們最喜歡的數學家是哪位？有不少老師跟我所見略同地表示喜歡瑞士數學家歐拉 (Leonhard Euler, 1707–1783)。我喜歡歐拉的理由，除了因為他與有史以來最偉大的網球選手費德勒 (Roger Federer, 1981–) 來自同一故鄉之外，最重要的還有他的人格特質與不可思議的數學直覺。我想瑞士巴賽爾 (Basel) 應該是個地靈人傑之處吧，這個人口數不到二十萬的城鎮在時間的淵遠長流裡，居然可以在不同領域有過那麼多傑出的人才，包括著名的數學家族伯努利一家人。

歐拉在巴賽爾出生，沒多久就全家搬到巴賽爾附近的一座城市，就學年紀時到巴賽爾念書，不過這所學校居然窮到沒有數學課程讓歐拉學習。歐拉的數學啟蒙來自他的父親，一位喀爾文教派的傳教士。他的父親青少年時期曾住在巴賽爾的數學傳奇家族裡，與約翰・伯努

利 (Johann Bernoulli, 1667–1748) 一起住在他的哥哥雅各・伯努利的家中，從中學了一點基礎數學，也因此讓歐拉與伯努利家族結下一生濃厚的情誼，同時也讓年少的歐拉有機會在當時的數學大師約翰・伯努利的指導之下學習數學。歐拉在他自己一本沒有出版的自傳裡寫到他與約翰學習的情形:

> 確實，他因為非常的忙碌而一度拒絕為我私下授課；但是他給了我許多相當有價值的建議，讓我自己開始讀一些困難許多的數學書籍，並盡可能勤奮的學習；如果我有困難或疑問時，他也允許我在每個週日下午自由地拜訪他，他會親切地跟我解釋我不懂的每件事……

如果依歐拉父親的想法，當然希望他繼承衣缽學習神學，不過在約翰私下指導歐拉的這段時間裡，他發現這個小夥子異於常人的數學潛力，終於說服歐拉父親讓他在 1723 年拿到哲學碩士學位之後，放棄神學轉而專研數學，這時他才 16 歲。

從 1725 年歐拉 18 歲時他就開始了豐富的寫作生涯。1727 年，這位二十歲不到的年輕人完成了一篇有關互反曲線的論文 “Method of finding reciprocal algebric trajectories”，在這篇論文中分析關於船桅的最佳位置選擇，並參加法國科學院獎章的競選，雖然才獲得第二名，不過這個獎對於他這個年紀已經是很大的榮耀了。當年俄羅斯正試著實現彼得大帝的夢想，要打造一座足以媲美巴黎與柏林的科學院，被召聘到聖彼得科學院的學者中，包括伯努利家的尼古拉斯三世與丹尼爾一世 (都是約翰的兒子)。在尼古拉斯於聖彼得堡溺斃之後，歐拉在伯努利家族的推薦之下，獲得一個生理學助理的職位，在那個部門裡教授數學與力學的應用。不過當時他推遲著不去就任，一方面捉緊時間學習關於新職位的相關研究，一方面試試巴賽爾大學物理學教授的應徵，不過後者因為他的年紀而被拒絕（當時才 19 歲），這對他而言或許也不是件壞事，畢竟科學院開放的研究風氣與環境更適合年輕有才氣的歐拉。歐拉終於在 1727 年抵達聖彼得科學院，不過當時薪水太低，他還必須在俄羅斯海軍中兼任醫官。

1730 年歐拉在丹尼爾・伯努利等人的要求下，成為數學一物理部門的一員，他終於不用在軍隊裡兼差，可以成為科學院的全職會員。1733 年，在俄羅斯過得不愉快的丹尼爾回到瑞士之後，歐拉接任他的職位，成為數學部門的資深會員。此時經濟上的改善讓他得以結婚，他總共生了 13 個孩子，但是只有 5 個沒有夭折活了下來。雖然有這麼多孩子圍繞在身邊，憑藉著他過人的集中力，並無礙於歐拉的研究與寫作工作。

在 1740 年時，歐拉已經有很高的聲譽了。他於 1738 年與 1740 年兩度獲得巴黎科學院的大獎，不過謙虛的他皆與他人同享這份榮譽。或許是過度勤奮於研究與製圖方面的工作，1738 年時他的右眼視力開始變差，幾近全盲。此時他的聲譽讓他獲得柏林科學院的職位邀請。歐拉的優先考量當然是留在聖彼得堡，不過當時政治上的動盪讓他這個外國人處境艱難，因此接受了當時普魯士帝國的腓特烈大帝 (Frederick the Great, 1712–1786) 之邀請，於 1741 年加入柏林科學院，當時的他備受禮遇，在一封寫給朋友的信中，他寫到：

> 我能做我想做的任何研究……，國王稱呼我為他的教授，我想我是全世界最快樂的人。

這種快樂的心情想必維持不久，沒多久歐拉開始承接柏林科學院中大量的工作，包括督導與觀察花園裡栽種的植物；面試人員；監督財政計畫；管理科學院經濟來源之一的各種年曆與地圖的出版；接受國王在建設實務上的諮詢；當腓特烈大帝姪女的家庭教師；處理科學院的文學與科學著作的出版等等。儘管有這麼多的工作分量，他在這段時間的科學論文著作仍是令人驚豔的豐富與卓越。在柏林科學院的 25 年間，他寫了大約 380 篇論文，出版的書籍主題包含變分法 (calculus of variations)、分析學、微積分講義、行星軌道、月球的運動、砲兵彈道學，還有船隻的建造等等，當然還有著名的 3 大冊《給德意志公主的書信：泛談物理及哲學》(*Letters to a German Princess on Diverse Subjects in Physics and Philosophy*, 1762)。

圖 21–1
歐拉 1753 年的一張肖像畫，可以看出右眼視力幾乎消失了。

1759 年時，歐拉幾乎實地的在管理整個柏林科學院，然而儘管早期受到腓特烈大帝的許多關愛，不過帝心難測，歐拉過度低調與謙遜的個性終究不受腓特烈大帝的青睞，加上後來這位國王過度干預科學院的事務，讓歐拉決定接受俄羅斯當時的統治者凱薩琳二世 (Catherine II, 1729–1796) 的邀約，於 1763 年回到聖彼得堡，然而這個決定卻讓他在晚年經歷了幾樁悲劇。回到俄羅斯沒多久，他的左眼在一場疾病之後也因為白內障而幾乎全盲，雖然後來動了手術，但是因為歐拉自己疏於照顧，沒多久兩眼視力完全消失。他悲慘的晚年命運還沒結束，1771 年歐拉的住家失火，他竭盡全力僅能救出他自己與部分的數學手稿；五年後太太去世，不過歐拉這位始終樂觀的大師還是於 70 歲的高齡再婚了。1783 年的 9 月 18 日，這一天的開始對歐拉來說沒什麼不同。早上先對他的孫子上了一會數學課；作了些有關氣球運動的計算；與他的孫女婿，也是科學院的院士討論了最新發現的天王星議題，在下午 5 點鐘時忽然腦出血，在昏迷前僅留下一句：「我要死了 (I am dying)」之後，於 7 點鐘逝世。

二、歐拉勤奮的豐碩成果

歐拉可說是數學發展史上最多產的數學家，在他漫長的職業生涯中，發表超過 500 篇研究論文，還有二十多本專書；他於 1783 年逝世之後，還留有超過 300 份的手稿，在他死後的 80 年間被隨意的印刷出版。所有歐拉的著作與手稿現在幾乎都收錄於《歐拉全集》(*Opera Omnia*, 1911) 中，這項出版計畫開始於 1911 年，由瑞士的歐拉委員會 (Euler Commission) 與出版商 Birkhauser（現為出版集團 Springer 旗下）共同執行出版。到目前為止，已出版了八十多冊，涵括的主題有純數學、力學與天文學、物理學與雜記、往來回應與手稿，最新出版的一冊為歐拉與哥德巴赫 (Christian Goldbach, 1690–1764) 之間的往來回應。全集中純數學的部分共有 29 冊（13979 頁）已出版完畢。

圖 21–2　1742 年哥德巴赫寫給歐拉的一封信，內容與哥德巴赫猜想有關

歐拉在數學領域的研究範圍包含數論、代數、組合、圖論、無窮級數、積分、橢圓積分、微分方程、變分學與幾何。在數學中還有兩個研究領域的建立要歸功於他，從理論與實際面來看，剛好是兩個極端：一個是數論，為數學分支中最純粹的一支；另一個是解析力學，它為古典數學中最應用的一支。在數論領域裡，歐拉將它從費馬時代的「休閒數學」轉變成最受重視的研究領域之一；在解析力學裡，歐拉用一組微分方程重新表示牛頓的三個運動定律，將力學變成數學分析的一部分。同時歐拉也被視為是拓樸學領域的建立者之一，他的著作《無限分析導論》(*Introductio in analysin infinitorum*, 1748) 更被視為數學分析領域的基礎。這些數學領域有些對我們的高中數學來說太過高深，關聯不大，不過我們現在使用的一些觀念與符號仍要歸功於歐拉。

我們這些現代人看到歐拉當時的著作或手稿時，想必會覺得相當有現代感，因為許多現代符號使用的第一人都是歐拉。歐拉在選擇符號時要求能清楚表達所要強調的概念。函數的概念雖然不是歐拉第一個提出來，不過他是第一個用 $f(x)$ 這樣的記號來表示函數（1734 年)；第一個用 i 代表 $\sqrt{-1}$ (1777 年)；第一個使用 π 這個字母表示圓周率，$\sum$表示連加（1755 年)；第一個用 e 代表自然對數的底（1727 年)，以及差分記號 Δy 與 $\Delta^2 y$ 等等。歐拉還是第一個將 $\sin x$、$\cos x$ 等三角數值視為函數，而不是延續從托勒密以來的弦長概念來使用。

歐拉一生著作這麼豐富，有一個很大的利多因素來自於他非凡的記憶力。記憶 100 以內的質數算是小 case，他還記得許多數的平方、3 次方、4 次方到 6 次方；他能在腦中完成極為複雜的計算，有些甚至能保持 50 位數的精確度！除此之外，他還能記得看過的講稿、詩詞，甚至在小時候曾背誦過的，在 50 年之後再度背出整首維吉爾 (Publius Vergilius Maro, Virgil, 70 B.C.–19 B.C.) 的《埃涅阿斯紀》(*Aeneis*, 19 B.C.)（這首史詩共十二卷，9896 行!）因為有這種超凡的記憶力，他才能在房子失火燒掉許多手稿之後，憑著記憶力復原大部分內容；更讓人匪夷所思與讚嘆的是，他在雙目皆失明之後，還能口述研究內容的架構與方程式給他的助理們，並在此期間完成生平近一半的著作!

三、$e^{i\pi}+1=0$

歐拉令人讚嘆的才能中，還有一項是別的數學家很難望其項背的，即是對自己研究成果的堅定信念與無與倫比的數學直覺，這兩點充分體現在他著名的無窮級數求和與本篇文章要陳述的歐拉公式上。關於

歐拉對 $\frac{1}{1^2}+\frac{1}{2^2}+\frac{1}{3^2}+\frac{1}{4^2}+\cdots+\frac{1}{n^2}+\cdots$ 這個無窮級數的求和方法（這個問題後來就被稱為巴賽爾問題），在此不多加論述，這篇文章就把焦點著重在這個許多人心中最美的數學式子 $e^{i\pi}+1=0$ 上。

首先，我們要先來談談 e 這個常數。它是自然對數的底，一般認為它的使用跟兩件事有關：複利計算與雙曲線下的面積計算。對於我們在銀行的存款，如果本金為 P，年利率 r，那麼以複利計算 t 年後的本利和 $S=P(1+r)^t$。通常銀行的計息方式都是半年結算一次，因此 t 年後的本利和就成了 $P(1+\frac{r}{2})^{2t}$。不過信用卡的循環利息就不是如此了，通常都是以日計息，此時 t 年後的本利和就成了 $P(1+\frac{r}{365})^{365t}$。從指數函數的圖形可以知道指數函數值上升的速度非常快速，那麼你有沒有想過以日計息時的本利和，跟一年才算一次的以年計息方式計算的本利和會差多少呢？舉例來說，讓我們以本金 $P=100$，年利率 $r=2\%$ 來看看 1 年後的本利和：

計息週期	計息次數 n	$\frac{r}{n}$	本利和
每年	1	0.02	102
每半年	2	0.01	102.01
每季	4	0.005	102.015
每月	12	0.00167	102.018
每日	365	0.00005479	102.02

從這個表看起來好像沒增加多少，以年計息與以日計息的本利和才差 0.02 元。當然如果你的本金相當的多，那就會有差別了，不過如果本金很少，那麼事實上計息次數的影響看來不大。

接下來我們再看看當 $r=1$，亦即利率 100% 的情形。假設本金 $P=1$，計息了 n 次（n 期）之後，本利和 $S=(1+\frac{1}{n})^n$，當 n 越來越大時，本利和分別為：

n	$(1+\frac{1}{n})^n$
1	2
5	2.48832
10	2.59374
100	2.70481
1000	2.71692
10000	2.71815
100000	2.71827
1000000	2.71828

從上表我們可以看出，當 n 越來越大，本利和好像也沒什麼增加，而且似乎都很接近 2.71828 ⋯，也就是說不管計息多少次，當期數 n 大到某一程度後，本利和就沒什麼差別了。如果我們將 $(1+\frac{1}{n})^n$ 用二項式定理展開，可得

$$(1+\frac{1}{n})^n=1+1+\frac{(1-\frac{1}{n})}{2\times 1}+\frac{(1-\frac{1}{n})(1-\frac{2}{n})}{3\times 2\times 1}+\cdots$$
$$+\frac{(1-\frac{1}{n})(1-\frac{2}{n})\cdots(1-\frac{n-1}{n})}{n!}$$

當 n 趨近於 ∞ 時，可以證明 $(1+\frac{1}{n})^n$ 的極限存在，亦即 $1+\frac{1}{1!}+\frac{1}{2!}+\frac{1}{3!}+\cdots$ 的極限存在，我們把這個極限值叫做 e，亦即 $\lim_{n\to\infty}(1+\frac{1}{n})^n=e=2.71828\cdots$。

歐拉是第一個把這個數用 e 來表示的數學家，他在一篇寫於 1727 年（直到 1862 年才出版），名為〈近期加農砲彈發射實驗之省思〉(Meditation upon Experiments made recently on the firing of Canon) 的論文中，用了 e 來表示 2.71828 ⋯ 這個數；在 1731 年的一封寫給哥德巴赫的信中，歐拉把 e 這個數定義為「雙曲線對數值等於 1 的那個數 (e denotes that number, whose hyperbolic logarithm is = 1)」❶；而 e 在出版品中首次的亮相，則是在歐拉於 1736 年出版的《力學》(*Mechanics*) 中。不過對於歐拉為何選擇 e 這個符號的原因眾說紛紜，有人認為因為 e 是指數 exponential 的第一個字母；也有人認為是因為歐拉 Euler 的第一個字母為 e，不過以歐拉低調謙虛的個性來看不太可能；還有一個比較可能的原因，據猜測因為 a, b, c, d 這幾個字母在數學中常出現，而 e 是第一個沒用到的字母。

一直到歐拉的時代，指數通常只是被當成對數的反函數來看待，本身沒有什麼存在意義，歐拉是第一個賦予指數與對數平等函數地位的數學家。在 1748 年的《無限分析導論》中，他認為數學分析主要就是在研究函數，因此試著以更精確的方式來定義函數。在本書中他將以 e 為底的指數與對數函數分別定義為

$$e^x = \lim_{n\to\infty}(1+\frac{x}{n})^n;\ \ln x = \lim_{n\to\infty} n(x^{\frac{1}{n}}-1)$$

在前面的敘述中我們已經知道

❶雙曲線 $y=\frac{1}{x}$ 在 $x=0$, $x=t$ 與 x 軸之間所圍成的面積為 $\int_0^t \frac{1}{x}dx=\log_e t$，這裡指使得面積為 1 的 t 值，此時 $t=e$。引文出自歐拉於 1731 年 11 月 25 日寫給哥德巴赫的信件，見 The Euler Archive 網站。

$$\lim_{n\to\infty}(1+\frac{1}{n})^n = 1+1+\frac{(1-\frac{1}{n})}{2\times 1}+\frac{(1-\frac{1}{n})(1-\frac{2}{n})}{3\times 2\times 1}+\cdots$$
$$+\frac{(1-\frac{1}{n})(1-\frac{2}{n})\cdots(1-\frac{n-1}{n})}{n!}+\cdots$$
$$=1+\frac{1}{1!}+\frac{1}{2!}+\frac{1}{3!}+\cdots$$

以 $\frac{x}{n}$ 取代 $\frac{1}{n}$，因此歐拉由他的指數函數定義可得到一個無窮級數：

$$e^x = \lim_{n\to\infty}(1+\frac{x}{n})^n = 1+\frac{x}{1!}+\frac{x^2}{2!}+\frac{x^3}{3!}+\cdots$$

這個式子可以證明對所有的實數 x 都收斂。接下來就是歐拉展現他驚人的數學直覺與冒險精神的地方了，歐拉他大膽地將實數的 x 用虛數 ix 來代替!! 從來沒有數學家敢這麼做，但是歐拉可能因為對他的公式有足夠的信心，以及實驗精神濃厚，才敢如此「玩」這些數學式子。在上式中他將 x 用 ix 代入後得到

$$e^{ix} = 1+\frac{ix}{1!}+\frac{(ix)^2}{2!}+\frac{(ix)^3}{3!}+\frac{(ix)^4}{4!}+\cdots$$
$$=1+ix-\frac{x^2}{2!}-\frac{ix^3}{3!}+\frac{x^4}{4!}+\cdots$$

此時歐拉又做了一件「輕率」的事，他將這個無窮級數的實數項與虛數項換了順序!! 在一個無窮級數中，一般是不能這樣做的，可能會把無窮級數的和改變。但是在歐拉那個時代，大家對這一點還不完全清楚，他秉持著實驗精神就試試吧，不過也應該說他的運氣好，沒有把他引導到錯誤的地方。因為這樣，

$$e^{ix} = (1-\frac{x^2}{2!}+\frac{x^4}{4!}-\frac{x^6}{6!}+\cdots)+i(x-\frac{x^3}{3!}+\frac{x^5}{5!}-\frac{x^7}{7!}+\cdots)$$

藉由微積分以及泰勒展開式的作用，在歐拉那個年代已經知道

$$\cos x = 1 - \frac{x^2}{2!} + \frac{x^4}{4!} - \frac{x^6}{6!} + \cdots,\ \sin x = x - \frac{x^3}{3!} + \frac{x^5}{5!} - \frac{x^7}{7!} + \cdots$$

因此 $e^{ix} = \cos x + i\sin x$。再將 x 以 π 代入，移項後即可得到 $e^{i\pi} + 1 = 0$。

著名的數學普及作家毛爾 (Eli Maor, 1973–) 在《毛起來說 e》(*e : The Story of a Number*) 這本書中，引用一本 1940 年出版的書籍《數學與想像》(*Mathematics and the Imagination*) 中的一段話來形容這個式子：

> 歐拉把棣美弗的一項發明，導成一個有名的公式：$e^{i\pi} + 1 = 0$，這可能是所有公式當中最精簡又最有名的一個了……不管神祕主義者、科學家、哲學家和數學家，都對它引起高度的興趣。

這段話恰好地說明了 e 所引起的關注面向。這個式子之所以會讓許多的數學家讚嘆不已，首先在於 $e^{ix} = \cos x + i\sin x$ 這個式子將指數函數與三角函數關聯了起來，由這個式子可以得出正餘弦函數的另一種表徵形式：

$$\cos x = \frac{e^{ix} + e^{-ix}}{2},\ \sin x = \frac{e^{ix} - e^{-ix}}{2}$$

從而得出以前意想不到的結果。再者 $e^{i\pi} + 1 = 0$ 這個式子中，將數學中最重要的 5 個常數：1, 0, i, π, e，以 3 個最重要的數學運算：加法、乘法與指數運算連結在一起；這 5 個常數又分別代表了數學重要的四個分支：算術 (1, 0)、代數 (i)、幾何 (π) 與分析 (e)，這個式子簡直就是數學這個學科的綜合體現啊。

這種種的數學意涵讓許多人想從這個式子中尋找神祕意義，還不是只有數學家而已。2003 年，一位生態恐怖分子在美國洛杉磯攻擊多家汽車經銷商，許多公然的破壞行為中，包括在一輛越野車上寫著 $e^{i\pi}+1=0$ 這個式子。依照這條線索，聯邦調查局逮捕了一名加州理工學院理論物理系的研究生，這條式子成了定罪的證據之一。我們再跨到另一個領域來看看。日本著名的作家，也是芥川獎得主的小川洋子，在 2004 年出版廣受歡迎的小說《博士熱愛的算式》，在本書中即是以 $e^{i\pi}+1=0$ 這個式子為表徵，來展現數學之美與主角博士對數學的熱愛。書中幾段對這個式子的形容，將文學與數學之美巧妙的結合在一起，值得讓人玩味再三，正好也為這篇文章做個結尾，現在就讓我們一起靜心地來欣賞這個最美的數學式子 $e^{i\pi}+1=0$：

……永無止境地循環下去的數字，和讓人難以捉摸的虛數畫出簡潔的軌跡，在某一點落地。雖然沒有圓的出現，但來自宇宙的 π 飄然地來到 e 的身旁，和害羞的 i 握著手。他們的身體緊緊地靠在一起，屏住呼吸，但有人加了 1 以後，世界就毫無預警地發生了巨大的變化。一切都歸於 0。

……歐拉公式就像是暗夜中閃現的一道流星；也像是刻在漆黑的洞窟裡的一行詩句。我被這個公式的美深深地打動了，再度將紙條放進票夾。

篇 22

關於無窮的問題 I
——芝諾悖論

高一與高二階段的數學內容都在有限的範圍內，高三為了微積分學習才第一次接觸到無窮。不管是無限大或是無窮小，無窮的思考方式總是與有限有那麼一點不同，而這一點不同很早就被數學家意識到了，到底無窮會有什麼問題產生呢？我們先從神話中的大力士阿基里斯追烏龜的故事說起。

在現行的高中數學課程規劃中，學生要到高三進入微積分課程之後才會開始接觸到「無窮 (infinity)」的觀念。然而無窮在整個數學知識體系上的地位卻是至關重大，甚至有一些觀點認為「數學就是研究無窮的科學」，學生在這一階段的學習若無法跨過無窮這一關，將數學觀念適當地從有限跨越到無限的領域，他（她）將無法接受更進一步的數學學習與知識。我在接下來的幾篇文章中，會先從數學史的角度一步步地簡單釐清一些與無窮有關的問題；接著再帶領讀者們經歷與體會在微積分發展初期所面對的問題，以及幾個數學家的解決策略，希望讓讀者們對微積分所呈現出來的樣貌有更深一層的體會與欣賞。

一、連續變動或是粒子組成

西元前五世紀早期，古希臘的哲學家在觀察大自然的循環與變化時，想要從古代神話之外的觀點來了解、解釋自然世界的變化。他們感興趣的問題像是：人類的感官知覺是否可靠、外在世界的變化是否會對人類的感官造成誤導、世界由什麼組成、人類怎麼認識世界等等問題。首先提出這些問題的哲學家為赫拉克利特 (Heraclitus, 540 B.C.–480 B.C.) 與巴門尼德（Parmenides of Elea，約 515 B.C.–440 B.C.)。赫拉克利特認為世界是持續變化的，萬事萬物都可能是變化的主角，他最著名的一句話即是：「我們不可能經過同一條河流兩次」。而巴門尼德則認為變化是不可能的，世界上沒有真正的變化。他堅持只有理性才是可信任的，感官知覺並不可靠，又容易造成誤導。同時，他也認為，萬事萬物不可能來自於虛無，必須要有某一種物質 (the One) 的存在。

圖 22–1
1477 年的義大利壁畫：哭泣的赫拉克利特與笑著的德謨克利特。

到了西元前五世紀後期，哲學家們主要分成兩派，一派擁護巴門尼德的觀點，另一派即持反對的態度。從赫拉克利特與巴門尼德的對話中，引申出來的問題便是：萬物的組成元素是什麼？在這其中有二個極端的觀點，阿納克薩哥拉（Anaxagoras of Clazomenae，約 510 B.C.–428 B.C.）認為大自然是由無數肉眼看不見的微小粒子組成，所有的事物都可以分割成更小的部分。而原子論開山始祖德謨克利特（Democritus，約 460 B.C.–370 B.C.）認為每一種事物皆由微小的、不可能再分割的基本單位構成，事實上，原子 (atom) 這個字的本意即是「不可分割的」。支持巴門尼德觀點的人中最重要的人物，當屬巴門尼德的學生，依利亞的芝諾（Zeno of Elea，約 490 B.C.–430 B.C.）。芝諾為了替巴門尼德的 “the One” 這種觀點辯護，聲稱變化、運動的不可能，他以四個悖論，針對這兩派的觀點以及他們所提出的辯解進行攻擊。所謂的「悖論 (paradox)」指邏輯推論上沒有問題，但是違反直觀的論證。前二個悖論針對的是事物可以無限分割 (*ad infinitum*) 這一觀點；後二個悖論，則針對事物有最小的不可分割單位的觀點。這四個悖論結果，都成了運動是不可能的「證明」。它們也是西方世界很長一段時間避談無窮，選擇以迂迴方式處理無窮問題的「罪魁禍首」之一。

圖 22-2 現存於在馬德里某間大學裡的壁畫：芝諾為年輕學者們展現通往真實與虛假之門，畫於 1588–1595 年。

二、芝諾悖論

有關芝諾的這四個悖論，芝諾本人並沒有清楚的著作或文獻流傳下來，目前我們只能從亞里斯多德在他的著作中所提及的得知芝諾四個悖論的部分內容：

第一個悖論稱為「二分悖論」(Dichotomy)：

運動是不可能的。因為在到達另一邊的端點前，必須先經過路徑的中點。

There is no motion because that which is moved must arrive at the middle (of its course) before it arrives at the end.

第二個悖論稱為「阿基里斯悖論」(Achilles)：

較慢者絕不會被較快者追趕過去。因為追趕者必須經過在前頭跑者經過的每一點。所以較慢者一定在較快者的某一段距離之前。

This asserts that the slower when running will never be overtaken by the quicker; for that which is pursuing must first reach the point from which that which is fleeing started, so that the slower must necessarily always be some distance ahead.

第三個悖論為「箭矢悖論」(Arrow)：

如果每一個物體當它占據與自己相同空間時，不是靜止不動就是在運動中，然而，在一瞬間物體已經運動完成，所以飛矢不動。
If everything is either at rest or in moving when it occupies a space equal (to itself), while the object moved is always in the instant (in the now), the moving arrow is unmoved.

第四個悖論為「運動場悖論」(Stadium)：

第四個悖論關於兩列由相同大小相同數目的物體所組成的運動體，以相同的速度，相反的方向經過彼此。一列從路徑的端點，一列從中點出發。結果是時間與它的一半相等。
The fourth is the argument concerning the two rows of bodies each composed of an equal number of bodies of equal size, which pass one another on a race-course as they proceed with equal velocity in opposite directions, one row starting from the end of the course and the other from the middle. This involves the conclusion that half a given time is equal to its double.

就希臘數學史大師希斯 (Thomas L. Heath, 1861–1940) 對這四個悖論的觀察，他認為它們剛好形成一個非常有趣且有系統的對稱性。第一個和第四個是關於有限空間的運動，而第二個和第三個之運動長度是不定的。第一個和第三個的運動個體只有一個，第二個和第四個則比較兩個物體的運動，說明了相對運動與絕對運動同樣的不可能。第一個和第二個悖論以空間的連續性，而不管時間是否連續來說明運動的不可能，第三個和第四個則以時間來說明。

在第一個與第二個悖論中，芝諾主打的觀點為空間是連續的，因此在每一個點之後都還有另一個點。亞里斯多德認為前二個悖論的謬誤，在於芝諾沒有體認到時間與空間一樣是可以無窮分割的。然而，數學史家希斯卻認為芝諾其實了解時間與空間同樣可以是無窮分割的。讓我們以現代的術語來解釋，這兩個悖論其實很容易用無窮級數求和以及極限的觀念來反駁，例如，第一個悖論中，用 $\frac{1}{2}+\frac{1}{4}+\frac{1}{8}+\cdots=1$ 即可證明這個悖論的錯誤；在「阿基里斯悖論」中，只要假設雙方速度，就很容易說明，甚至計算阿基里斯何時超越烏龜。因此，希斯認為這兩個悖論的重點不在於「何時」，而在於「如何」。芝諾的論述在「二分悖論」的無窮分割假設中，認為絕對沒有辦法達到所謂的「極限」；而在「阿基里斯悖論」中，認為雖然相隔的距離逐漸縮短，卻也絕對不會消失。換言之，「如何」達到這一點，才是這兩個悖論的重點所在，如何說明贊同他的論點，或如何反駁他的論點，到達終點或超越較慢者。

第三個悖論我們用個簡單一點的例子來說明。想像一下動畫的連續動作，它是由許多有微小差異的影格快速連續地變換所形成的，雖然動畫中的影像看起來在動，可是每一個影格都是靜止的。這個悖論的觀點就是如此，每一個「瞬間」就是一個影格，因此在這個瞬間那支箭是不動的。針對第三個悖論，亞里斯多德認為：只要不接受這個悖論的假設，即時間有最小的不可分割的單位（瞬間）即可。而在評論第四個運動場悖論時，亞里斯多德先以下面的方式解釋芝諾的想法：有三列相同數目相同大小的物體，排列如下，

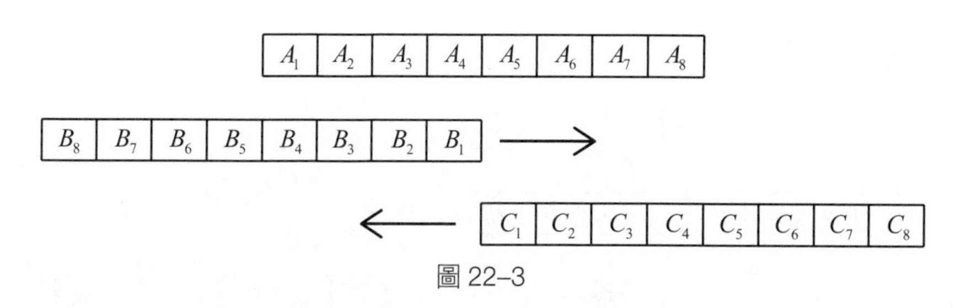

圖 22–3

一列靜止，另兩列在中間的地方以相同的速度，朝相反的方向前進，同時到達三列並排，如圖 22–4。

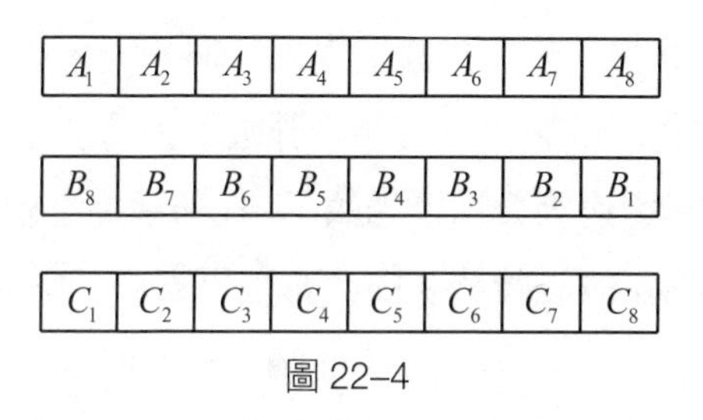

圖 22–4

就 B_1 而言，從 A_5 到 A_8，所以，這個運動時刻，經過四塊區域；但是就 C_1 而言，從 B_1 到 B_8，所以，在這個運動時刻經過八塊區域。但是，由於每一塊相同大小，相同速度，又是在相同時刻，所以，就 C_1 而言，經過八塊區域的這個瞬間，等於 B_1 經過四塊區域的瞬間。亞里斯多德認為芝諾沒有意識到相對運動的不同，才會有「一個瞬間和它的一半相同」這樣的結論。

希斯認為這樣解釋芝諾的想法並不容易取信於人，應該有更好的解釋才是。他採用了下列的說法來解釋芝諾的意思：在 B 列和 C 列以相反的方向經過彼此，在互相經過一整個區域的這個不可分割的瞬間時，一定有一個「瞬間」是互相交錯的（只過一半，如圖 22–5），但是這個「瞬間」就已是最不可分割的單位了，也就是說，得到芝諾的結論「一個瞬間和它的一半相同」。你認為合理嗎？你接受嗎？

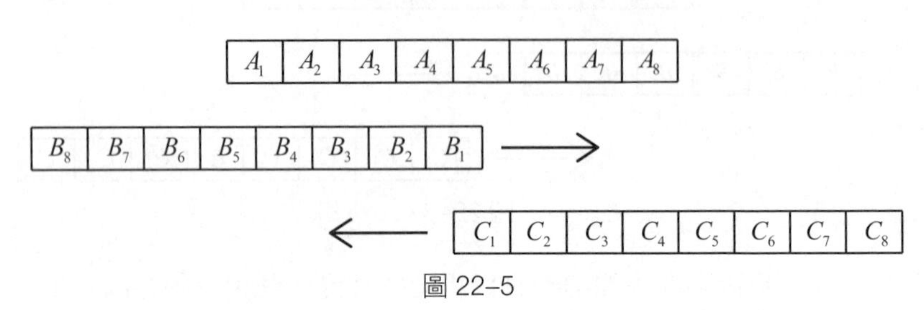

圖 22–5

古希臘的數學家們通常都還有另一個身分就是哲學家，因此他們在思考數學時，會加入如何認識世界以及個人內在感官思維如何運作等議題，也因為這樣的思辨方式讓希臘數學家們意識到無窮這個觀念產生的問題，不過卻也因為思辨過頭了，在無法完全釐清時選擇迴避。芝諾的這四個悖論，讓以後許多的西方數學家們，不再輕易相信直覺，對無窮這個概念，更是不敢輕易去碰觸，譬如亞里斯多德拒絕實在無窮的存在；阿基米德使用麻煩的窮舉法以及邏輯上較為嚴謹的歸謬證法來證明圓面積公式；甚至偉大數學家如高斯都認為使用到「無限(無窮)」在數學證明上是不被承認的，他認為只要「有限的人類」(Finite Man) 不將無限當成是某一種固定的東西來看，就不會有矛盾產生。這種對無窮的模糊不清的說法，一直要到康托 (G. F. L. P. Cantor, 1845–1918) 的集合論出現後，才陸續被完整的、清楚地澄清，之後數學家們才能在理論上無畏懼地、理直氣壯地接受與使用，並藉以發展更精進的數學知識。然而這種與直觀不合的心理矛盾並不是那麼容易去除的，要經歷數百年的爭執衝突，身心折磨之後，數學家們才能稍微心安一點地擺脫無限帶來的危機。

篇 23

關於無窮的問題 II
——潛在無窮與實在無窮

上一篇文章中的芝諾悖論害得數學家從此不再輕言無窮，甚至能避則避。然而總有必須用到的時候，譬如「質數無窮多」、「圓形面積」的證明等，且看古時候的數學家如何巧妙地避免使用無窮的概念與字眼，來證明這兩個問題。

我們生存的世界到底是什麼樣的結構? 當我們分割一個物體時,可以一直無窮無盡的細分下去? 還是分割到最後有最小不可分割的組成分子? 一直以來這個問題就不僅是哲學問題,同樣也是個數學問題。平面是由什麼構成? 立體又是由什麼構成? 時間有最小瞬間嗎? 這些問題的釐清關係著微積分的發明與應用;講得遠一點,還與現代世界的樣貌形塑息息相關。我們這篇文章先從問題的根源——無窮說起。

一、《幾何原本》的範例

在上一篇文章中,我們看了芝諾這個搗蛋鬼提出的 4 個悖論,對連續論那一派的說法與原子論那一派的說法通通打臉。亞里斯多德也許是感受到了芝諾悖論為無窮帶來的矛盾,在試圖避免矛盾的前提下,為了反對「實在無窮 (actual infinity)」的想法而提出所謂「潛在無窮 (potential infinity)」的概念。所謂「潛在無窮」,指的是「可以一直作下去」的一個過程,例如可以將一個線段的兩端一直延續下去;或是自然數可以一直加 1 得到下一個,這樣一直作下去,不會有所謂的「盡頭」,這樣的一個可無窮延伸的過程就是潛在無窮。而「實在無窮」則是一個整體的存在,例如自然數的全體即是實在無窮。亞里斯多德認為沒有所謂的實在無窮,亦即他不把所有自然數當成一個整體(一個數學物件)來看待,而是看成當有一個有限個數的自然數集合時,一定可以找到一個比它個數更多的有限集合。亞里斯多德在他的《物理學》(*Physics*) 第三卷中談到否定實在無窮的存在而僅使用潛在無窮對數學家來說沒什麼困難,他說:

在增加的方向 (in the direction of increase)，以無法橫越 (untransversable) 的意義來否定實際無窮的存在，這樣的解釋並不會掠奪掉數學家對他們學科的研究。事實上，他們並不需要無窮也不使用它，他們只要假設 (postulate) 一條直線可以如他們想要的延長即可。

圖 23–1
法蘭西斯科・海耶茲 (Francesco Hayez) 於 1811 年所畫的亞里斯多德畫像

亞里斯多德對潛在無窮的堅持，經過歐幾里得《幾何原本》的加持，成為一座堅不可摧的高牆，聳立在數學家的跟前長達千年。《幾何原本》這本書所建構出的論述體系，從公理、公設與定義出發，發展環環相扣、具有強烈邏輯論述順序的命題，它告訴後世的數學家們，想要確保你的數學理論成為真理，在邏輯上沒有一絲一毫可受挑剔之處，那麼就要遵循《幾何原本》所規範的一切。《幾何原本》定義了何謂點與線：

定義 1　點沒有部分。(A point is that which has no part.)

定義 2　線沒有寬度。(A line is breadthless length.)

並且在定義平行線時仔細地告訴我們直線可以在兩端「不確定地(indefinitely)」延伸，而不是如我們現在大膽使用的「無限延伸」這樣的字眼。

《幾何原本》中給了許多範本，告訴數學家在做關於無窮的證明時，如何規避這個惱人的概念或字眼。譬如第九卷的第 20 個命題：

> 質數個數比任意給定的數量還要多。(Prime numbers are more than any assigned multitude of prime numbers.)

歐幾里得遵循亞里斯多德的信念，沒有使用現代更通俗的「質數有無限多個」的說法，也因為這樣的命題形式，讓歐幾里得可以採用符合命題形式的證明策略，他先假設給定的質數為 A、B、C，然後再由 A、B、C 造出另一個質數，證明了質數的數量比 A、B、C 還要多。雖然這個命題等同於質數個數無限多，不過《幾何原本》這裡採用的卻是一種潛在無窮的觀點，由給定的個數數量，「造出」更大的數量。

圖 23–2
《幾何原本》第一本英文版本的扉頁，1570 年

再舉《幾何原本》中的另一個例證來看，歐幾里得在第十二卷第二個命題安排了有關圓面積公式的「性質」。事實上由於圓是個曲線圖形，在沒有微積分的年代，想利用直線形計算曲線形的圓面積就一定要處理無窮分割的問題。因此《幾何原本》在此命題的形式上並不是直接給出公式，而是用比例來說明面積：「圓的比等於直徑上正方形的比」，也就是說圓面積比等於直徑的平方比。歐幾里得在這個命題中使用的證明方式稱為窮盡法 (exhaustion)，這個是他的前輩歐多克斯發明與使用的方法。此證法的核心在於以兩次歸謬證明大於小於皆不成立（因為三一律的關係，因此就可得到等於會成立的結果），以及在證明的過程中運用圓內接與外切正多邊形，從正四邊形出發，然後將邊長分割成正八邊形、正十六邊形……，以一個接一個分割的方式一直細分來接近圓面積，如此直到某個會產生矛盾的邊長為止（與下面將提到的阿基米德使用的方法類似，詳見下述）。這種方法用了二次歸謬以及潛在無窮的程序性分割動作以避免無窮帶來的爭議。

二、阿基米德的窮盡法

古希臘這種對證明嚴謹要求的態度，與處理關於無窮問題的技巧，影響了阿基米德的證明風格。儘管最近的一些研究發現阿基米德在面對無窮時的態度較亞里斯多德與歐幾里得寬鬆許多，甚至有使用實在無窮的跡象，然而他在證明圓面積公式與拋物線弓形面積時依然使用了不會引起爭議的窮盡法。阿基米德《圓的度量》（*Measurement of a Circle*，約 250 B.C.）這本書的命題 1 為：

任一圓的面積等於以該圓的半徑和周長為兩直角邊的直角三角形面積。

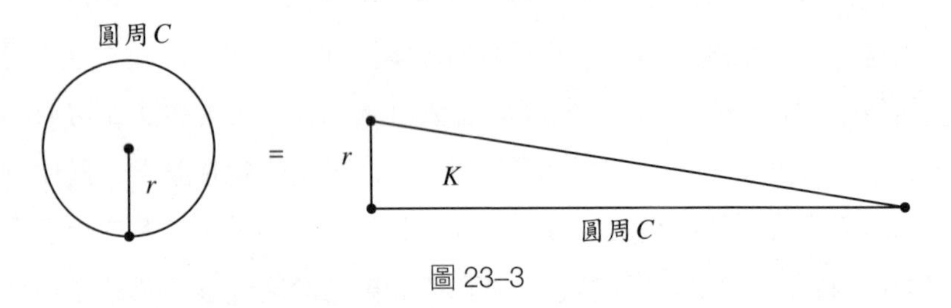

圖 23–3

其證明過程大概如下:

設 $ABCD$ 是給定的圓，K 是所述的三角形面積。

如果圓面積不等於 K，那麼它一定大於或小於 K。

(1)假設圓面積大於 K:

作圓內接正四邊形、正八邊形、正十六邊形……等等，邊數愈多，正多邊形的面積就愈接近圓的面積，一直到一個圓內接正 n 多邊形的面積介於 K 與圓面積之間，即

$K <$ 圓內接正 n 邊形面積 $<$ 圓面積

設 AE 為正 n 邊形的任一邊，ON 為引自圓心 O 垂直於 AE 的垂線（如圖 23–4 (a)），

正 n 邊形面積 $= \frac{1}{2} ON \cdot AE \cdot n = \frac{1}{2} ON \cdot$ (正 n 邊形周長)

其中 ON 小於圓的半徑 r，又正 n 邊形的周長又小於圓周長 C，所以正 n 邊形面積 $= \frac{1}{2} ON \cdot$ (正 n 邊形周長) $< \frac{1}{2} \cdot r \cdot C = K$

所以正 n 邊形面積小於 K，這與前面的結果矛盾。

故圓面積不能大於 K。

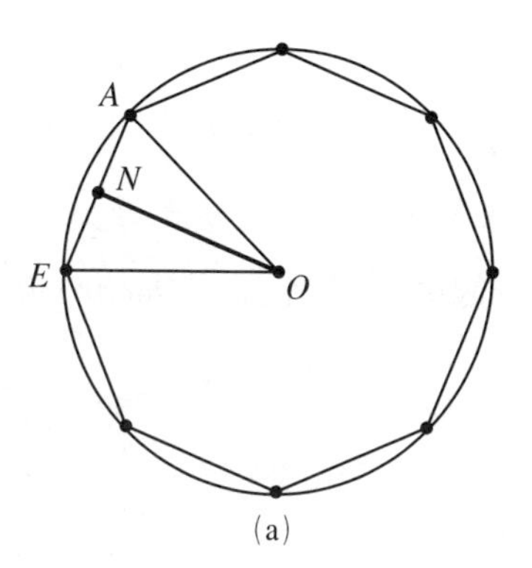

(a)

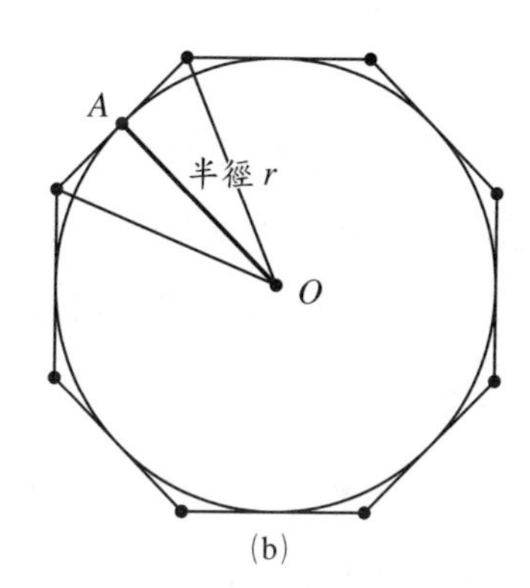

(b)

圖 23–4

(2)假設圓面積小於 K：

我們可以從圓外切正四邊形開始，繼續作圓外切正八邊形、正十六邊形……等等，一直到圓外切正 n 邊形的面積介於圓面積與 K 之間[1]，即

圓面積 < 圓外切正 n 邊形面積 < K

因為引自 O 垂直於外切正 n 邊形任一邊的垂線 OA 等於圓的半徑（見圖 23–4 (b)），

$$\text{外切正 } n \text{ 邊形的面積} = \frac{1}{2} \times r \times \text{邊長} \times n$$

$$= \frac{1}{2} \times r \times (\text{外切正 } n \text{ 邊形周長})$$

而外切正 n 邊形的周長大於圓周長，由此可得，

$$\text{外切正 } n \text{ 邊形} = \frac{1}{2} \times r \times (\text{外切正 } n \text{ 邊形周長}) > \frac{1}{2} \times r \times C = K$$

即外切正 n 邊形的面積大於三角形面積 K，與假設矛盾，這是不可能的。

[1] 這裡的證明過程為便於理解，與阿基米德的證法稍有差異，不過本質與方法不變。

因此圓面積不小於 K。

由於圓面積既不大於 K，也不小於 K，所以二者相等。

阿基米德的這個證明方式與《幾何原本》中使用的方法本質上是一樣的。同樣的證明策略也出現在《拋物線圖形求積法》(*Quadrature of the Parabola*) 的命題 24：

> 每一個由拋物線和弦 Qq 所圍成的弓形 (segment) 等於與此弓形同底等高的三角形的 $\frac{4}{3}$。

儘管有前面命題中的級數和做鋪陳，證明核心也是相同的窮盡法。

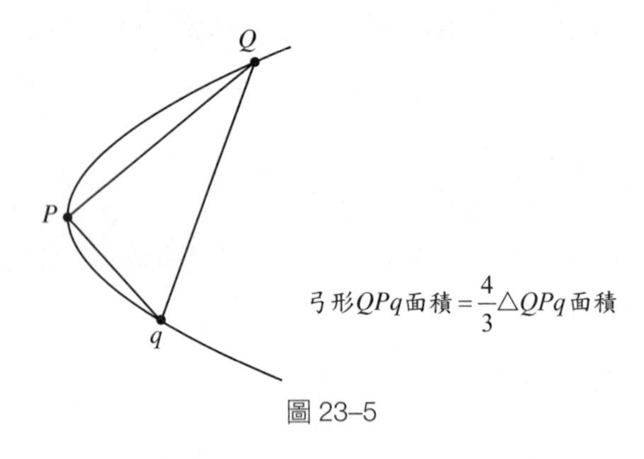

圖 23–5

亞里斯多德以潛在無窮的方式看待無窮的這種信念，因為與我們的感官直覺不會產生矛盾，因此易於讓學習者信服與接受，再隨著《幾何原本》在歐洲數學教育上受到的重視而主導著歐洲數學家們的思維方式，直到十七世紀才有不同的聲音出現來挑戰亞里斯多德與歐幾里得共同建立起的權威。儘管經過了那麼長的一段發展過程，潛在無窮的直觀方式往往還是在第一時間主導著我們的感官。

圖 23–6
1620 年 Domenico Fetti 所畫的油畫《沉思的阿基米德》。

三、0.99999 ⋯ 等於 1 嗎?

舉例來說，最明顯的一個例子就是循環小數。學生在學習循環小數時，常在選擇題中碰到型如「$0.\overline{9}=1$」的判斷真假問題。這個問題就如同芝諾悖論一樣讓人覺得似是而非，無法讓人確實的信服。有許多人直觀的反應是「$0.\overline{9}<1$」，他們會形成這樣的印象大概可以歸納成幾個原因：

(1)最簡單的質疑意見來自於數字比大小的根深蒂固觀念，因為不管 0.99999 ⋯ 後面的「⋯」有多少個，都是零點多，一定比 1 還要小。

(2)在無窮等比級數的單元中，我們學習利用無窮等比級數的求和，將循環小數化為分數，而

$$0.9999\cdots=\frac{9}{10}+\frac{9}{10^2}+\frac{9}{10^3}+\cdots$$

此無窮等比級數的和為 $\dfrac{\frac{9}{10}}{1-\frac{1}{10}}=1$。雖說它的「和」是 1，但是大家都知道這個公式實際上是一個取極限的過程，它來自於 $\lim\limits_{n\to\infty}\dfrac{\frac{9}{10}(1-(\frac{1}{10})^n)}{1-\frac{1}{10}}$，所以 1 是 $0.999\cdots$ 的極限值，$0.999\cdots$ 並不等於 1。

(3)有些人在將循環小數化成分數時，用的是乘以 10 的次方將其進位的方法，例如令 $x=0.999\cdots$，兩邊同乘以 10，得到 $10x=9.999\cdots=9+0.999\cdots=9+x$，兩邊同時消去 x，所以 $9x=9$，即 $x=1$。不過在這個過程中，卻也讓人質疑 x 是否可以消去？因為若 x 消去後，得到 $9x$，但是 $x=0.999\cdots$，乘以 9 以後，得到的應該是 $8.999\cdots$，且最後一位數字（如果有的話）應該是 1，當然不會等於 9，所以 $0.999\cdots$ 並不等於 1。

$0.\overline{9}$ 是否等於 1 的這個問題，追根究底就是「實在無窮」與「潛在無窮」的兩派看法。前面的幾個原因基本上都是將 $0.\overline{9}=0.9999\cdots$ 當成潛在無窮來看待，將後面的「⋯」看成一個「過程」，所以可以一直寫下 9，雖然要多少個就可以寫下多少個，但還是 9 這個數字，當然 $0.999\cdots$ 不等於 1。事實上我們須把 $0.\overline{9}$ 看成一整個實體，亦即它是個「實在無窮」的數，如同 $\sqrt{2}$ 一般的一個數。我們都同意 $\sqrt{2}$ 是一個

數，而且這個數還是一個無窮小數，等於 1.41415 ⋯，不管此小數後面的「⋯」有多少個數字，又是什麼樣的數字，$\sqrt{2} = 1.41415\cdots$。而數字 1 就和 $\sqrt{2}$ 一樣，1 這個數的另一個無窮小數的表示法就是 $0.\overline{9} = 0.999\cdots$, $0.\overline{9} = 1$。

當我們將一個長度為 1 的線段一直細分，分到最後會得到什麼？再換個形式問，線段是由什麼所構成的？平面圖形呢？立體呢？這些問題同樣有兩派不同的看法：平面是由線的連續移動而形成？還是由在平面上的所有直線所組成？同樣的，一個立體圖形是由平面的連續移動構成？還是立體中所有的平面所構成？這樣的問題形式同樣是潛在無窮與實在無窮問題的延伸。如果立體由它上面的所有平面所構成，平面是最小的不可分量 (indivisible)，因此由無限多個平面構成有限體積量的立體。然而這個不可分量的平面有沒有厚度？如果如《幾何原本》告訴我們的平面沒有厚度（厚度 = 0），那麼 0 乘以無限多還是 0 啊，怎麼形成一個有體積量的立體？但是如果平面有厚度，不管它多小，乘以無限大之後應該就不會是個有限的數量啊？數學的發展進入十七世紀後，數學家們尋求面積與體積的計算方法時，迎來了這個看似矛盾的問題。對不可分量與無窮小量的看法與解決之道，成了微積分發展至關重大的核心議題。然而事情並不像我們這些愍人所想的那麼簡單，我們下一篇文章再繼續看下去。

篇 24

關於無窮的問題Ⅲ
——不可分量與無窮小量

當數學發展到不得不考慮無窮問題時，是什麼樣的天才用了什麼樣巧妙的方式來處理無窮小量的問題呢？故事開幕的舞臺在十七世紀的義大利，幾位天才數學家在宗教權力迫害下，不畏強權地堅持以他們的信念在推廣著不可分量法，也因為他們的堅持，讓微積分這一重要學科得以生根茁壯。

在時間巨輪的輾壓之後，隨著時代潮流的帶動，許多當時堅持的信念已不再堅不可摧。很長一段時間數學家堅持著古希臘的幾何傳統，對於無窮的問題要嘛避而不談，要嘛迂迴處理。然而隨著工業技術與科學研究的發展和需求，一些問題的產生讓數學家們不得不正面迎向挑戰，有些數學家選擇用一種較為鬆綁開放的心態面對無窮，才得以讓數學的發展迎來新的嫩芽。十六世紀哥白尼《天體運行論》出版之後所點燃的天文學革命，慢慢擴展到數學與科學研究的各個層面，當時產生的許多問題都與連續還有極微小的變化量有關。譬如以求瞬間速度為例，當物體以變速運動時，每一瞬間此物體都有一個瞬時速度，但是若用平均速度的求法來看，此時移動距離是 0，所花的時間也是 0，而 $\frac{0}{0}$ 是無意義的。因此，在處理上必須讓此時的變量時間有一段極微小的變化（即微小的時間間隔，無窮小量），藉此來討論運動體在這一點左右的平均速度變化率。研究無窮小量需要把目光焦點集中在幾何圖形或曲線上，並且一直拉近 (zoom in) 去觀察或選擇極微小的量，此時我們會看到什麼？不可分量的用法與解釋因此從古希臘的原子論中脫胎換骨再次重生。

一、伽利略論自由落體的距離

自古希臘與芝諾的年代以來，連續統 (Continuum) 的問題就讓數學家頭痛不已。連續統這個概念簡單地說就是一個物體從一種狀態逐漸地、沒有突兀地轉換成另一種狀態。就數學概念而言，像是討論實數的連續變動，或是直線、平面與立體的構成形態等等，籠統一點都是連續統概念的討論範圍。當我們將一個長度為 1 的線段一直細分，分到最後會得到什麼？換個形式問，線段是由什麼所構成的？平面圖形呢？立體呢？這些問題通常有兩種不同的看法：一種採取連續變動的程序性看法，像是認為平面是由線的連續移動而形成；另一種以不可分量的整體來看待，認為平面由在其上的所有直線段所組成。這個議題的熱度在進入十七世紀後又開始重燃。

此議題再爭論的開端始於十七世紀初義大利的伽利略 (Galileo Galilei, 1564–1642)。伽利略對不可分量的態度與看法，可以在他的兩本重要著作中一窺究竟，第一本就是讓他受到宗教裁判所審判問罪的著名書籍《關於托勒密和哥白尼兩大世界體系的對話》以及《兩種新科學的對話錄》，通常簡稱為《對話錄》。這兩本書均以三位主角的對話形式寫成，其中薩維亞提 (Salviati) 是伽利略的代言者，辛普里西歐 (Simplicio) 是過時的亞里斯多德學派代表，擔任批評者的角色；另外還有通常都贊同薩維亞提觀點的睿智仲裁者沙格雷多 (Sagredo)。

圖 24–1 朱斯托・蘇斯泰曼斯 (Justus Suttermans) 所作的伽利略肖像畫，1636 年

DISCORSI
E
DIMOSTRAZIONI
MATEMATICHE,
intorno à due nuoue scienze
Attenenti alla
MECANICA & I MOVIMENTI LOCALI,
del Signor
GALILEO GALILEI LINCEO,
Filosofo e Matematico primario del Serenissimo
Grand Duca di Toscana.
Con vna Appendice del centro di grauità d'alcuni Solidi.

IN LEIDA,
Appresso gli Elsevirii. M. D. C. XXXVIII.

圖 24–2 1638 年的《對話錄》扉頁

在《對話錄》四天的對話裡，最初他們討論了關於凝聚力問題：什麼東西讓物體結合在一起？阻止物體因外力而解體的東西又是什麼？薩維亞提以繩索為例，繩索由數量龐大的線纏繞而成，而讓它們結合的力量就是「對虛無的恐懼 (horror of vacuum)」。因為大自然厭惡虛無，因此我們難以將表面平滑的一塊石頭或金屬片分開。然而一塊石頭或一塊金屬片是由無限數量的無窮小原子所構成，這些無窮小的原子已不可再細分，這些無窮小的原子也就是之後由卡瓦列里 (Bonaventura Francesco Cavalieri, 1598–1647) 命名的「不可分量」；將這些構成原子分開就會有無限數量的無窮小虛無空間，正是這些虛無空間讓物質得以凝聚在一起。這個看起來近似狡辯的原理連伽利略自己也覺得難以理解，他說「我們懵懂無知地滑進了什麼樣的海洋啊!」、「有了虛無、無限大與不可分量……，就算經過上千次的討論，我們真的有機會能抵達乾爽的陸地嗎?」不過他還是將這個原理推廣延伸到極致，得出一個大膽且革命性的結論：一條連續的線是由無限數量的極小虛無空間所隔開的無限數量不可再細分的小點所構成。這個結論提出一個新的數學概念，亦即連續量都是由絕對不能再分割的原子(不可分量）所構成。

儘管伽利略支持不可分量與無窮小量的概念，他在以數學這個語言來描述自然世界的原理時卻僅有一次用到這個概念。伽利略藉由薩維亞提之口在《對話錄》第三天的定理 1（命題 1）中提到關於做等加速運動的自由落體之移動距離。假若一個物體一開始靜止於 C 點，做等加速度運動落到 D 點，線段 AB 代表此物體從 C 落到 D 的時間，並以垂直於 AB 的一個線段 BE 代表落至 D 點的最大速度；連接 AE，在 AB 間等距地畫出平行 BE 的線段，以表示從時刻 A 之後某個時刻的速度。又 F 為 EB 的中點，作 FG 平行 BA，GA 平行 FB，因此得到一平行四邊形 $AGFB$（事實上為矩形），其面積等於 $\triangle AEB$。為什麼面積會相等呢？伽利略的解釋就是重點所在了。他說若 GF 平分 AE 於 I 點，將 $\triangle AEB$ 中的平行線都延長到 GI，因為在 $\triangle IEF$ 中的平行線等於在 $\triangle GIA$ 中的平行線，再加上共同的梯形 $AIFB$，因此在矩形 $AGFB$ 內所有平行線的總和，等於所有在三角形 AEB 中所有平行線的總和。而在時間區間 AB 中的每一個時刻，都對應到線段 AB 上的一個點，從這些點畫出去的平行線代表每一時刻的速度，因此三角形 AEB 的面積代表作等加速度運動物體移動的總距離，而長方形面積則代表以最大速度一半作等速運動所移動的總距離，兩者相等。

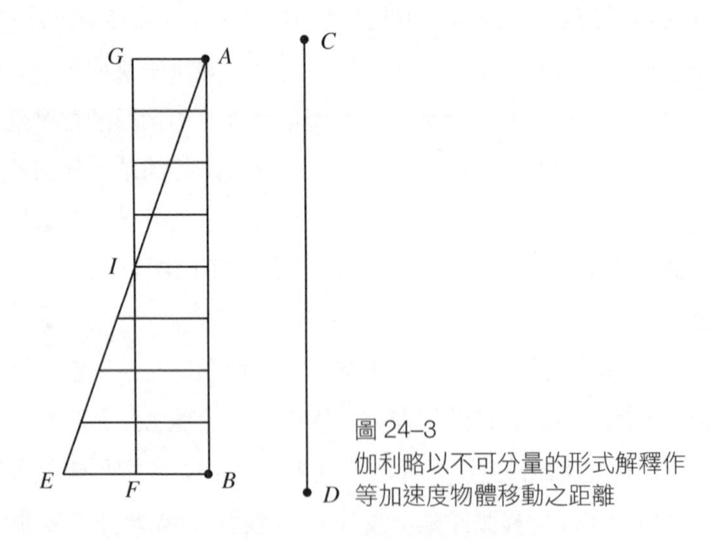

圖 24–3
伽利略以不可分量的形式解釋作等加速度物體移動之距離

伽利略在此之後，接著提出定理 2（命題 2）：

一個從靜止開始以均勻加速度運動的物體所通過的空間，彼此之比等於所用時段的平方比。

這個命題告訴我們，做等加速度運動的自由落體，從靜止開始落下，移動的距離與時間的平方成正比 ($S=\frac{1}{2}gt^2$)! 伽利略是第一個用數學的數量關係描述運動的科學家，他說過要了解大自然這本書，必須先懂得它的書寫語言，也就是數學。儘管他的理論大都仰賴傳統的歐幾里得幾何學，然而從這個例子卻也顯示出他可以接受一條直線是由無限多個點所構成，以及將兩個平面圖形構成的所有平行線段作對應比較的這種概念，而這樣的想法與作法早在 1604 年就已成形。在他聲勢如日中天的輝煌時期能支持不可分量與無窮小量的觀念，無疑地對崇拜他的青年後輩同胞們多少都會有某種影響力存在，譬如卡瓦列里與托里切利 (Evangelista Torricelli, 1608–1647)。

二、卡瓦列里與托里切利的不可分量法

卡瓦列里於 1621 年寫了一封信給當時正擔任托斯卡尼大公費迪南多二世 (Grand Duke Ferdinando II, 1610–1670) 宮廷數學家的伽利略。在這封洋溢著孺慕之情的信中，卡瓦列里向他請教一個數學問題，首先卡瓦列里先假設在一個平面畫一條直線，接著再假設在此平面內畫出所有與這一條直線平行的線，他將這樣畫出來的所有直線稱為那個平面內的「所有直線」；他請教伽利略的問題就是：這個平面是不是等同於「所有直線」所組成的平面；同樣的，在一個立體內畫出「所有平面」，那麼這個立體是不是等同於「所有平面」所成的立體？如果有兩個這樣有著「所有直線」的平面，彼此之間可否做比較？或者兩個有著「所有平面」的立體可否做比較？這些問題的核心就是連續統的不可分量組成問題，也是後來啟發微積分發展的重要概念。

卡瓦列里在年紀輕輕的十五歲時，就受到宗教信仰的感召加入耶穌教團成為修士，除了在神學方面堅定的信仰與才能之外，他還有對數學的熱情與相應的出眾才華。他在 1626 年成為較具規模的帕馬市聖本篤修道院院長之後，仍然始終不懈地積極尋找職業數學家的工作，在當時，這樣的職位指的是大學裡的數學教授或是宮廷數學家。他在 1629 年終於申請獲准成為波隆納大學數學教授，而他的重要著作《用新方法促進的連續不可分量的幾何學》(*Geometria indivisibilibus continuorum nova quadam ratione promota*, 1635) 就是為應聘該教職而提交的著作。這本書裡提出的不可分量原理（或稱卡瓦列里原理）可視為從古希臘使用的窮盡法到現代積分的一個過渡。卡瓦列里這個不可分量原理的初始發想或許就始於他請教伽利略的那個問題。所謂不可分量原理敘述如下：

> 如果兩個平面圖形夾在同一對平行線之間，並且被任何與這兩條平行線保持等距的直線截得的線段都相等，則這兩個圖形的面積相等。類似地，如果兩個立體圖形夾在一對平行平面之間，並且被任何與這兩個平面保持等距的平面截得的面積相等，則這兩個立體圖形的體積相等。

這個卡瓦列里原理在現代通常被簡單描述成「兩個相同高度的立體圖形，若在等高處橫截面積相等，則其體積也相等」。[1]在微積分之前，想要知道一般曲線旋轉所成的立體體積不是件容易的事，即使是簡單如角錐或球體的體積都不容易求得。然而卡瓦列里告訴我們一個可操作的方法，就是考慮截面積。

---

❶在中國古算法中，祖沖之父子也用過類似的方法說明立體體積，稱為祖暅原理。

圖 24–4　米蘭布雷拉宮的卡瓦列里紀念碑，1844 年建造

GEOMETRIA
INDIVISIBILIBVS
CONTINVORVM
Noua quadam ratione promota.
AVTHORE
P. BONAVENTVRA CAVALERIO
MEDIOLANEN.
Ordinis S.Hieron.Olim in Almo Bononien.Archigym.
Prim. Mathematicarum Profess.
In hac postrema editione ab erroribus expurgata.
Ad Illustriss. D.D.
MARTIVM VRSINVM
PENNÆ MARCHIONEM &c.
BONONIÆ, M.DC.LIII.
Ex Typographia de Ducijs. Superiorum permissu.

圖 24–5　《用新方法促進的連續不可分量的幾何學》

舉個簡單的例子來看看卡瓦列里怎麼利用比較所有的不可分量來說明面積或體積的相等。在 1647 年出版的《六道幾何練習題》(*Exercitationes geometricae sex*) 中第一道習題的命題 19：

> 若在一平行四邊形內畫一對角線，則該平行四邊形為對角線形成之任一三角形的兩倍。

也就是說，連接平行四邊形一對角線所得的兩個三角形全等。這個命題只要是 8 年級的學生都學過它的證明，利用 *SAS* 全等性質就能證明出來。然而卡瓦列里卻用一種截然不同的方式來證明這個「真理」：在平行四邊形 $ABCD$ 中，先分別從 B 點與 D 點作等長線段 BE 與 DG，再分別從 E 與 G 點作 $\overline{BC}$ 的平行線，分別交對角線 $\overline{BD}$ 於 F 與 H 點。因為 $\triangle BEF \cong \triangle DGH$（*AAS* 全等），因此

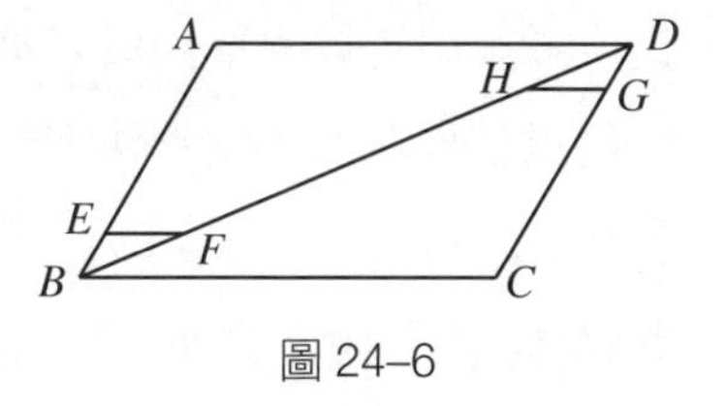

圖 24–6

$\overline{EF}=\overline{GH}$。同理，其他沿著 $\overline{AB}$ 與 $\overline{CD}$ 邊，分別從 B 點與 D 點等距作出與 $\overline{BC}$ 平行的任一線段也都彼此相等。因此 $\triangle ABD$ 內的所有線段等於 $\triangle CDB$ 內的所有線段，亦即 $\triangle ABD$ 的面積等於 $\triangle CDB$ 的面積，故平行四邊形的面積是三角形面積的二倍，得證。

為什麼卡瓦列里要用與歐幾里得傳統幾何這麼截然不同的方式證明？傳統歐氏幾何的證明方式僅是以邏輯推論的方式，一步步地呈現出原本就蘊含在此圖形內的性質，只要你依照歐氏幾何的公設體系規則，這個「真理」本來就蘊含在平行四邊形中，歐氏幾何的證明只是告訴我們這個命題是真理而已。然而卡瓦列里的不可分量法卻從構成幾何圖形的基本物質出發，弄清楚這個真理「為什麼」是真理，它可以是發現新事物的一個方法與手段，一如微積分也是如此。

伽利略另一個仰慕者為比卡瓦列里年輕一些的托里切利。托里切利在 16、7 歲時搬到羅馬，並在那裡愛上數學。他與卡瓦列里相同，皆受到了本篤教會修士卡斯帖里 (B. Castelli, 1578–1643) 的教導，並引介給伽利略。在伽利略因支持哥白尼理論而被宗教裁判所判決軟禁在家之後，卡斯帖里於 1641 年獲准探訪時一併將托里切利的研究手稿帶給伽利略，伽利略對托里切利研究的出色才華大為驚豔，兩人商議讓托里切利擔任伽利略的祕書。在伽利略死後，托里切利以他的繼承者之身分得以擔任托斯卡尼大公的宮廷數學家與比薩大學的數學教授。托里切利以對真空與氣壓的實驗研究著名，數學上研究通常僅有手稿或信件在朋友圈流傳，唯一的出版著作為 1644 年出版的《幾何學著作》(*Opera Geometrica*)。這本書收集多篇論文，有些論文源於古希臘的數學方法，然而第三篇論文〈拋物線面積〉(De dimensione parabolae) 卻與傳統背道而馳。

在〈拋物線面積〉這篇論文中所提到的拋物線面積，即是阿基米德在《拋物線圖形求積法》中提出的「每一個由拋物線與弦所圍成的弓形等於與此弓形同底等高的三角形的 $\frac{4}{3}$」。托里切利在這篇論文中，針對這個命題提出 21 種證明方式。其中前十一種證明遵照歐幾里得的規範標準，用了古希臘傳統的窮盡法（二次歸謬）做證明。托里切利接著指出儘管這些證明完全正確，卻有一個缺點——必須先知道結果才能證明。因此托里切利在後面十種證明中，放棄傳統的窮盡法模式，改採與卡瓦列里使用方法類似的不可分量法。不可分量法的好處在於直接，能在過程中得出結果，不僅證明了結果為真，也證明了為何為真。依照托里切利自己的說法，不可分量法的神奇發明，完全歸功於卡瓦列里；然而卡瓦列里的書卻是著名的艱深難懂，托里切利的著作相對地要簡單直接一點，他的《幾何學著作》的貢獻就在於讓後來歐洲的數學家們更容易了解不可分量法，進一步啟發微積分的發明。

三、不可分量的矛盾

我們依直覺來想像平面與立體，平面由直線構成、立體由平面構成不是很理所當然嗎？重點就在於由無窮多個不可分量（沒有寬度的線，或沒有厚度的平面）所組成的有限面積的平面，或是有限體積的立體，這個整體內在所存有的看似矛盾的情況。如果線沒有寬度（寬度 0），乘以無窮多數量還是沒有寬度，如何形成一個有面積的平面圖形；如果線有寬度，不管再怎麼小，乘以無窮多數量後應該會變成一個無窮大的數，就不會只有有限的圖形面積。不可分量的概念所產生的矛盾與不確定性，大大違反了歐幾里得《幾何原本》裡規範的一切準則，因為這樣的矛盾，讓不可分量法引來不少嚴厲的批評與攻擊，在十七世紀前半的義大利，砲火最猛烈的當屬天主教的耶穌會 (Society of Jesus) 組織。不過一個宗教團體為何要攻擊數學理論呢?

十六世紀至十七世紀初，以羅馬教皇為首的天主教在宗教改革所帶來的混亂中，面臨對宗教教義的信心即將全面崩盤之際，1540 年創立的耶穌會組織開始為陷入危機的羅馬教廷帶來一線曙光。耶穌會經由嚴格篩選與管控的會員晉升制度，以及辦學嚴謹認真的耶穌會學院，重新建立起人們對天主教的信心，其中扮演關鍵性角色之一的正是數學。亞里斯多德的哲學與物理學，還有歐幾里得的《幾何原本》，從文藝復興以來就一直被許多歐洲學者奉為圭臬。由《幾何原本》規範與建立的論證體系一直以來在數學界享有崇高與不可侵犯的絕對地位。歐氏幾何所揭示的數學充滿了邏輯的嚴密性，就是秩序、真理的權威性象徵。在格里高利曆（Calendarium Gregorianum，亦即我們現在使用的陽曆）的曆法修正過程中，耶穌會的克拉維烏斯 (Christopher Clavius, 1538–1612) 憑藉著數學能力為耶穌會出了一次大風頭，也讓數學的「位階」在耶穌會的權威階級體系中大大提升。克拉維烏斯所堅信的歐氏幾何，充滿秩序與真理的嚴格論證所帶來的權威形象成為了耶穌會救贖的象徵，以及不可侵犯的典範代表，任何與歐氏幾何牴觸的想法與概念都應該被禁止教授，不幸地，不可分量正是其中之一。

1601 年耶穌會內部設立一個稱為總校訂 (Revisors General) 的 5 人組織，審查所有耶穌會學校的課程內容以及耶穌會支持出版的作品。所有耶穌會學校要教授的課程內容與出版品，都必須經過總校訂的同意與放行。1606 年耶穌會以「哲學錯誤」的理由，對「連續統是由有限數量之不可分量構成」的提案下了第一道禁令。1615 年，當時與伽利略齊名的德國天文學家克卜勒，在他的新書《測量酒桶的新立體幾何》的第一部分：〈規則圖形的體積〉中試圖說明圓面積公式，其中定理二為：「圓面積和以其直徑為邊的正方形面積之比為 11 : 14。」在證明過程中，克卜勒以無窮多個小扇形說明圓面積公式，暗示了這種新方法的威力，讓耶穌會的總校訂再次感到威脅，於 1615 年先後對不可分量發布兩道禁令；並在 1651 年重新回到天主教權力中心時乾脆一勞永逸地永久禁止不可分量的相關理論。在這年頒布的「高等研究規定」(Ordinatio pro studiis superioribus) 中，明白規定 65 道禁止採用與教授的哲學觀點，其中與連續統由不可分量要素組成的相關理論多達 4 則。

耶穌會不僅利用宗教階級上的權力對不可分量的相關理論進行打壓，更派出數學家打手針對數學知識本身對不可分量理論加以批評攻訐，讓伽利略、卡瓦列里與托里切利這一派的數學家們忙於應對攻擊與辯護自己的理論。不過這樣為辯護而嘗試替理論作進一步的解釋與修正，有時反而讓這個理論更加成熟。不可分量造成的矛盾反而成了揭開連續統真正本質與架構的探究工具。舉例來說，在平行四邊形（兩邊不相等）對角線分成兩個全等三角形的例子中，如下圖，對對角線 $\overline{BD}$ 上的每一點 E，如果比較的是 $\overline{EF}$ 與 $\overline{EG}$ 這樣的構成線段，將可得出 $\triangle ABD$ 面積大於 $\triangle CDB$ 的矛盾結果。托里切利在為這個矛盾結果辯解時用了一個讓人驚愕的說詞，他說這是因為短線段比長線段要「寬一點」！雖然現在看來這個說詞令人匪夷所思，他卻能在這種自圓其說的解釋中，將不可分量的「寬度」作數學應用，得出曲線的切線斜率[2]，並啟發後來的數學家如沃利斯等人對無窮小量的使用，讓不可

[2] 按照托里切利的說法，$\overline{EG}$ 的「寬度」：$\overline{EF}$ 的「寬度」$=\overline{EF}$ 的長度：$\overline{EG}$ 的長度 $=\overline{AD}:\overline{CD}$，如果 $ABCD$ 為矩形，此比值即為對角線 $\overleftrightarrow{BD}$ 的斜率。

分量法進一步蛻變成無窮小量，成為微積分的前導觀念。

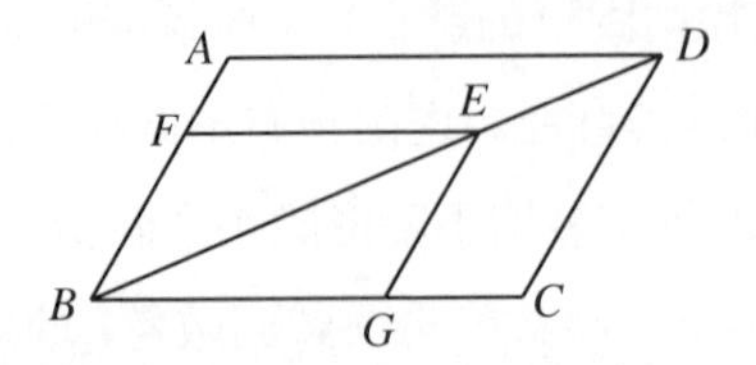

圖 24–7　托里切利為不可分量法辯解

所謂的無窮小量，在此我們先作簡單說明，下一篇文章中會再仔細論述。譬如當我們要求時刻 t 的瞬時速度，可以考量從時刻 t 增加一個微小的時間量 o（暱稱為小歐），因此我們只要考慮時間從 t 到 $t+o$ 時的平均速度，再讓小歐這個無窮小量「消失」（趨近於 0）即可。我們再看看牛頓的作法。牛頓在《曲線求積術》(*The Quadrature of Curves*, 1693) 中求 x^n 的流數（即導數）時，讓變量 x 增加了一微小增量成為 $x+o$，因此 x^n 將變為 $(x+o)^n$，並利用二項式定理展開得

$$(x+o)^n = x^n + nox^{n-1} + \frac{n^2-n}{2}o^2x^{n-2} + \cdots$$

減去 x^n 後，剩下 $nox^{n-1} + \frac{n^2-n}{2}o^2x^{n-2} + \cdots$ 與 o 之比等於 $\frac{f(x+o)-f(x)}{o} = nx^{n-1} + \frac{n^2-n}{2}ox^{n-2} + \cdots$，接著，令含有增量 o 的項「消失」，得到它們的最終比（導數）將等於 nx^{n-1}，即 x^n 的導函數為 nx^{n-1}。當數學家們引進無窮小量的用法，完美地解決現實問題之際，這個世界就從此太平不再產生爭議了嗎？不幸地是，此時離微積分理論的完成還差一步，無窮小量造成的這道縫隙，不是那麼容易跨越的，從 1656 年沃利斯開始使用無窮小量，到微積分理論的完備，這一道鴻溝讓數學家們走了一百多年的時間。

篇 25

微積分誕生的故事 I

——沃利斯與費馬

十七世紀微積分發展的重要契機，來自於科學與數學界對四個問題解決的需求：瞬時速度、切線（法線）、極值與曲線下面積。在我們現代學習的導數定義之前，先來看看微積分的先驅者們如何處理這些問題，並從他們處理問題的方式看到微積分發展的趨勢。

一、問題意識

一個數學概念的產生，很少來自於某個數學家的靈光一現；通常是在客觀技術條件足夠後，在某個需求刺激下，因應一個或持續數個數學家的個人信念而得以進展。十七世紀後半，隨著解析幾何的發明與函數觀念的逐漸使用，微積分技術的出現似乎已水到渠成。而當時十七世紀科學研究與應用的需求，更為微積分技術的產生增強了社會脈絡面向的因素。在當時，主要的問題有四個類型：

(1)求瞬間速度與瞬間加速度。

運動物體所涉及的速度與加速度隨時間而變化時，每個時刻的速度或加速度已不能像計算平均速度一般以距離除以時間來計算。

(2)找曲線之切線與法線。

由於透鏡設計的需求，當時研究光學的科學家們（通常也是微積分發明的先驅者），必須知道光射向透鏡的角度，才能引用折射定律，因此，必須求出曲面的法線，而法線垂直切線，可轉換成求切線問題。另外，同樣來自於運動學的研究，運動物體在任意瞬間的運動方向，就是運動軌跡在那一點的切線方向，因此，也促進了曲線的切線求法之研究。

(3)求函數的極大值與極小值。

譬如在拋射運動中求砲彈最大射程的角度以及拋射的最大高度；研究行星與太陽、地球之間的最大與最小距離。

(4)求曲線的長度、曲線所圍的面積、曲面所圍的體積、物體的質量重心等。

希臘人曾經用逼近法求體積與面積，但方法缺乏一般性，又常無法得到正確的答案。於是，當阿基米德的作品在歐洲廣為流傳時，計算體積、面積及質量重心的興趣又再度興起。

這四個問題類型中，前面三個問題本質上都是一種變量的瞬間變化率，而第四個問題為前三個的逆問題。以求瞬間速度為例，當物體以變速運動時，每一瞬間此物體都有一個瞬時速度，但是若用平均速度的求法來看，此時移動距離是 0，所花的時間也是 0，而 $\frac{0}{0}$ 是無意義的，因此必須讓變量的時間有一段微小的變化（即微小的時間間隔），藉此來討論運動體在這一點左右的平均速度變化率。當這個微小的增量極微小，或者說是個無窮小量時，變化率所逼近的數，即為所求的瞬時速度或切線斜率。然而，當吾人假設微小的增量（無窮小量）然後順利求出變化率 $\frac{\Delta y}{\Delta x}$ 之後，又該怎麼讓這個微小的增量「消失」呢？在前面幾篇文章中，我們談論了因為無限而產生的問題，也談了卡瓦列里的不可分量法所引起的矛盾與爭論；不過也因為有爭論才有進步的可能性，在此篇文章中，我們就來看看讓微積分從爭議中建立並成長茁壯的幾個關鍵的數學家的想法與研究，從他們的理論形式，不難看出最後導致以極限形式來定義導數的必然性。

二、沃利斯的無窮小量與面積比例

沃利斯 (John Wallis, 1616–1703) 的父親是位虔誠的牧師，不過在他 6 歲時就去世了，母親堅強地獨自一人扶養 5 個孩子。他母親對沃利斯這個長子的教育相當盡心的監督，曾先後送他到幾個不同學校接受教育。雖然沃利斯在學校接受文法、拉丁文等基礎學科的教育，但在那些學校中卻沒有學習過任何一門數學課，沃利斯在自己的自傳中這麼解釋：在當時「數學幾乎沒有人會視為學術研究，只覺得是項技術，就像商人、水手、木匠、土地測量員等所做的事」。他第一次接觸到數學還是弟弟教他的。1631 年，他弟弟當時是一位貿易商的學徒，正在學習會計，沃利斯很好奇，就跟著弟弟一起討論功課，也因此學會了會計基本技巧。沃利斯說那是他第一次深入地了解數學，也是他唯一上過的數學課，之後所有的數學知識完全都是靠自修習得。令人不可思議的是他後來甚至成為牛津大學的幾何學教授，雖說有政治因素的考量在內，但他的數學能力卻也讓人無庸置疑，只能說他真的天賦異稟吧。

或許是對數學這門學科的基本認知不同，或許是認識這門學科的途徑不同，對沃利斯而言，數學不應該是理性獨斷的永恆真理，不是如歐幾里得體系揭露的那般秩序嚴謹階級分明；對沃利斯而言數學就是一個可以得到有用結果的實用工具。沃利斯身為有史以來最威風的科學機構之一的倫敦皇家學會（正式名稱為倫敦皇家自然知識促進學會 (The Royal Society of London for Improving Natural Knowledge)）創始會員之一，希望以一種自由的，可容納不同聲音的實驗精神來研究學問，這種信念也充分地顯露於他的著作之中。1655 年，他出版了擔任幾何學教授後所寫的第一本著作：《圓錐曲線，新方法論解析》(*De Sectionibus Conicis, Nova Methodo Expositis, Tractatus*)，從第一個命題就充分顯示了他的意圖：

> 假設（根據伯納文圖拉・卡瓦列里的《不可分量的幾何學》）任何平面都可以說是由無限多條平行線構成，或由（我比較中意的說法）無限多個等高平行四邊形構成，每一個平行四

> 邊形的高度都是完整圖形高度的 $\frac{1}{\infty}$，或可說其高度由無限多個可以被除盡的小部分所構成（∞ 符號代表無限數）；因此所有平行四邊形的高總和等於這個圖形的高度。

沃利斯是第一個使用「∞」這個符號的數學家，從第一個命題開始，讀者們一下子就被拉進到沃利斯無窮小量的不正統世界中。他將卡瓦列里的不可分量法中引起爭論的線的「寬度」做了修正，改以無限多個平行四邊形來分割平面圖形，不過這些平行四邊形的「高度」是個無窮小的數而已。他為了要證明這個方法有效，於是安排了第 3 個命題，利用這套方法來證明三角形面積。

簡單說明一下沃利斯的作法。按照沃利斯的說法與符號，這些分割的平行四邊形中，所有的底會成一個等差數列。就好像我們從三角形的高分成三等分或是十等分，這些平行底邊的線段長度就會成比例關係，其中第一項為 0（頂點，這個數沃利斯用小歐 (o) 來代表），最後一項為底邊的長度 B。由等差級數的總和可知這些無限多個平行四邊形的底總和為 $\frac{1}{2}(0+B)\times\infty=\frac{\infty}{2}B$；若三角形的高為 A，這無限多個平行四邊形每一個的高度就是 $\frac{1}{\infty}A$，因此三角形面積 $=\frac{1}{\infty}A\times\frac{\infty}{2}B=\frac{1}{2}AB$。哇……是不是讓人驚訝得說不出話來？

8 De Sectionibus Conicis. PROP. 3.

PROP. III.

De Area Trianguli.

Cum Triangulum constet ex infinitis sive lineis, sive Parallelogrammis, Arithmeticè proportionalibus, a puncto inchoatis & ad basin continuatis, (ut patet ex jam dictis:) Erit Area Trianguli æqualis Basi in Altitudinis semissem ductæ.

Est enim notissima apud Arithmeticos regula; *Summam Arithmeticæ progressionis, sive omnium quotcunque terminorum aggregatum, æquari aggregato extremorum in semissem numeri terminorum ducto.* Adeoque, si terminus minimus supponatur O, (prout hic supponitur, tantundem enim valet punctum in magnitudine atque o Ciphra in numero;) idem erit extremorum aggregatum atque ipse terminus maximus. Altitudinem verò figuræ, pro numero terminorum in Progressione, substituo, hac de causa, Quoniam cū numerus terminorum supponatur ∞, erit omnium longitudinum aggregatum $\frac{\infty}{2}$ Basis, (quia Basis jam est extremorum aggregatum;) cùm autem cujuslibet (lineæ vel parallelogrammi) crassities sive Altitudo supponatur $\frac{1}{\infty}$ Altitudinis trianguli,

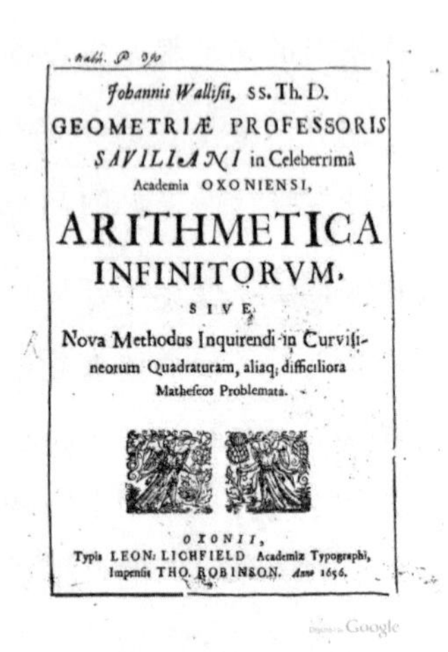
Johannis Wallisii, SS. Th. D.
GEOMETRIÆ PROFESSORIS
SAVILIANI in Celeberrimâ
Academia OXONIENSI,
ARITHMETICA
INFINITORVM,
SIVE
Nova Methodus Inquirendi in Curvilineorum Quadraturam, aliaq; difficiliora
Matheseos Problemata.

OXONII,
Typis LEON: LICHFIELD Academiæ Typographi,
Impensis THO. ROBINSON. *Anno* 1656.

圖 25–1 沃利斯《圓錐曲線，新方法論解析》命題 3 書影（1655 年）

圖 25–2 沃利斯《無窮算術》扉頁

不管從當時的數學脈絡或是以現代的角度來看，沃利斯都犯了許多讓數學家傻眼的錯誤。首先，最根本的平面是由具有某個「寬度」（即使非常小）的線條構成的假設在當時備受攻擊；接著他將有限級數的規則任意地用在無窮級數上；最後他又輕率地讓 ∞ 除以 ∞ 得 1，我們現在知道 $\frac{\infty}{\infty}$ 是無法定義的，因為如果 $\frac{\infty}{\infty}=a$，那麼 $\infty=a\cdot\infty$，也就是任何一個有限的數乘以無窮大都是無窮大，因此 a 可以是任何數，就不一定是 1 了。但是沃利斯為何堅持這種非傳統又備受爭議的作法？當然跟他的信念與目的有關。他試圖讓數學方法跟一般的科學方法沒什麼不同，希望用一種實驗性的，訴諸感官的方式來看待數學，因此他會在隔年出版的代表性著作《無窮算術》(*Arithmetica infinitorum*, 1655) 中使用科學學科常用的歸納法，而不是一般數學著作中使用的演繹推理法是可以理解的。

在《無窮算術》中，沃利斯用歸納的方式找出許多無窮級數間的比值；再用這些比值來求出曲線圖形與相關矩形的面積比。譬如他先在命題 39 中計算：

$$\frac{0+1}{1+1}=\frac{1}{4}+\frac{1}{4}$$

$$\frac{0+1^3+2^3}{2^3+2^3+2^3}=\frac{1}{4}+\frac{1}{8}$$

$$\frac{0+1^3+2^3+3^3}{3^3+3^3+3^3+3^3}=\frac{1}{4}+\frac{1}{12}$$

$$\frac{0+1^3+2^3+3^3+4^3}{4^3+4^3+4^3+4^3+4^3}=\frac{1}{4}+\frac{1}{16}\cdots$$

歸納後於命題 40 之後得出結論：

> 隨著項數的增加，超過 $\frac{1}{4}$ 的部分將連續減少，直到小於任何給定的數。當項數趨於無限時，它便最終消失。

然後將此結果用在命題 42 推論的圖形面積比例上：

> 立方拋物弓形之半的補圖 *AOT*（如圖 25–3）與同底同高的平行四邊形 *TD* 之比為 1 : 4

為了方便解釋，我們將沃利斯的圖換個方向，如圖 25–4，考慮函數 $y=x^3$ 與 x 軸，在 $x=0$ 與 $x=1$ 之間的區域面積，沃利斯用了如同《圓錐曲線，新方法論解析》中的假設，將此區域圖形看成無限多個高為無窮小量的平行四邊形所構成，

假設分割點的橫坐標為：$0, \frac{1}{n}, \frac{2}{n}, \frac{3}{n}, \cdots, \frac{n}{n},$

其相對應的函數值（底）為：$0, \frac{1^3}{n^3}, \frac{2^3}{n^3}, \frac{3^3}{n^3}, \cdots, \frac{n^3}{n^3},$

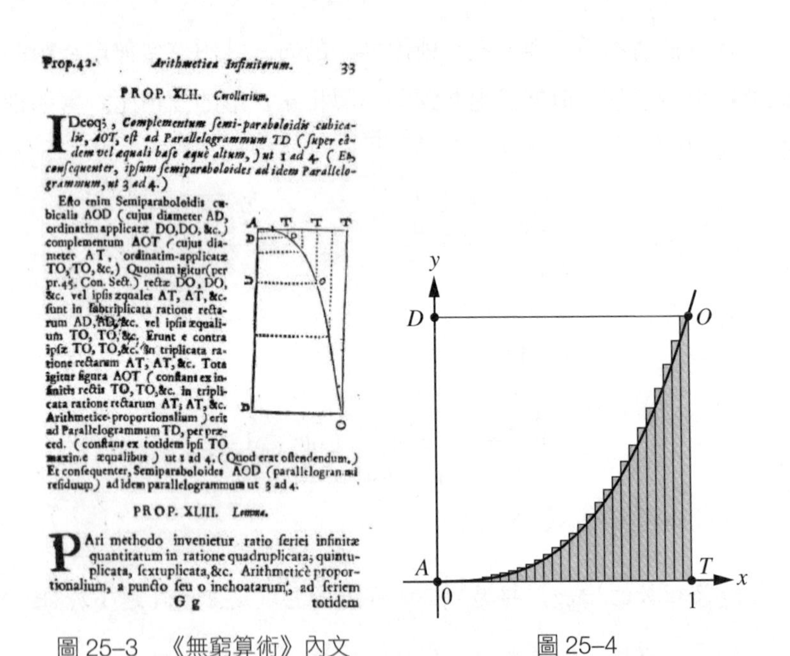

Prop.42. *Arithmetica Infinitorum.* 33

PROP. XLII. *Corollarium.*

IDeoq; , *Complementum semi-paraboloidis cubicalis, AOT, est ad Parallelogrammum TD (super eâdem vel æquali base æquè altum,) ut 1 ad 4. (Et, consequenter, ipsum semiparaboloides ad idem Parallelogrammum, ut 3 ad 4.)*

Esto enim Semiparaboloidis cubicalis AOD (cujus diameter AD, ordinatim applicatæ DO,DO, &c.) complementum AOT (cujus diameter AT, ordinatim-applicatæ TO, TO, &c.) Quoniam igitur(per pr.45. Con. Sect.) rectæ DO, DO, &c. vel ipsis æquales AT, AT, &c. sunt in subtriplicata ratione rectarum AD, AD, &c. vel ipsis æqualium TO, TO, &c. Erunt e contra ipsæ TO, TO,&c. in triplicata ratione rectarum AT, AT, &c. Tota igitur figura AOT (constans ex infinitis rectis TO, TO,&c. in triplicata ratione rectarum AT, AT, &c. Arithmetice-proportionalium) erit ad Parallelogrammum TD, per præced. (constans ex totidem ipsi TO maxime æqualibus) ut 1 ad 4. (Quod erat ostendendum.) Et consequenter, Semiparaboloides AOD (parallelogrammi residuum) ad idem parallelogrammum ut 3 ad 4.

PROP. XLIII. *Lemma.*

PAri methodo invenietur ratio seriei infinitæ quantitatum in ratione quadruplicata, quintuplicata, sextuplicata,&c. Arithmeticè proportionalium, a puncto seu o inchoatarum, ad seriem

G g totidem

圖 25–3 《無窮算術》內文

圖 25–4

每個平行四邊形（矩形）的高皆為無窮小量的 $\dfrac{1}{n}$，如果我們也將正方形 *ATOD* 作同樣的分割，正方形區域中的每個平行四邊形（矩形）的底皆為 1，高亦為無窮小量的 $\dfrac{1}{n}$。那麼此區域與正方形的面積比值就是 $\dfrac{0+1^3+2^3+3^3+\cdots+n^3}{n^3+n^3+n^3+n^3+\cdots+n^3}$，當 n 趨近於無窮大時，此比值會趨近於 $\dfrac{1}{4}$。以現代積分的觀念與符號來解釋，這個命題說明了 $\int_0^1 x^3dx=\dfrac{1}{4}$ 這個結果，只是後來在微積分發展過程中為了避免爭議，將其改成任意分割了（譬如矩形分割，求上和與下和的極限值）。

因為沃利斯對數學的信念不同，他拒絕使用歐氏幾何式純推論、毫無爭議的作法，因而走上一條開放性的，具有修正與不同詮釋之可能性的道路。儘管備受爭議，沃利斯的著作在牛頓之前，還是對微積分的發展有著相當的影響力，譬如牛頓自己說過第一次將他領進微積分這個領域的正是沃利斯的《無窮算術》。接下來我們再來看看十七世紀的另一位法國數學大師費馬，儘管他曾對沃利斯使用的不可分量法有過批評意見，他在處理極值與切線問題時仍然選擇了本質上是無窮小量的方法，也因此在微積分發展的歷史上留下一點足跡。

三、費馬與 *adequate*

費馬 (Pierre de Fermat, 1601–1665) 的父親是位富有的皮件商人與地方第二執政官，家庭經濟還算過得去。他於 1620 年代後半搬到波爾多 (Bordeaux)，在那段時間裡開始認真地研究數學，也是在波爾多的這段歲月完成了關於極大值與極小值的重要著作。儘管對數學有著極大的興趣，念書時他還是選擇法律專科。得到學位後，於 1631 年成為土魯斯 (Toulouse) 的執業律師與政府官員，並且在 1652 年成為法庭最高等法官。1630 年代後半，費馬開始與當時法國數學界的通訊中心梅森神父通信，從此藉著書信與在巴黎的數學家們廣泛地交流研究成果，不過也透過書信捲入一連串的爭端之中。費馬的數學研究成果很少出版，主要是他不想因此讓自己的研究成果遭受批評，他曾在一封給朋友的信上這麼寫過：「我更願意去探索具有確定性的真理，而不願意花更多時間在辯論、虛名和無謂的爭執上。」大部分費馬的作品都是通過與其他數學家的信件而流傳以及保存，譬如與巴斯卡針對賭金分配問題的討論而發展出機率論的成果即是一例。費馬作為一位數學家的聲譽就靠著這些頻繁的書信往來而建立起來。

1636 年，費馬在第一封寫給梅森神父的信件中包含了兩個關於極大值的問題，他要求梅森神父轉給巴黎的數學家們來挑戰這些問題的解法，這是費馬信件的典型手法，他自己當然早就知道解法了。然而梅森神父與一些數學家們發現問題太過困難，要求費馬洩漏一點他的方法。1637 年，費馬將他的重要作品寄給了梅森神父，包括《求極大值與極小值的方法與曲線的切線》(*Methods for Determining Maxima and Minima and Tangents to Curved Lines*)，他對阿波羅尼斯《平面軌跡》(*Plane loci*) 的校訂，以及闡述坐標系統方法這個新徑路的《平面與立體軌跡引論》(*Introduction to Plane and Solid Loci*)。

我們先來看看費馬求極大值以及切線的方法。在費馬的《求極大值與極小值的方法與曲線的切線》中寫道，

> 求極大值與極小值的全部理論以二個未知量和下述法則為基礎：
> 設 a 是問題中的任一未知量，讓我們用包含 a 的次方的諸項來表示極大值或極小值。現在用 $a+e$ 來代替原來的未知量 a，並且用包含 a 和 e 次方的諸項來表示極大值或極小值。然後使這兩個極值表達式相逼近（*adequate*，沿用丟番圖的術語）[1]，並消去公共項，……用 e 或 e 的高次方除各項，使 e 從至少有一項中消失，然後捨棄所有仍有 e 的項，使兩邊的剩餘項相等。……最後這個方程式的解所產生的 a 值，代入原來的表達式就可得出極大值或極小值。

[1] 丟番圖使用的希臘術語 *parisótes*，拉丁文翻譯是 *adequatio*，意指盡可能地逼近一個數，類似我們現代取極限的過程。

接下來費馬用一個他的方法說明：

將線段 AC 分成兩段，分段點 E，使得 $AE \times EC$ 有最大值。

下面我加上一些小註釋讓費馬的方法更容易了解一些：

如設 $\overline{AC}=b$，分成的兩線段中一段為 a，所以另一段長為 $b-a$，它們的乘積 $\overline{AE}\times\overline{EC}$ 即為 $ba-a^2$，我們要的就是這個積的最大值。現在設 b 的第一條線段為 $a+e$ [e 為微小的變化量]，第二線段將為 $b-a-e$，它們的積 $(a+e)(b-a-e)=ba-a^2+be-2ae-e^2$；這個表達式必須逼近前一個表達式，即 $ba-a^2+be-2ae-e^2 \approx ba-a^2$，消去公共項後，得 $be \approx 2ae+e^2$，再消去 e 得 $b=2a$。為了解決所提問題，最後必須取 a 為 b 的一半。

費馬最後結論說：「我們很難指望有更一般的方法了」。

費馬求極大值的基本想法，如同克卜勒在《測量酒桶的新立體幾何》中觀察到的結果一樣：「在極大值附近，在兩端的減少開始變得難以察覺」。因此費馬使用了無窮小量的觀念，當 a 為極大值產生時的線段長，那麼在 a 的附近，如果增加了微小的長度 e（e 就是個無窮小量），增加後的乘積（函數值）與原本的差異「難以察覺」，於是，費馬只好以「將它們盡可能的逼近」的說法來表達。

同一份手稿中亦收錄了費馬於 1629 年發現的切線求法，「應用上述的方法來求一條曲線在給定一點的切線」。簡單說明費馬的方法如下：

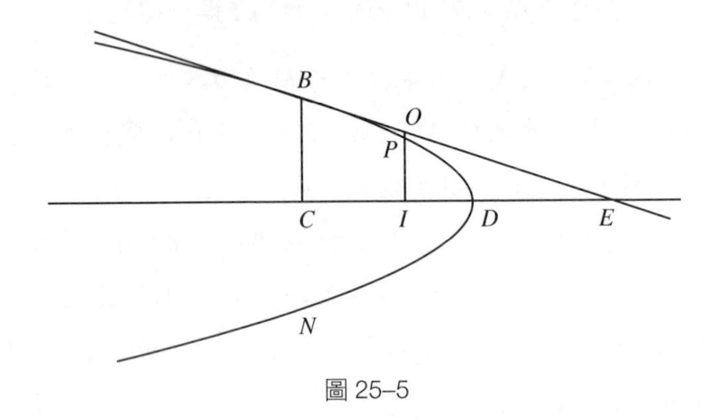

圖 25–5

如圖 25–5 所示，BDN 為一拋物線，D 為頂點，CD 為直徑（對稱軸）。過拋物線上一點 B 作切線為 BE，E 為切線與對稱軸的交點。如果要求得過 B 點的切線，現在只要知道 E 點的位置（即 CE 的長度）即可作出。但是當橫坐標增加或減少一個微小量時，如圖中的 C 減少到 I，此時函數對應的點 P，它的縱坐標 IP 與 IO 非常的接近，所以可以用 IO「逼近」IP。費馬選擇的拋物線型如 $4cx=y^2$，他選擇切線 BE 上一點 O，過 B 與 O 作直徑的垂線，分別交於 C 與 I，由於 O 點在拋物線外部，可得 $\dfrac{CD}{DI}>\dfrac{BC^2}{OI^2}$，但是因為三角形 BCE 與 OIE 相似，$\dfrac{BC^2}{OI^2}=\dfrac{CE^2}{IE^2}$，所以 $\dfrac{CD}{DI}>\dfrac{CE^2}{IE^2}$。由於 B 點為給定的點，所以縱坐標 BC 已知，橫坐標 CD 也已知，設 $\overline{CD}=d$ 為已知量，$\overline{CE}=a$，$\overline{CI}=e$（減少的微小量），我們可得 $\dfrac{d}{d-e}>\dfrac{a^2}{a^2+e^2-2ae}$，即

$da^2+de^2-2dae>da^2-a^2e$，「讓它們盡可能的逼近」，利用上一個方法，消去公共項，得到 $de^2-2dae\approx -a^2e$，即 $de^2+a^2e\approx 2dae$，同除以 e，得 $de+a^2\approx 2da$，「將 de 項忽略不計」，剩下 $a^2=2da$，即 $a=2d$。「這樣我們證明了 CE 是 CD 的 2 倍——這就是所求的結果」。

以現代的坐標系統與函數符號來看，假設費馬選擇的函數為 $y=\sqrt{x}$，CD 為所求切點 B 的橫坐標 x，費馬得出 $CE=a=2x$，即過 B 點的切線斜率為 $\dfrac{y}{2x}=\dfrac{\sqrt{x}}{2x}$，與用微積分計算所得的結果相同。在費馬求極大值與切線的方法中，我們可以看出他對於瞬間變化率的處理方式，基本上我們現在也是用同樣的方法，只是在當時對於微小增量（費馬所用的 e）的解釋不盡完善。費馬先將兩邊同除以 e（此時 e 不等於 0），接著，又將含 e 的部分忽略不計（此時 e 等於 0），以及「讓它們盡可能的逼近」的這些部分，費馬只能經由幾何來解釋他的正確性。也因此給了笛卡兒攻擊他的理由。

圖 25–6　十七世紀的一張費馬畫像，作者不詳。

圖 25–7　笛卡兒的肖像畫，現存於法國羅浮宮

四、與笛卡兒的爭執

1637 年冬天，在笛卡兒著名的《方法論》❷出版之前，一位之前受過笛卡兒嚴厲批評的數學家，想辦法在出版之前弄到《方法論》三篇論文中的一篇《折射光學》的抄本，並將一份手稿送到費馬手中，想藉由這位因為數學能力嶄露頭角的年輕後輩來打擊笛卡兒。對這件陰謀計畫毫無所知的費馬果然如他所願，發表了一份自認為科學理性的批評，反對笛卡兒對折射定律的演示與證明方法，並且暗示自己將非常高興在笛卡兒的研究領域幫助他。起初在笛卡兒還沒有受到太大的關注時，他僅回應費馬說根本不明白他在指責什麼。然而在 1637 年底，經過幾次交流之後，形勢改變了。笛卡兒忽然發現自己忙於應付來自四面八方的批評，此時費馬已經看過笛卡兒的《幾何學》，他對笛卡兒在極大值與極小值方面沒有任何研究感到訝異，於是他將自己在這方面的研究成果，包含對曲線切線的研究以及使用坐標系統的新方法方面的研究，轉託梅森神父交給笛卡兒，這個動作惹怒了笛卡兒。

面對眾多的批評聲浪，從來都不善於應付的笛卡兒，開始以憤怒和輕蔑加以反擊。針對費馬，笛卡兒開始攻擊他找極值與切線的方法，認為費馬的方法有缺陷，不是嚴格推導的結果，更暗示了費馬抄襲，

❷笛卡兒將他的三篇文章：*La dioptrique*（《折射光學》，有關折射定律）、*Les météores*（《氣象學》，包含有關彩虹的定量解釋）以及 *La géométrie*（《幾何學》），再加上一篇序文一起出版，即是大家所熟悉的《方法論》，其正確名稱應為《論正確引導理性與科學中尋求真理的方法》(*A Discourse on the Method of Correctly Conducting the One's Reason and Seeking Truth in Sciences*)，於 1637 年的萊登 (Lyden) 出版。

說費馬的許多數學成果都應歸功於他。1638 年 2 月，費馬寫信給梅森回應笛卡兒對他的批評：

> 從你的信中我得知，我給笛卡兒先生的回應不大受他歡迎。事實上，他決定對我求極大值、極小值的方法和關於切線的理論進行評論，……但讓我感到驚訝的是後一個，因為這是幾何上的一個真理，我堅信我的方法跟《幾何原本》裡的第一個命題一樣確定。或許因為表述簡單，缺乏證據，所以他們不理解，或者它們對笛卡兒先生來說太過簡單。他在《幾何學》中，對於切線的問題已經試探了那麼多的路，並選擇了如此艱難的一條。

342　LA GEOMETRIE.

tels de leurs poins qu'on voudra choisir. Et i'ose dire que c'est cecy le problesme le plus vtile, & le plus general non seulement que ie sçache, mais mesme que i'aye iamais desiré de sçauoir en Geometrie.

Facon generale pour trouuer des lignes droites, qui couppent les courbes données, ou leurs contingentes, à angles droits.

Soit C E la ligne courbe, & qu'il faille tirer vne ligne droite par le point C, qui face auec elle des angles droits. Ie suppose la chose desia faite, & que la ligne cherchée est C P, laquelle ie prolonge iusques au point P, ou elle rencontre la ligne droite G A, que ie suppose estre celle aux poins de laquelle on rapporte tous ceux de la ligne C E: en sorte que faisant M A ou C B ∞ y, & C M, ou B A ∞ x, iay quelque equation, qui explique le rapport, qui est entre x & y. Puis ie fais P C ∞ s, & P A ∞ v, ou P M ∞ v − y, & a cause du triangle rectangle P M C iay ss, qui est le quarré de la baze esgal à xx + vv − 2vy + yy, qui sont les quarrés des deux costés. c'est a dire iay x ∞ √(ss − vv + 2vy − yy), oubien y ∞ v + √(ss − xx), & par le moyen de cete equation, i'oste de l'autre equation qui m'explique le rapport qu'ont tous les poins de la courbe C E a ceux de la droite G A, l'vne des deux quantités indeterminées x ou y. ce qui est aysé a faire en mettant partout √(ss − vv + 2vy − yy) au lieu d'x, & le quarré de cete somme au lieu d'xx, & son cube au lieu d'x³, & ainsi des autres, si c'est x que ie veuille oster; oubien

圖 25–8　笛卡兒《幾何學》中的內文

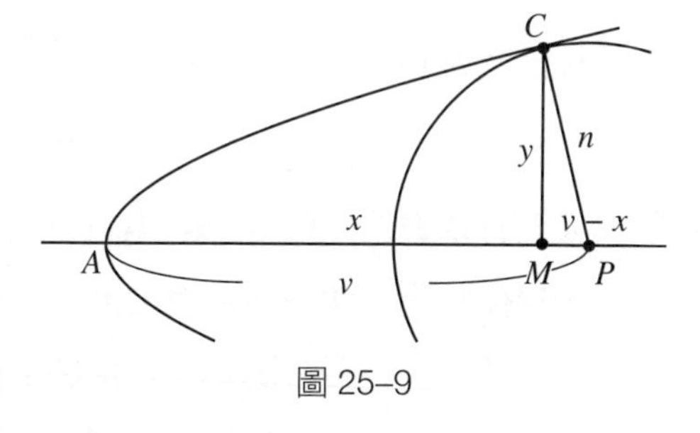

圖 25–9

笛卡兒在《幾何學》中也寫了在曲線上任一點找法線的普通方法。他從過圓周上一點的法線會通過圓心（考慮半徑長）這一點做發想。簡單的說明一下，如圖 25–9，要求曲線上一點 C 的法線，P 為與曲線在 C 點相切之圓的圓心，$\overline{CP}=n$ 為其半徑。若 $AM=x$, $CM=y$, $AP=v$（未知，就是我們想要求的），因此有 $y^2+(v-x)^2=n^2$，此時 $y=f(x)$ 為曲線方程式。又因為在 C 點有重根，可利用此關係得出 v 與 x 的關係。例如在 $y=\sqrt{x}$ 的例子中，將 $y=\sqrt{x}$ 代入，判別式等於 0，即可求出 $v=x+\frac{1}{2}$，因此若知 P 點的位置即可作出過 C 點的法線，或以現代術語來說，可求得法線的斜率。

儘管笛卡兒自誇自己的方法是幾何學中最有用最一般的方法，費馬的方法卻遠比他直接，也更接近現代使用的微積分方法。笛卡兒在詳細地研究費馬的論文之後，曾寫信給費馬承認他方法的正確性與優越性，笛卡兒寫到：

> ……看到最近你用來求曲線切線的方法之後，我只能直接說它真是太優秀了，如果你當初就用這種形式 (manner) 來解釋，我對它也就不會有任何一點牴觸了。

儘管表面上看來笛卡兒讚揚了費馬，實際上笛卡兒卻利用他的聲勢與人脈打擊費馬的聲譽。費馬在因為打擊而低沉的 20 年間，仍舊不間斷地鑽研數學，讓他在數學的許多領域，包括數論與機率論等皆留下歷史性的地位。費馬聰明地選擇將坐標系統的解析方法用在描述曲線的軌跡，以及用微小增量（無窮小量）的方式來處理極值與切線的問題，這些都注定讓費馬成為微積分發展的先驅者之一。儘管因為這些成果為費馬帶來了與笛卡兒之間的紛爭，並為此勞累與痛苦，相反地，笛卡兒的科學理論與方法卻漸漸式微。從卡瓦列里、托里切利到沃利斯與費馬，我們看到想要成為一個領域開拓的先驅者，首要條件必須要能不畏批評，能堅定地為自己的信念奮戰。只有破除傳統的新想法才有可能帶來新的成長與進展。

篇 26

微積分誕生的故事 II
——艾薩克・牛頓

微積分發明者之一牛頓的故事。從牛頓的生平事蹟與人格特徵，窺見他的研究傾向與學術態度；並且從牛頓如何處理他的微積分方法來理解為何他得以加冕為發明者之一。從牛頓的方法就可理解為何我們現代的導數會是這樣的定義形式。

十七世紀的數學研究與發展風氣，是屬於自由探索與革新的，整個學問注目的焦點在此世紀從宗教權威掌控的義大利，轉往研究風氣較為自由的英國、法國與德國。這個世紀可說是數學的英雄世紀，許多數學上的重大發明與革新都是在這個世紀完成或萌芽，譬如十六世紀末法國人韋達引入符號代數（1591 年）；蘇格蘭數學家納皮爾發明對數運算（1614 年）；另一位法國人巴斯卡在組合學與機率論上做出貢獻；另二位法國人笛卡兒與費馬發明了解析幾何，利用坐標系統將代數與幾何合而為一；以及在前幾篇文章中提及的卡瓦列里、托里切利、英國人沃利斯等在微積分發展初期所做的貢獻。這個時代的輝煌成果最後總結於牛頓與萊布尼茲，這 2 人將數學與科學的研究導向一個新的方向，形塑成我們的現代科學社會。在這一篇章中我們先來看看牛頓的故事。

一、牛頓與二項式定理

無庸置疑地，牛頓 (Sir Isaac Newton, 1643–1727) 是當今世上最偉大的科學家與數學家之一，他的著作《自然哲學的數學原理》(*Philosophiae Naturalis Principia Mathematica*, 1687) 被譽為最偉大的科學作品，因此我們可以看到相當多與牛頓有關的故事與「傳說」也就不足為奇了。關於牛頓的出生日期，有許多牛頓生平故事寫著他出生在伽利略去世那一年的耶誕節，藉此譬喻科學上的傳承，雖然根據當時英國使用的儒略曆是這個日期沒錯，然而如果以我們現在使用的格里高利曆（陽曆）修正推算，牛頓真正的出生日期應是 1643 年的 1 月 4 日才對。在他出生前 3 個月父親就去世了，2 歲時母親為了生活改嫁給鄰村的牧師，將他交給外婆扶養。因為幼年被母親遺棄，加上外祖父母的忽略，讓年少的牛頓對他的母親與繼父相當不諒解，他自己就曾自白地說過他曾經威脅過他的母親與繼父要放火燒了他們與他們的房子。10 歲時繼父去世之後，他才與外祖父母、母親及同母異父的弟妹們住在一起。

圖 26–1
牛頓 1689 年的油畫肖像，Godfrey Kneller 畫

牛頓在與母親同住不久之後，就去讀了一般的文法學校，並且選擇寄宿在外。他在課業上的表現曾經得到「怠惰」與「不用心」的評語，不過後來這所學校的校長和他的舅舅曾一起說服他媽媽讓牛頓去念大學，由此可知牛頓還是有顯現出一點學術上的可能性，而不是如老師的評語那麼不堪。1661 年牛頓進入劍橋大學三一學院 (Trinity College) 就讀，儘管媽媽此時已有一點積蓄，牛頓還是靠著當其他學生的僕人來賺取學費津貼[1]。牛頓剛入學時本來要攻讀法律學位的，不過根據棣美弗的說法，牛頓開始對數學有興趣始於 1663 年，那年他在劍橋的一個博覽會中買了一本占星學的書，他發現他居然看不懂裡

[1] 在劍橋大學，這種學生的身分稱為 sizar，作為其他學生的僕人以換取學費津貼。

面的數學，於是他開始試著看三角學的書，發現他缺乏幾何方面的相關知識，因此決定開始從歐幾里得的《幾何原本》念起，接著就是一連串勤奮的數學自學過程。當他讀到沃利斯的《無窮算術》時，感受到相當多的啟發，特別是沃利斯論述級數的方式，以及他使用不可分量法來找正方形與拋物線形面積比的方法，由此開始了他自己的數學研究之旅，此時他在科學上的天分還沒有浮現。有些牛頓故事的作者喜歡自以為是地為牛頓添加一些傳奇事蹟，像是年少時就動手做了許多精巧的機械裝置，事實上這只是人們「期待」這麼一位偉大的科學家在年輕時應該有的樣子而已。

1665 年的夏天，從荷蘭境外傳入的鼠疫開始肆虐整個倫敦，劍橋大學也因此關閉。在這段不到兩年的時間裡，22 歲的牛頓回到了家鄉，開啟了他在數學、光學、物理學與天文學上革命性的研究。牛頓在年老時回憶起他一生重要研究成果的理論雛形時說：

> 所有這些皆在 1665 年至 1666 年的鼠疫期間產生的，因此這些日子是我發明及專注於數學與哲學最精華的歲月。

1666 年，牛頓寫下第一篇微積分的論文，一般稱為《1666 年 10 月的流數簡論 (tract on fluxions)》，接著是 1669 年的《以無窮多項方程式進行分析》(*De analysi per aequationes numero terminorum infinitas*)（一般簡稱《分析》)，以及 1671 年的《論級數方法與流數法》(*Tractatus de methodis serierum et fluxionum*)（簡稱《流數法》)。牛頓在這三篇論文裡發展出微積分的基礎，並在最後一篇中涵蓋與深化前二篇的內容。不過這三篇論文僅以手稿的形式流傳在英國數學圈，雖然曾有幾次牛頓已經將他的研究成果整理成適合發表的形式，最後還是未能出版，《論級數方法與流數法》一直到 1736 年才以英文翻譯出版。

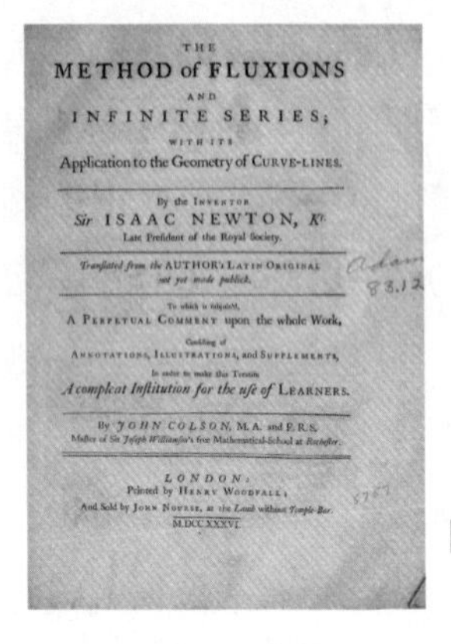
THE
METHOD of FLUXIONS
AND
INFINITE SERIES;
WITH ITS
Application to the Geometry of CURVE-LINES.

By the INVENTOR
Sir ISAAC NEWTON, Kt.
Late President of the Royal Society.

Translated from the AUTHOR's LATIN ORIGINAL
not yet made publick.

To which is subjoined,
A PERPETUAL COMMENT upon the whole Work,
Consisting of
ANNOTATIONS, ILLUSTRATIONS, and SUPPLEMENTS,
In order to make this Treatise
A compleat Institution for the use of LEARNERS.

By JOHN COLSON, M.A. and F.R.S.
Master of Sir Joseph Williamson's free Mathematical-School at Rochester.

LONDON:
Printed by HENRY WOODFALL;
And Sold by JOHN NOURSE, at the Lamb without Temple-Bar.
M.DCC.XXXVI.

圖 26–2
《論級數方法與流數法》1736 年版本的封面

牛頓將他發明的，我們現在稱之為微分的方法叫做「流數法」(method of fluxions)，在流數法之前，牛頓先引入了兩個概念：冪級數與二項式定理。他從沃利斯的《無窮算術》中得到啟發，將計算數量的級數方法延拓到計算變量的代數式，並將此方法稱為無窮級數法，亦即我們一般所稱的冪級數。他在《以無窮多項方程式進行分析》中將無窮級數的應用更向前推進，常以一種「無窮多項式」的形式來處理不能表示為單變量之有限多項式的代數關係式，然後以處理普通多項式一樣的方式來處理這種廣義的多項式。以 $y=\dfrac{1}{1+x}$ 為例，他先利用長除法計算：

$$\frac{1}{1+x}=1-x+x^2-x^3+x^4-x^5+\cdots$$

接著當他要計算 $y=\dfrac{1}{1+x}$ 曲線下的面積（積分）時，只需要逐項計算即可。

在沃利斯的《無窮算術》中，他為兩個特定級數的比值加上幾何意義，亦即在 0 與 1 之間曲線下面積與正方形面積之比，沃利斯的終極目標是想利用這套方法求出圓面積。而牛頓將沃利斯著作裡的方法進一步發揚光大，他將曲線下的面積考慮成變量 x 的函數（亦即 0 到 x 的不定積分）。牛頓先考慮一系列的函數 $y=(1-x^2)^n$，當 n 為正整數或 0 時，利用一般的二項式定理即可展開成多項式，他發現這些以 x 為變量的面積函數，x 次方的係數可以列出如巴斯卡三角形的係數關係（見圖 26–3），然而牛頓要處理的是 $n=\frac{1}{2}$ 的問題，他從適用於正整數的組合公式著手：

$$C_k^n=\frac{n!}{k!(n-k)!}=\frac{n(n-1)(n-2)\cdots(n-k+1)}{k!}$$

憑著天生的洞察力以及堅持模式的信念，他認為當 n 不是正整數時此公式也應該適用，因此可得

$$C_0^{\frac{1}{2}}=1,\ C_1^{\frac{1}{2}}=\frac{1}{2},\ C_2^{\frac{1}{2}}=\frac{\frac{1}{2}(\frac{1}{2}-1)}{2}=-\frac{1}{8},$$

$$C_3^{\frac{1}{2}}=\frac{\frac{1}{2}(\frac{1}{2}-1)(\frac{1}{2}-2)}{2\times 3}=\frac{1}{16},\ \cdots$$

接著牛頓將這樣的形式推廣到一般的分數與負整數，得出廣義的二項展開式，其形式就如同他在 1676 年寫給萊布尼茲的信上所說明的，下面為整理完之後的樣子：

$$(P+PQ)^{\frac{m}{n}}=P^{\frac{m}{n}}(1+Q)^{\frac{m}{n}}$$

$$=P^{\frac{m}{n}}[1+\frac{m}{n}Q+\frac{\frac{m}{n}(\frac{m}{n}-1)}{2}Q^2+\frac{\frac{m}{n}(\frac{m}{n}-1)(\frac{m}{n}-2)}{3\times 2}Q^3+\cdots]$$

根據他這樣的算法，可得

$$\sqrt{1-x^2}=1-\frac{1}{2}x^2-\frac{1}{8}x^4-\frac{1}{16}x^6-\cdots$$

為了驗證這個公式的正確性，牛頓將式子右邊的無窮多項式平方，驗證出結果無誤，亦即

$$(1-\frac{1}{2}x^2-\frac{1}{8}x^4-\frac{1}{16}x^6-\cdots)(1-\frac{1}{2}x^2-\frac{1}{8}x^4-\frac{1}{16}x^6-\cdots)$$
$$=1-\frac{1}{2}x^2-\frac{1}{2}x^2-\frac{1}{8}x^4+\frac{1}{4}x^4-\frac{1}{8}x^4-\cdots$$
$$=1-x^2$$

這種簡易的驗算讓牛頓沒經過嚴格的論證過程也能堅信他這一套方法是正確無誤的。這個廣義的二項展開式不僅讓牛頓簡化了很多開方根的麻煩，更讓他可以方便地以無窮多項式的形式逐項地進行積分以求得面積的近似值。雖然現今我們在處理冪級數時需要考慮收斂的問題，但是牛頓從未對收斂問題作過正式處理。他僅憑著超強直覺已意識到這個可能的問題，因此在某些問題中曾說明在 x 的某些限制下「足夠準確」。他在《分析》接近尾聲時寫道（圖 26–4）：

> 無論對有限項組成的方程式執行了什麼樣的操作，該方法總可以對無窮多項的方程式同樣執行，……因為對此的推理與另一種的推理同樣確定；方程式同樣的精確；雖然我們人類的智力有限，既不能表達，也不能設想出這些方程式的所有的項，用以得出我們所要求量的精確值……

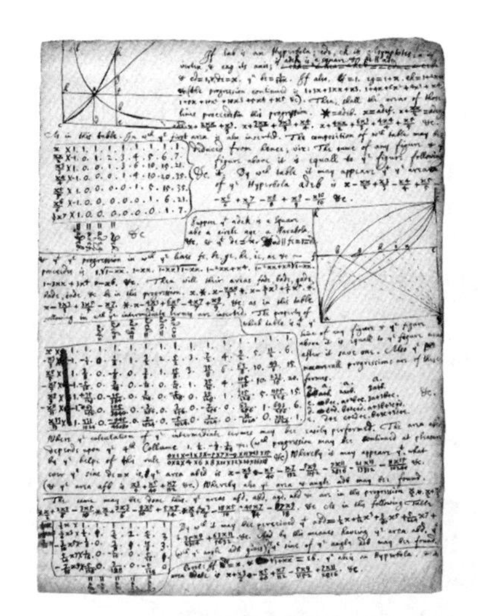

圖 26–3　牛頓關於廣義二項式定理的手稿，見 *The Mathematical Papers of Isaac Newton*, vol. III

ANALYSIS *by* EQUATIONS

or $\frac{x \times AG}{KG} = y$. But from the Nature of the Quadratrix, you have BA (= DC) = Arch UK; or UK = x. Wherefore putting AU = 1, it will be GK $= x - \frac{1}{6}x^3 + \frac{1}{120}x^5$, &c. from what was ſhewn above, and GA $= 1 - \frac{1}{2}x^2 + \frac{1}{24}x^4 - \frac{1}{720}x^6$ &c.

And therefore $y \left(= \frac{x \times AG}{KG}\right) = \frac{1 - \frac{1}{2}x^2 + \frac{1}{24}x^4 - \frac{1}{720}x^6 \text{ \&c.}}{1 - \frac{1}{6}x^2 + \frac{1}{120}x^4 - \frac{1}{5040}x^6 \text{ \&c.}}$, or, by actual Diviſion $y = 1 - \frac{1}{3}x^2 - \frac{1}{45}x^4 - \frac{2}{945}x^6$ &c. and (by Rule the ſecond) the Area AUDB $= x - \frac{1}{9}x^3 - \frac{1}{225}x^5 - \frac{2}{6615}x^7$ &c.

51. Thus alſo the Length of the Quadratrix UD may be determined, although the Calculation be ſomething more difficult.

52. Neither do I know any Thing of this Kind to which this Method doth not extend; and that in various Ways. Yea Tangents may be drawn to Mechanical Curves by it, when it happens that it can be done by no other Means. And whatever the common Analyſis performs by Means of Equations of a finite Number of Terms (provided that can be done) this can always perform the ſame by Means of infinite Equations: So that I have not made any Queſtion of giving this the Name of *Analyſis* likewiſe. For the Reaſonings in this are no leſs certain than in the other; nor the Equations leſs exact; albeit we Mortals whoſe reaſoning Powers are confined within narrow Limits, can neither expreſs, nor ſo conceive all the Terms of theſe Equations, as to know exactly from thence the Quantities we want: Even as the ſurd Roots of finite Equations can neither be ſo expreſt by Numbers, nor any analytical Contrivance, that the Quantity of any one of them can be ſo diſtinguiſhed from all the reſt, as to be underſtood exactly.

圖 26–4　《分析》書影，出自 *Sir Isaac Newton's two treatises of the quadrature of curves, and analysis by equations of an infinite number of terms, explained by John Stewart*

二、牛頓的流數法

1674 年 10 月 24 日，牛頓透過友人寄給萊布尼茲的第二封信中，為了怕洩漏太多機密，將他的微積分基本目標用密碼隱藏了起來（圖 26–5）：

6accdæ13eff7i3l9n4o4qrr4s8t12vx

雖然萊布尼茲在密碼學上的確頗有研究，但是是否能將其成功解讀為：「給定一個含有任意多個流量的方程，求流數，以及相反的問題」❷還存有疑慮。微積分的兩個基本問題，以運動學的應用來看，就是給

❷原文為拉丁文，拉丁文中的 v 與 u 可以互換。原稿請見圖 26–5。

出對應於時間之距離函數關係時，求任何給定時間的速度（瞬時速度）；以及相反地，給出對應於時間之速度函數關係，求指定時間內走過的距離。牛頓早期將圖形軌跡（函數）視為點的連續運動軌跡，將變量 x 視為依賴於時間的量，稱為流量 (fluent)，$\dot{x}$ 稱為流數 (fluxion)，是 x 在生成運動中增加的速度；簡單地說，牛頓所謂的 x 的流數$\dot{x}$就是瞬時變化率 (瞬時速度)，亦即我們現在所謂的導數 $\frac{dx}{dt}$。

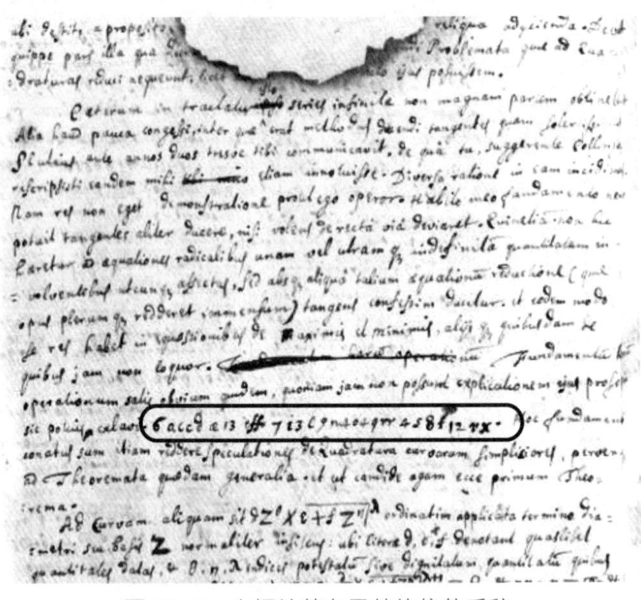

圖 26–5　牛頓給萊布尼茲的信件手稿

牛頓在《流數法》中計算的並不是 x 變量的導數，因為他一般不是從單一變數的函數關係著手，而是從給定曲線的方程式 $f(x, y)=0$ 開始計算現今所謂的微分方程式。在此書中牛頓以無窮小量的觀念說明他發明之方法的合理性，以方程式 $x^3-ax^2+axy-y^3=0$ 為例，他

首先定義一個流量 x 的「瞬」(moment) 為無窮小的時間裡它的增加量，所以 x 在無窮小的時間 o 的增加量是 x 的速度（變化率）與 o 的乘積，亦即 $\dot{x}o$，因此經過這段時間 x 變為 $x+\dot{x}o$，同樣地，y 變為 $y+\dot{y}o$，代入方程式，得

$$(x^3+3x^2\dot{x}o+3x\dot{x}^2o^2+\dot{x}^3o^3)-(ax^2+2ax\dot{x}o+a\dot{x}^2o^2)$$
$$+(axy+ay\dot{x}o+ax\dot{y}o+a\dot{x}\dot{y}o^2)-(y^3+3y^2\dot{y}o+3y\dot{y}^2o^2+\dot{y}^3o^3)=0$$

接著他說：

> 現在根據假設 $x^3-ax^2+axy-y^3=0$，在這些項被刪除後並把剩下的項除以 o，還剩下
> $3x^2\dot{x}+3x\dot{x}^2o+\dot{x}^3o^2-2ax\dot{x}-a\dot{x}^2o+ay\dot{x}+ax\dot{y}+a\dot{x}\dot{y}o$
> $-3y^2\dot{y}-3y\dot{y}^2o-\dot{y}^3o^2=0$。但進一步地，因為 o 假設為無窮小，所以它才能夠表示量的瞬，包含它作為因子的項相對於其他項將等於 0，因此我把它扔掉，還剩下
> $3x^2\dot{x}-2ax\dot{x}+ay\dot{x}+ax\dot{y}-3y^2\dot{y}=0$ ……

我們要注意的是，在牛頓使用的方程式裡，變數 x, y 都是 t 的函數，因此牛頓計算所得的結果，與現今對合成函數的計算 $\frac{\partial f}{\partial x}\cdot\frac{dx}{dt}+\frac{\partial f}{\partial y}\cdot\frac{dy}{dt}=0$ 結果無誤。

在牛頓發明微積分基礎概念的那幾年裡，他使用的技巧基本上都一樣，使用微小增量的核心概念也與費馬一般無異；只是針對微小增量 o 這個備受爭議的概念，他的想法與解釋一變再變，我們可以從他幾份重要的論文中看出一些端倪。首先於 1666 年撰寫的第一篇手稿《流數簡論》中，牛頓以運動學以及源自於運動的無限小的「瞬間」

為基礎來解釋他的方法，這個「瞬間」是個不可分量。然而，在 1669 年寫成的《以無窮多項方程式進行分析》中，他不再以運動學的形式解釋，改以變量 x 來取代運動解釋的時間 t，在過程當中，常直接令微小增量 o 為 0，此時他的微小增量亦是一種不能分割的最小分量，在此篇論文中他說他「只做簡短解釋，不做精確證明」。然而在 1671 年，牛頓為改寫《分析》而寫成的《論級數方法與流數法》中，再次恢復運動學的觀點，將變量 x（他稱為流量）視為連續的變化，o 為變量的「瞬」，並在此篇論文中，牛頓嘗試著去「證明」他的流數求法，因此他說：「相對其他項而言將等於 0，所以我將它們捨棄」，此時的 o 為無窮小量，它還是一個不可分量，之所以可以捨去是因為跟其他項來比相當地小。之後為避免無窮小量的使用，在 1687 年的《自然哲學的數學原理》中，他將微小量「瞬」稱為「瞬逝的可分量」(evanescent divisible quantities)，已將其視為可以無止境減小的量，並首先以幾何形式提出「首末比」(prime and ultimate ratios) 的概念，並在 1693 年寫成的《曲線求積術》中做出詳盡的分析表述，他說：

> 流數非常接近於在相等但卻很小的時間間隔內生成的流量的增量，確切地說，它們是初生增量的最初比 (they are the *first ratio* of the nascent augments)，但可用任何與之成比例的線段來表示。

在《曲線求積術》中，牛頓以求切線的策略與方法，說明他如何用首末比想法完成他的「流數方法」（即求導數的方法），並舉函數 $y=x^n$ 為例，實際演練操作他的方法。下面筆者稍微將牛頓的文字編修以簡單說明：

(1)設坐標 BC 從原處移動到新位置 bc，作矩形 $BCEb$，並畫直線 VTH 與曲線接觸 (touch，相切的意思) 於 C，同時與直線 bc 和 BA 延長相交於 T 和 V。簡單地說，為求得過 C 點的切線，只要知道 V 的位置即可 (即 VB 的長度)，因此要先求 $\triangle VBC$ 中的邊長比，例如 $\frac{BC}{VB}$。然而 $\triangle VBC$ 與 $\triangle CET$ 相似，因此轉換成需求得 $\frac{ET}{CE}$ (初生增量的最初比)。

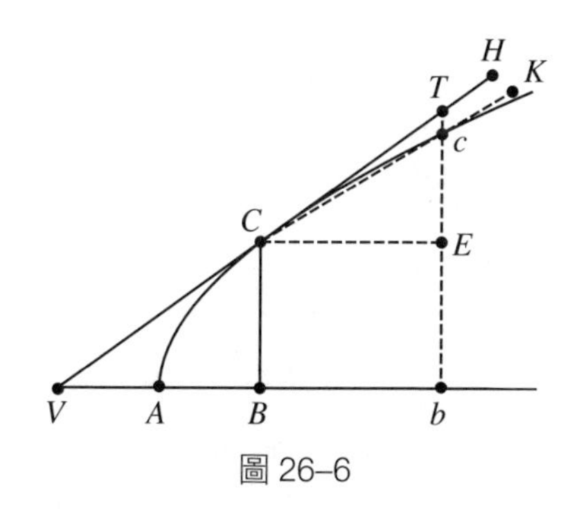

圖 26–6

(2)為了同樣的目的，現在把流數理解為消逝部分的最終比 (the *ultimate ratio* of the evanescent parts)。作直線 Cc 並延長至 K。令縱坐標 bc 回到原先位置 BC，當 C 與 c 趨合時，直線 CK 將與切線 CH 趨合，$\triangle CEc$ 的最終形式將變得與三角形 CET 相似，其邊 CE, Ec 和 Cc 相互之比最終將等於另一三角形 CET 的邊 CE, ET 和 CT 之比，亦即將所求流數再轉換成 $\frac{cE}{CE}$ (消逝部分的最終比)。若點 C 與 c 之間相差任意小，則直線 CK 與切線 CH 同樣將相差任意小。為使直線 CK 與切線 CH 重合，並能求出最終比 $\frac{cE}{CE}$，點 C 與 c 必須趨近，並且完全重合。在數學中即使是最微小的誤差也不應忽略。

(3)設量 x 均勻地流動，並設問題是要求 x^n 的流數。

在量 x 因流動而變為 $x+o$ 的同時，量 x^n 將變為 $(x+o)^n$，利用二項式展開，就等於 $x^n + nox^{n-1} + \frac{n^2-n}{2}oox^{n-2} + \cdots$

增量 o 與 $nox^{n-1}+\frac{n^2-n}{2}oox^{n-2}+\cdots$ 之比等於

$1:nx^{n-1}+\frac{n^2-n}{2}ox^{n-2}+\cdots$

現在令增量消逝，它們的最終比值將等於 $\frac{1}{nx^{n-1}}$（所求流數的倒數）。用現代的話來說，就是 x^n 的導數為 nx^{n-1}，而這個過程如果用現代極限的觀念與符號來呈現，等同於 $\lim_{o\to 0}\frac{f(x+o)-f(x)}{o}$ $=f'(x)$。

關於給定流數（導函數）反求流量間關係（函數）的問題，牛頓在《流數法》寫下問題 2：「已知一個表示量的流數間關係的方程，求流量間的關係」，在其解法裡明確的說：「此問題為前問題的逆，故應當用相反的步驟來解決。」在《曲線求積術》中他亦提到：「由流數求流量則是一個更為困難的問題，解這個問題的第一步相當於曲線求積。」因此牛頓在做此類問題時，當關係式允許時就簡單地把上述過程反過來用；不過他也意識到反過來的過程並不總行得通，對於那些不能這樣解決的問題，牛頓通常使用冪級數（無窮多項式）的方法，對每一項運用反導數的法則。

雖然牛頓的「首末比」方法看起來已有現在我們使用的極限想法在內，然而他還是無法清楚地解釋這個「瞬逝的可分量」為何有時視為不等於 0（相除，求比值），有時視為 0（令增量消失）。以現在我們的後見之明來看，極限理論似乎是針對「無窮小量」問題的最適當解決之道，不管牛頓嘗試何種方式來將「無窮小量」的概念說明得更清楚、更精確，還是無法說服一些挑剔者。儘管如此，牛頓發明的這套方法最終還是以它強大的問題解決能力而獲得廣大數學家與科學家的青睞與採用。他以更一般的方法統整了許多前輩們關於瞬時運動、切線與面積等問題的解法,並將其應用到許多之前沒有連結過的問題上,這一點就足以使他成為數學史上的一個偉大人物。

三、牛頓的其他成就

1667 年,當劍橋大學在鼠疫過後重新開放時,牛頓回到了劍橋大學。10 月被選為三一學院 (Trinity College) 的初級院士 (minor fellow)[3],並在獲得碩士學位之後於 1668 年成為高級院士 (major fellow),成為有權利坐上決策桌的一員。當牛頓的《分析》完成之後,他的老師巴羅 (Isaac Barrow, 1630–1677) 不遺餘力地想要讓牛頓的數學成就被全世界看見,並在 1669 年退休時將劍橋大學盧卡斯數學講座教授 (Lucasian Professor) 之位傳給了牛頓,不過牛頓這位偉人也有不擅長之處,他並不是位成功的教師,通常他的課很少有人去聽,當然更少有人聽得懂。他在盧卡斯講座的第一堂課上講了他在光學上的研究,亦即白光不是單純的一個整體,透過稜鏡可將白光分析為彩色光譜,他以此為基礎發明了反射望遠鏡,也因此成就被選為皇家學會的一員。1672 年他在皇家學會的會刊上發表第一篇科學上的論文,這份光學上的論文卻引來虎克 (Robert Hooke, 1635–1703) 與惠更斯的反對意見。與虎克的一連串紛爭,讓牛頓對論文的發表與出版更加卻步。他一直等到虎克去世的隔年(1704 年)才出版《光學》(*Opticks*) 一書,這時才把他對於微積分的重要研究成果〈曲線求積術〉作為附錄一起出版,不過為時已晚,此時萊布尼茲早在歐陸發表過他的微積分

---

[3] 在英國牛津或是劍橋這種傳統的大學中,學院由院士 (fellows) 負責管理、研究與教學工作。

論文了。牛頓憂心論文出版會引來批評與爭論，然而也因為他總是不出版或發表自己的研究成果，晚年才會捲入與萊布尼茲的優先權紛爭之中。

1678 年，或許是因為來自知名學者的批評與爭論，牛頓經歷了第一次的精神崩潰，把自己封閉起來不與外界往來。1684 年因為哈雷彗星而成名的愛德蒙・哈雷 (Edmond Halley, 1656–1742) 造訪牛頓，詢問他有關行星運行軌道的問題，並鼓勵牛頓出版他的新物理學與天文學方面的完整論文，還願意出資幫牛頓負擔出版費用。終於牛頓在 1687 年出版《自然哲學的數學原理》這本被譽為史上最偉大的科學著作，在 1713 與 1726 年再版並重新修正。這本書的出版為牛頓贏得了不少名聲，不過他仍在 1693 年經歷第二次短暫的精神崩潰，有人說這次是因為吸了太多煉金術實驗的化學藥品所致。1696 年他離開劍橋大學之後，接受了皇家造幣廠 (Royal Mint) 監督者的職位，並於 1699 年成為造幣廠廠主，對於英國硬幣的鑄造與偽造的防治做了相當大的貢獻。1703 年被選為皇家學會的主席，並一直連任至他去世為止；1705 年受封騎士勳章，是科學家因其成就與貢獻受封的第一人。

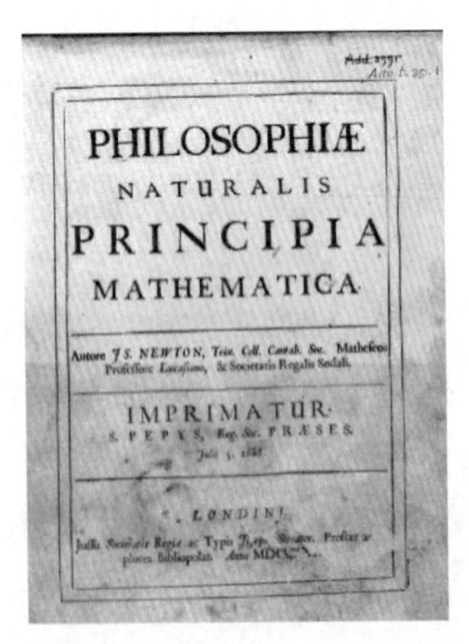
PHILOSOPHIÆ
NATURALIS
PRINCIPIA
MATHEMATICA.
IMPRIMATUR
S. PEPYS, Reg. Soc. PRÆSES.
LONDINI,

圖 26–7
牛頓自己持有的第一版《原理》，上面有牛頓為第二版所做修正的手寫字跡。

牛頓在微積分創立以及科學研究上的高度成就或許可歸因於他的高度集中力。英國著名的經濟學家凱因斯 (John Maynard Keynes, 1883–1946) 曾說過:

> 我相信他智力的線索在於他能連續全神貫注的沉思之超強能力，……他的特殊天賦就在於能在腦海中一直保留一個問題幾個小時、幾天甚至數個星期直到看透它為止。

在牛頓的故事中，這一點似乎是我們能夠學習與盡力仿效的，不過成就如何就不敢保證了。

篇 27

微積分誕生的故事Ⅲ
——萊布尼茲與優先權之爭

微積分發明者之一萊布尼茲的故事。萊布尼茲的生平事蹟與人格特徵，與牛頓有何不同？這樣的特質對他的學術研究有何影響？他又是如何處理他的微積分方法？更重要的是，微積分發明的桂冠到底該屬於誰？這場在英國與歐陸間掀起的數學風暴，又該怎麼樣結束呢？

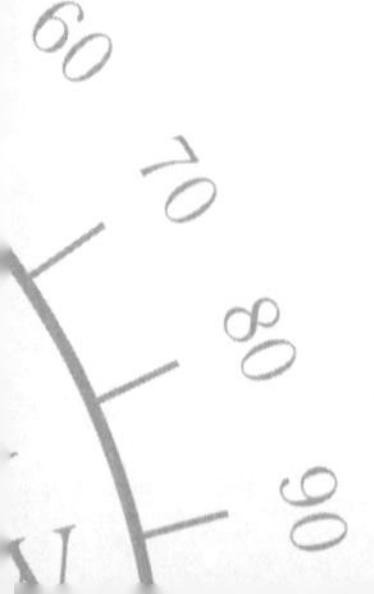

以不可分量與無窮小量為基礎而誕生的微積分，就數學方法的發展，故事進行到牛頓似乎應該要完結了。費馬的求極值的方法，沃利斯的無窮級數都為微積分鋪陳出一條大道，牛頓在這條道路上繼續前進並已取得相當了不起的進展，他的方法不僅統整了過去前輩們在單一問題上各自努力的成果，還將這個一般性的方法應用到許多之前沒有被聯想在一起的問題上。如果沒有萊布尼茲的出現，牛頓在科學與數學史上的地位會不會更加錦上添花呢?

一、哥特弗里德・威爾海姆・萊布尼茲

小牛頓 4 歲的萊布尼茲 (Gottfried Wilhelm von Leibniz, 1646–1716) 雖然跟牛頓一樣父親早逝，卻有著跟牛頓截然不同的生長環境。萊布尼茲的父親為萊比錫 (Leipzig) 大學倫理學教授，於他 6 歲時逝世，由母親扶養長大，並深受母親影響。他的母親是他道德與宗教價值觀的學習典範，在他後來的哲學信念中扮演相當重要的角色。萊布尼茲 6 歲時就開始研讀父親圖書室裡的哲學與神學書籍，並自學拉丁文，7 歲時母親就送他到當時的菁英學校尼古拉學校 (Nicolai School) 就讀，當時他的老師還告訴萊布尼茲的母親和姑媽們，不要讓他閱讀超齡的書籍，以免造成其他學生的壓力。14 歲進入萊比錫大學就讀，此時的他年紀雖小，卻也不是什麼特例，當時也有一些學生年紀是這麼小的。

1663 年，年僅 17 歲的他獲得學士學位之後，到耶納 (Jena) 大學作暑期短期研究，透過當地的數學教授威格 (E. Weigel, 1625–1699)，他開始了解數學證明方法在邏輯與哲學學科上的重要性，對萊布尼茲影響頗深。當年 10 月回到萊比錫大學之後轉讀法律，並拿到碩士學位，他的碩士論文著重在以數學概念來綜合研究哲學與法律各面向的結合。之後他開始研究並創立一種人類思想的字母表，想要將所有的基本概念用符號表示，並通過符號的組合來表示更複雜的人類推理與發現。這份想法包含在 1666 年他的出版著作《論組合的藝術》(*Dissertatio de Arte Combinatoria*) 裡，在此著作中他還獨立推導出巴斯卡三角形以及其他關係。儘管當時萊布尼茲有著日漸上升的學術聲譽，在完成博士論文之後，萊比錫大學卻因為某些因素不肯授予他博士學位，因此他於 1667 年轉至阿爾特多夫大學 (University of Altdorf)，博士學位馬上到手。

雖然出生中產階級家庭，萊布尼茲卻是同時代數學家、科學家和哲學家中少數掙扎度日的人。1667 年他開始為伯尼柏格男爵 (Baron Johann Christian von Boinrburg, 1622–1672) 工作，接下來的幾年，他的工作任務範圍遍及科學、文學與政治領域。萊布尼茲的終生職志除了宗教的整合之外，他還想要校勘所有人類知識。他的數學取向從根本上就與牛頓不同，反而偏向笛卡兒一點，萊布尼茲希望在哲學上能有重大創建，而數學則是他的開路先鋒。1672 年，為了到巴黎接觸更多的科學界人士，他接受美因茲選帝侯 (Elector of Mainz) 給他的外交任務出訪巴黎，並跟著惠更斯學習數學與物理學。雖然外交任務失敗，他還是希望繼續留在巴黎。4 年後在伯尼柏格男爵去世之後，轉而接受漢諾威公爵 (Duke of Hanover) 的資助，擔任漢諾威圖書館館長，繼續留在巴黎，希望以他建造中的計算機器以及一些論文遊說巴黎科學院接受他為院士，當時巴黎科學院以已有 2 位外國會員為由拒絕了他，其中一位就是荷蘭物理學家與數學家惠更斯。

1673 年，萊布尼茲為了同樣的外交任務而拜訪倫敦。他一方面為政治意圖進行遊說（希望法國與英國出兵攻打埃及），一方面對倫敦皇家學會推銷他的計算機器，卻被告知這類機器在其他作者的書中早已出現過，並且在他因為返回巴黎而缺席的一次會議上遭受嚴厲的批評。儘管如此，他這次的拜訪還是讓皇家學會的祕書，也是牛頓的好友亨利・奧爾登堡 (H. Oldenburg, 1619–1677) 留下深刻的印象，同年 4 月萊布尼茲就被推選進入皇家學會。這次的拜訪讓萊布尼茲意識到他的數學知識並不如自己期望的多，因此更加在此學問上付出努力。1674 年萊布尼茲開始研讀關於無窮小量的幾何學，並寫信給皇家學會的奧爾登堡，此時奧爾登堡告知他牛頓已經找到一般方法了，然而這段在巴黎的時間，萊布尼茲已經從一名普通平凡的數學家，蛻變成為一位深具創造力的數學天才。1675 年他在他的筆記上第一次使用 $\int f(x)dx$ 的記號，同時還記錄了微分的乘法原理：

$$([f(x)\cdot g(x)]' = f'(x)g(x) + f(x)g'(x))$$

1684 年，萊布尼茲第一次將他對微分的論述發表在他協助創辦的《教師學報》(*Acta Eruditorum*) 上，題目非常長，叫做《一種求極大與極小值和求切線的新方法，它也適用於分式和無理量，以及這種新方法的奇妙類型的計算》(*Nova Methodus pro Maximis et Minimis, Itemque Tangentibus, quae nec Fractas nec Irrationales Quantitates Moratur, et Singulare pro Illi Calculi Genus*)，不過這篇論文裡雖然論述了微分的符號、規則，卻沒有包含任何證明。這也是數學史上第一份公開出版的微積分論文；2 年之後，他再次於這個期刊上發表關於積分的論文。

圖 27–1
萊布尼茲的肖像畫，約 1700 年，由 Christoph Bernhard Francke 所畫。

二、萊布尼茲的和與差

萊布尼茲創立微積分的想法來自數列的和與差關係。他在早期出版的《組合學的藝術》中曾經考慮過數列與它的一階差及二階差，其中一階差為數列中後一項與前一項的差，二階差為一階差所成數列中後一項與前一項的差。例如

數列 0, 1, 4, 9, 16, 25, ⋯

一階差 1, 3, 5, 7, 9, ⋯

二階差 2, 2, 2, 2, ⋯

他注意到在一階差中各項的和，會等於數列末項與首項的差，因此若此數列的首項為 0，那麼一階差的各項和就會等於末項。譬如在上述平方數數列中，$1+3+5+7+9=25-0=25$，接著他將這樣的事實應用到曲線上點的坐標。

萊布尼茲通常將曲線考慮成無窮多邊的多邊形，如圖 27–2，讓 dx 表示相鄰兩分割點（亦即內接多邊形頂點）的橫坐標差，dy 為相

鄰兩分割點之縱坐標差❶，這裡的 d 意指拉丁文的 *differentia*，就是「差」的意思，萊布尼茲將 dy 稱為 y 的微分，亦即 y 坐標的微小變量；同時他用拉丁文的和 *summa* 的首寫字來表示和，當時將 s 寫成拉長的「$\int$」是件很平常的事❷。萊布尼茲由數列的性質轉換得到兩個規則，第一條規則為 $\int dy = y$，簡單講，如果將 0 至 y 之間作分割，所有相鄰兩點的 y 坐標差 dy 的和等於最後的 y 坐標與第一個 y 坐標的差，也就是 y，因此有 $\int dy = y$，從幾何上來看，可以想像成一個線段的微分（無窮小的差）的和等於線段。

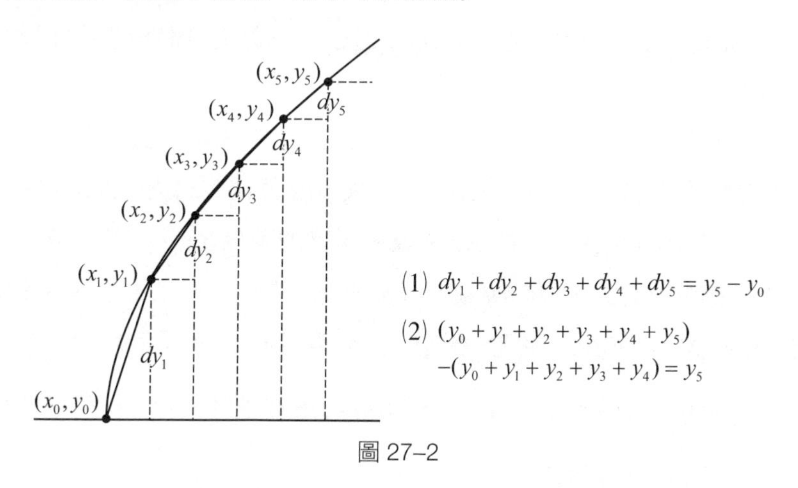

圖 27–2

❶萊布尼茲一開始在他的筆記中用 l 來表示差，一度用 $\frac{y}{d}$ 表示 y 坐標的差，後來改成用 dy 表示，亦即 y 之微分。

❷萊布尼茲一開始用拉丁文 *omnia* 的縮寫 *omn.* 來表示和，*omnia* 意指所有、整體。

第二條規則稍微難理解一點。我們先從數列來看，如果加到第 y_i 項的和為 Σy_i，$\Sigma y_i = y_0 + y_1 + y_2 + \cdots + y_i$，那麼 $d(\Sigma y_i) = \Sigma y_i - \Sigma y_{i-1} = y_i$，其中 d 表示相鄰兩項的差，因此萊布尼茲推廣得到 $d\int ydx = ydx$ 這個第二條規則。萊布尼茲有時將積分當成許多細小長方形面積之和，這些長方形數量多到使得它們之和與曲線下面積間的差可以忽略不計；有時又用當時流行的看法，把積分看成所有 y 值的和。如果我們將 ydx 當成曲線下分割而成的一個長方形面積，那麼 $\int ydx$ 就是曲線下的面積，而 $d\int ydx$ 就是面積所成數列之前後項的差。萊布尼茲曾說過：「積分求和的方法正是微分之逆。」這句話充分體現在這條規則上。

不同於牛頓處理微小增加量比值的想法，萊布尼茲直接處理 x 與 y 的無限小增加量，即是他的微分 dx 與 dy，並決定它們之間的關係。在 1680 年的論文中，他的 dx 成為橫坐標的差分，dy 則是縱坐標的差分，他說「現在 dx 和 dy 被當作無限小，或是在曲線上距離小於任意長的點」，dy 是縱坐標 y 在 x 移動時的「瞬間增加量 (momentaneous increment)」，而求切線的最佳途徑即是求 $\frac{dy}{dx}$。他在 1684 年的論文裡寫到：

> 我們只要記住：求切線就是指畫出曲線上距離為無限小的兩點連線，或畫出一有無限多個角的多邊形的延長邊，我們用此多邊形來代替曲線。這種無限小距離總可以用像 dv 這樣的已知微分或其他關係式來表示……

萊布尼茲的微積分概念啟發自特徵三角形。當他將曲線看成無窮多邊形時，每一小段的邊長與其頂點所對應的坐標增量會形成一個小三角形，稱為特徵三角形，如圖 27–3 的 $\triangle PQR$。當要求過曲線上 T 點的切線時，可在曲線上 T 點附近找點 P、Q，P 與 Q 點的距離可以任意小，萊布尼茲認為弦 PQ 可視為曲線在 P、Q 之間的部分，也可視為切線的一部分。但這個無限小的 $\triangle PQR$，卻保持與 $\triangle STU$ 相似，因此 $\dfrac{dy}{dx}=\dfrac{TU}{SU}$，因此求切線就是求 $\dfrac{dy}{dx}$。對他而言，當 dx 與 dy 減少時，會達到近乎消失的小，或是無窮小的值，此時 dx 與 dy 的值不是 0，但是比任何給定的數都還要小。利用無窮小增量的想法，萊布尼茲可得到微分的乘法規則：

$$d(xy)=(x+dx)(y+dy)-xy=xdy+ydx+dxdy=xdy+ydx$$

其中 $dxdy$ 小到可忽略不計。

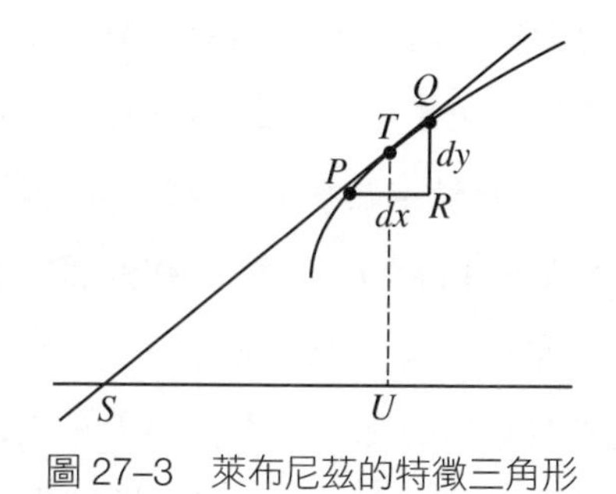

圖 27–3　萊布尼茲的特徵三角形

三、無窮小量的鬼魂

在微積分的技術與理論發展之初，備受攻擊的，就是無窮小量的使用與解釋一直含混不清。所以，牛頓一再改變他對軌跡、變化率以及微小增量的解釋；同樣的，萊布尼茲更不厭其煩地回答別人對他的質疑，尤其常常從哲學的角度來解釋他的想法。譬如他在 1687 年寫給貝爾 (P. Bayle, 1647–1706) 的信裡曾經提到:「在結束於某終點的任何假想過渡過程裡，我們可以引入一種廣義推理，將最後的終點也涵蓋在內。」所以當兩點 (x_1, y_1) 與 (x_2, y_2) 越移越近時，他解釋這種過程:

> 但是我們可以想像有種過渡狀態，或者一種消逝狀態，此時雖沒有達到真正精確的相等或靜止，……但正要進入這種狀態，其差小於任何可指定的量；……當談論無窮大（或更嚴格的，無止境）的量，或無窮小的量（亦即，在我們知識範圍內最小的量）時，我們的意思是，它們只是用來指不確定的大或不確定的小，亦即想取多大就有多大，或想取多小就有多小，使得任何人可指定的誤差小於某個指定的量。

然而，不管種種的努力與辯解，無窮小量持續成為備受攻擊的焦點，其中以哲學家柏克萊主教提出的批評最為嚴厲。柏克萊主教憂心由數學家所激發的決定論與機械論哲學對宗教造成的嚴重威脅，於 1734 年出版《分析學家》(*The Analyst*) 一書[3]。在此書中他批評牛頓在〈曲線求積術〉中執行的某些代數步驟，他說:「如果我們假設增量消失了，當然也就必須假設它們的比例、它們的表示式，以及任何其他依此假設而導出的東西都將隨之消失。」他也批評牛頓的瞬逝量的比值

---

[3] 這本書相當冗長的全名為《分析學家，或致一位不信神數學家的論文，其中檢視了現代分析學的對象、原理與推論，較諸宗教的奧義和信仰要點，構想是否更清晰，演繹是否更有據。「先去掉自己眼中的梁木，然後才能看得清楚，去掉你兄弟眼中的刺」》，書名中的數學家指的是哈雷，最後一句引自新約馬太福音。

說:「它們既不是有限的量,也不是無窮小的量,又不是完全沒有,難道我們不能稱它們為消逝量的鬼魂嗎?」在此書中他還一視同仁地批評了萊布尼茲的無窮小量:

> 萊布尼茲和他的追隨者在他們的微分學裡毫不嚴謹,先是假設有、然後又捨去無窮小的量,這在理解上能算是多清晰?在推理上能算是多公正?任何思考者只要不預存支持他們的偏見,都可輕易看得出來。

以現在我們的後見之明來看,極限理論似乎是針對「無窮小量」問題的最適當解決之道。然而在當時,當柏克萊的批評引來相當多的回應時,許多的數學家確實也想要替微積分建立嚴格的基礎,嘗試將「無窮小量」的概念說明得更清楚、更精確,這其中包含歐拉、拉格朗日 (J. Lagrange, 1736–1813) 等等。當然其中也有過一些人嘗試用「極限」概念來說明,例如十八世紀的達倫貝 (J. R. d'Alembert, 1717–1783) 在《百科全書》的「極限」條目就曾指出:「極限理論是微分真正的形上學基礎」。然而,一直到十九世紀初柯西決定將微積分的基礎放在極限的概念上,微積分基礎的嚴格化才在他的努力下,稍微有點重要成果出現。

四、誰先誰後的大問題

1684 年,萊布尼茲發表的第一篇微分論文,裡面完全沒有提到牛頓的名字。當時的歐陸沒人覺得奇怪,因為牛頓那時還沒有發表任何有關微積分的文章,歐陸還鮮有人知牛頓在數學界的名聲;而牛頓本人也幾乎無動於衷,他還在 1687 年出版的《原理》第一版中承認萊布尼茲的成就，他說：「萊布尼茲得出了同樣的方法，並和我交流了他的方法，他的方法除了在符號與產生量的觀念之外，與我的幾乎沒有不同。」不過這件事對牛頓的追隨者來說，事態可就有點嚴重了。沃利斯就認為牛頓關於流數的概念正以萊布尼茲的名號在歐陸流傳，因此他在 1692 年開始彙編的《成果》(*Opera Mathematica*) 中主動提及牛頓的微積分。這個時候牛頓與萊布尼茲的關係還沒有惡化到互相指責的地步。

接下來一連串的舉措與反擊讓衝突愈演愈烈。下面我將幾個重要關鍵事件以時間線的方式陳列，以便讀者可以快速簡單地了解事情發展的經過：

- 1696 年：萊布尼茲的追隨者之一約翰・伯努利認為除了符號之外，兩人的方法沒什麼不同，既然萊布尼茲先發表，那麼他就應該享有一切榮耀。他以最速降線的問題公開挑戰數學家以及牛頓，牛頓以化名將答案送給了皇家學會，不過這個化名的動作沒什麼效果就是。
- 1699 年：萊布尼茲在《教師學報》上的一篇回顧文章中展現最速降線的解法，並當成是他的微積分的一種成功示範，同時暗示牛頓用了他的微積分才解決這個問題。這個舉動徹底惹惱了牛頓的另一位追隨者，搬到英國的瑞士數學家丟勒 (Nicolas Fatio de Duillier, 1664–1753)，他寫了一篇分析最速降線解法的論文給皇家學會，以煽動性的言語暗示萊布尼茲「借用」了牛頓的成果。此舉雖然激怒了萊布尼茲，不過他此時還是相信此事並不是牛頓授意，並在《教師學報》上做出回應。
- 1704 年：牛頓出版《光學》一書，並將〈曲線求積術〉作為附錄一起發表，此時顯然已將萊布尼茲當成對手看待，打算來一較高下。

- 1705 年：萊布尼茲匿名評論牛頓的《光學》，用了一個跟卡瓦列里有關的抄襲事件做類比，暗示牛頓用自己「稍遜一點」的流數法取代他的微積分。
- 1708 年：牛頓的追隨者約翰・凱爾 (John Keill, 1671–1721) 發表論文說：「流數法無疑是牛頓首先發明的⋯⋯，後來萊布尼茲博士用化名和不同的標記方式，在《教師學報》上發表了同樣的演算法。」雖然牛頓很惱火凱爾私自寫下的這篇論文，但是凱爾將這篇論文和萊布尼茲的回顧文一起送給皇家學會，順利將牛頓的怒火轉向萊布尼茲。
- 1711 年：萊布尼茲因為某些原因於 1710 年才看到凱爾的文章，於 1711 年寫信向皇家學會抗議他在沃利斯的《成果》之前從沒聽過「流數」這個詞，牛頓於 1676 年回給他的信中也沒有出現這個詞，他請求皇家學會成立一個調查委員會查明真相。萊布尼茲真是傻了，皇家學會是牛頓的地盤，整個英國當時又因為國王繼承的問題相當仇視萊布尼茲的老闆漢諾威家族，想當然耳這個委員會調查結果會偏向誰。
- 1713 年：皇家學會的調查委員會以匿名發表調查報告〈通報〉，不出意外調查結果相當偏袒牛頓。5、6 月時，凱爾又在一本法國的文學雜誌發表論文，把這場鬥爭公諸於一般大眾。同一年約翰・伯努利批評牛頓《原理》中的數學只是炒冷飯的東西。
- 1714 年：萊布尼茲發表他的《微分的歷史與起源》(*Histria et Origo Calculi Differentialis*) 以反擊凱爾的批評。牛頓則是匿名發表一篇關於〈通報〉的評論，試圖表明他的方法優於萊布尼茲的微積分：

> 牛頓先生所用的流數方法，在微分和其他方面都有優勢。它更巧妙，因為在他的微積分裡有一個符號表示無窮小的力量——符號 o……它更自然，更具體……牛頓先生的方法也更實用，更確定……當牛頓先生的成果不僅在有限方程式得到成功時，他又通過收斂級數來證實這些方法，因此對比僅限於有限方程式的萊布尼茲先生的方法，他的方法在更通用方面無與倫比。

- 1716 年：這場爭鬥持續擴大中。萊布尼茲轉而攻擊牛頓關於宇宙與上帝的哲學概念。不過，萊布尼茲於這年的 11 月去世。
- 1722 年：爭端並沒有因為萊布尼茲的逝世而消弭，牛頓對萊布尼茲的敵意也還持續燃燒著。這年牛頓主導安排的〈通報〉的第二版發行，更加清楚地展現了對萊布尼茲的傷害。
- 1728 年：《原理》第三版發行，牛頓完全刪除了在第一版中曾經出現過的有關萊布尼茲的隻字片語。

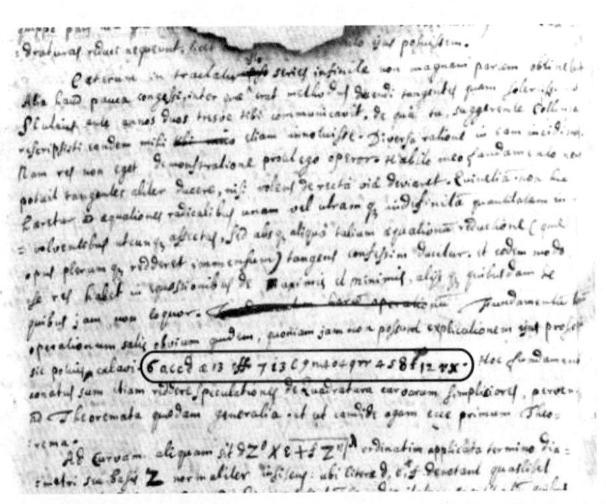

圖 27–4　牛頓給萊布尼茲的信件手稿，標示處為牛頓隱藏微積分方法的密碼。

到底他們兩人有沒有抄襲對方？之所以會引起爭端的原因之一在於萊布尼茲與牛頓於 1676 年的兩封通信，萊布尼茲能不能從牛頓隱晦的密碼與間接使用的方法中破解微積分的基本概念？原因之二，萊布尼茲於 1673 年與 1676 年 2 次拜訪倫敦，即使他看了牛頓的論文，這些論文中包含多少牛頓的微積分方法？他可能從中理解並抄襲牛頓的概念嗎？原因之三，儘管牛頓的流數法完成於 1665–1666 年間，或者以 1671 年完成的《論級數方法與流數法》來算，時間上早於萊布尼茲；但是萊布尼茲搶先在 1684 年發表關於微分的論文，牛頓最早一篇發表的微積分論文卻是 1704 年的《光學》附錄〈曲線求積術〉，在學術界都是先搶先贏的，通常誰先發表先獲得認可榮譽就歸誰，因而萊布尼茲的成果事實上是在牛頓之前被人接受與應用，萊布尼茲的符號 $(d, \int)$ 也比牛頓的點記號更具優勢，事實上，微積分、微分、積分這些名詞就是取自萊布尼茲的說法。儘管有這些原因存在，又各自經歷了對方陣營本人與追隨者有些無禮的攻訐行為與言論，經過後世研究者的深思熟慮與研究調查之後，我們現在相信他們兩人應該都沒有任何形式的剽竊。只能說天下能人不少，他們各自獨立地在自己的努力下發明了微積分。

讓我們再來回顧與整理雙方使用的概念、技巧與符號之異同。首先是使用符號的不同：牛頓用 $\dfrac{\dot{y}}{\dot{x}}$ 表示微分（流數）；萊布尼茲用 $\dfrac{dy}{dx}$ 表示微分，$\int ydx$ 表示積分。對牛頓而言，$\dfrac{\dot{y}}{\dot{x}}$ 是比值，然而萊布尼茲將 $\dfrac{dy}{dx}$ 類比為除法，因此 $\int ydx$ 這個逆運算就是乘法之意；牛頓的主要數學技巧為冪級數一項一項地進行微分與積分，而萊布尼茲的主要數學技巧則是特徵三角形與加法、減法（$\int$與 d），除法與乘法（微分與積分）的關係類比。

兩人相同之處首先在於對無窮小量的使用與處理。在微分與積分的主要概念中，兩人皆引入無窮小量來表示一個很微小、幾乎為 0 的增量，並且將無窮小量的高次方（2 次以上）皆捨去不計。再者，兩人超越他們前輩之處就在於坐標的引用，萊布尼茲用了一般的 x-y 坐標，而牛頓則是第一個引用極坐標系統之數學家，因此積分後得到了負數也可以有幾何解釋。同時也因為坐標系統的使用，他們得以將一個給定的函數關係 $f(x)$ 之微分 $f'(x)$ 與積分 $\int f(x)dx$（以現代的符號表示）視為新的函數，將變量的代數性帶入微積分，可對 $f'(x)$ 再微分或在某些困難的問題中運用這些微分與不定積分的關係。

根據數學史家凱茲 (V. J. Katz) 的說法，現代之所以將牛頓與萊布尼茲並列為微積分的發明人，而不是卡瓦列里、沃利斯、費馬等之前曾對微積分概念作出貢獻的數學家，原因就在於只有牛頓與萊布尼茲完成了下面這四件事，一體地呈現出微積分這門學問的概念、技術與應用：

⑴提出微積分的 2 個基本問題之基礎概念，對牛頓而言是流數與流量，對萊布尼茲而言就是微分與積分。

⑵發展方便使用這些概念的符號與算法。

⑶理解並應用這兩個基本概念的互逆關係。

⑷使用這兩個概念解決許多以前不能解決或只能靠特殊解法解決的問題。

不過，牛頓與萊布尼茲都僅能以無窮小量的說法解釋概念，同樣地沒能做到為微積分嚴格地奠立符合古希臘幾何傳統，同時也是普世認同標準的基礎，這點還有賴於十九世紀數學家的努力了。不過一個數學理論或定理，冠上某位數學家的名字並不代表只有他一人的努力或成就，數學的發展是集體努力的成果，優先權之爭，通常只是當事人或追隨者一時的意氣之爭而已。

牛頓與萊布尼茲雙方陣營之間的戰火並沒有隨著兩人的逝世而消弭。儘管在與世長辭的當下，二人所處的地位已大不相同，牛頓在 1727 年逝世時被授以國葬的禮遇，而萊布尼茲的葬禮只有他生前的一位助手參加。像是這樣的際遇還不夠慘烈似的，1759 年，法國文人同時也是牛頓思想的熱中宣揚者伏爾泰（Voltaire, 1694–1778，原名 François-Marie Arouet）在他的知名哲理小說《查第格》(*Zadig ou la Destinée*) 中，更對萊布尼茲做了一番諷刺。雙方的追隨者讓這件爭端持續不歇，隔著英吉利海峽，數學與科學進展因此邁出不同的步伐。英國數學家堅持挺自家人，只用牛頓的流數法與記號；然而歐陸卻在萊布尼茲的忠心追隨者之宣導與投入下，以萊布尼茲的微積分為基礎，於十八世紀取得飛快的進步，數學這一門學問的權威中心也因此轉移至德國。這樣的結果可能不是當初投入爭執的雙方能夠預想得到的。

掩卷之時，希望讀者們能透過這些由數學家血淚成就的數學知識內幕，感受到那份屬於人的溫度。

參考文獻

古文獻

1. Apollonius, *Conics* (tr. R. C. Taliaferro), in *Great Books of the Western World*, Encyclopaedia Britannica, 1952.
2. Aristotle, The *Metaphysics* and *Physics*, in R. Calinger ed., *Classics of Mathematics*, New Jersey: Prentice-Hall, Inc., 1995.
3. Cardano, *Ars Magna, or The Rules of Algebra*. New York: Dover Publications.
4. De Moivre, *The Doctrine of Chances*, 1756.
5. Euclid, *The Thirteen Books of the Elements*, translated with introduction and commentary by Sir T. L. Heath, N. Y.: Dover Publications, Inc.
6. Galileo, *Dialogues Concerning Two New Sciences*, translated from the Italian and Latin into English by Henry Crew and Alfonso de Salvio, 1638.
7. Newton, I. *Universal Arithmetick: Or, A Treatise of Arithmetical Composition and Resolution*. London, 1720.
8. Ptolemy's *Almagest*, in *Greek Mathematics Volume II: Aristarchus to Pappus*, with an English translation by Ivor Thomas. Cambridge: Harvard University Press.
9. Ptolemy's *Almagest*, in *Great Books of The Western World Volume 15*, translated by R. Catesby Taliaferro. Chicago: Encyclopaedia Britannica, Inc..
10. Ptolemy's *Almagest*, translated by G. J. Toomer (1984), London: Gerald Duckworth & Co. Ltd.
11. Sir Isaac Newton's two treatises of the quadrature of curves, and analysis by equations of an infinite number of terms, explained by John Stewart:
https://play.google.com/store/books/details?id=eg4OAAAAQAAJ&rdid=book-eg4OAAAAQAAJ&rdot=1

中文文獻

12. 李文林主編，《數學珍寶》，臺北：九章出版社，2000。
13. 林炎全等譯，《數學史——數學思想的發展》，臺北：九章出版社，1983。
14. 林倉億，〈卡丹諾〉，收錄於《HPM 通訊》第 16 卷第 7、8 期合刊，2013。
15. 胡政德，〈Heron 生平、《Metrica》及海龍公式的原始證法〉，收錄於《HPM 通訊》第 9 卷第 4 期，2006。
16. 郭書春，《古代數學泰斗——劉徽》，臺北：明文書局，1995。
17. 陳敏晧，〈餘弦定理證明〉，收錄於《HPM 通訊》第 13 卷第 11 期，2010。
18. 陳鳳珠，〈虛數 $\sqrt{-1}$ 的誕生〉，收錄於《HPM 通訊》第 3 卷第 2、3 期合刊，2000。
19. 黃俊瑋，〈三份 HPM 教案反思與比較：「圓錐曲線雜談」、「無理數」、「餘弦定理」〉，收錄於《HPM 通訊》第 15 卷第 5 期，2012。
20. 黃俊瑋，〈從複數到四元數〉，收錄於《HPM 通訊》第 10 卷第 11 期，2007。
21. 黃清揚，〈歷史上的數學歸納法：以阿爾—凱拉吉、阿爾—薩毛艾勒、本熱爾松、摩洛利克為例〉，收錄於《HPM 通訊》第 8 卷第 4 期，2005。
22. 項武義、張海潮、姚珩，《千古之謎——幾何、天文與物理兩千年》，臺北：商務印書館，2010。
23. 張海潮、沈貽婷，《古代天文學中的幾何方法》，臺北：三民書局，2015。
24. 蔡聰明，〈輾轉相除法、黃金分割與費氏數列（上）〉，收錄於《數學傳播》19 卷 3 期，1995。
25. 謝佳叡，〈數學歸納法常見的謬誤〉，收錄於《HPM 通訊》第 8 卷第 2、3 期合刊，2005。
26. 蘇俊鴻，〈數學史融入教學——以對數為例〉，收錄於《HPM 通訊》第 6 卷第 2、3 期合刊，2003。

27.蘇俊鴻，〈數學歸納法的分析〉，收錄於《HPM 通訊》第 8 卷第 2、3 期合刊，2005。
28.蘇俊鴻，〈海龍公式的各樣證法之特色〉，收錄於《HPM 通訊》第 9 卷第 4 期，2006。
29.蘇俊鴻，〈餘弦定理可以怎麼教?〉，收錄於《HPM 通訊》第 9 卷第 10 期，2006。
30.蘇俊鴻，〈兩個證明的比較〉，收錄於《HPM 通訊》第 2 卷第 12 期，1999。
31.蘇惠玉，〈數學歸納法的證明形式之完成〉，收錄於《HPM 通訊》第 8 卷第 4 期，2005。
32.蘇意雯，〈數學史融入數學教學——以海龍公式探討為例〉，收錄於《HPM 通訊》第 9 卷第 4 期，2006。
33.比爾・柏林霍夫、佛南度・辜維亞著，洪萬生、英家銘暨 HPM 團隊譯，《溫柔數學史》，臺北：博雅書屋，2008。
34.克里斯 (R. P. Crease)，張淑芳、吳玉譯，《科學的高點——方程式之美》，臺北：臉譜出版社，2011。
35.金格瑞 (Owen Gingerich)，賴盈滿譯，《追蹤哥白尼：一部徹底改變歷史但沒人讀過的書》，臺北：遠流出版社，2007。
36.霍金編／導讀，張卜天等譯，《站在巨人肩上》，臺北：大塊文化，2004。
37. Alexander, A.，麥慧芬譯，《無限小：一個危險的數學理論如何形塑現代社會》(*Infinitesimal: How a Dangerous Mathematical Theory Shaped the Modern World*)，臺北：商周出版社，2015。
38. Devlin, Keith，洪萬生譯，《數字人》(*The Man of Numbers: Fibonacci's Arithmetic Revolution*)，臺北：五南出版社，2013。
39. Dunham, W.，林傑斌譯，《天才之旅》，臺北：牛頓出版股份有限公司，1995。
40. Grcar, J.，蘇惠玉譯，〈高斯消去法與她的數學家們〉，收錄於《數理人文》創刊號，2013。
41. Hellman, H.，范偉譯，《數學恩仇錄：數學史上的十大爭端》，臺北：博雅書屋，2009。

42. Katz, V. J.，李文林、鄒建成、胥鳴傳等譯，《數學史通論》(*A History of Mathematics, An Introduction* (second edition))，北京：高等教育出版社，2004。
43. Klein, F.，《高觀點下的初等數學》，臺北：九章出版社，1996。
44. Kline, M.，張祖貴譯，《西方文化中的數學》，臺北：九章出版社，1995。
45. Kline, M.，趙學信、翁秉仁譯，《數學確定性的失落》，臺北：臺灣商務印書館，2004。
46. Livio, M.，丘宏義譯，《黃金比例》(*Golden Ratio*)，臺北：遠流出版公司，2004。
47. Maor, E.，洪萬生等譯，《畢氏定理四千年》(*The Pythagorean Theorem: A 4000-Year History*)，臺北：三民書局，2015。
48. Maor, E.，鄭惟厚譯，《毛起來說 e》(*e: The Story of a Number*)，臺北：天下遠見，2000。
49. Maor, E.，胡守仁譯，《毛起來說三角》，臺北：天下文化，1998。
50. Martinez, G.，孫梅君譯，《牛津殺人規則》，臺北：大塊文化，2007。

英文文獻

51. Andreas Kleinert and Martin Mattmülle, “Leonhardi Euleri Opera Omnia: A centenary project,” in *Newsletter of the European Mathematical Society*, 2007.
52. Barnett, J. H.. “Anomalies and the Development of Mathematical Understanding,” in V. Katz ed., *Using History to Teach Mathematics: An International Perspective*, Washington: The Mathematical Association of America, 2000.
53. Calinger, R. ed., *Classics of Mathematics*. New Jersey: Prentice-Hall, Inc., 1995.
54. Crowe, M. J., *A History of Vector Analysis*, New York: Dover Publications, Inc., 1967.

55. Edwards, A., *Pascal's Arithmetical Triangle*, U. K.: Charles Griffin & Company Limited, 1987.
56. Eves, H., *An Introduction to the History of Mathematics*, New York: Holt, Rinehart and Winston, 1976.
57. Fried, M., "The Use of Analogy in Book VII of Apollonius' Conica," in *Science in Context* 16 (3), 2003.
58. Grattan-Guinness, I., *The Fontana History of the Mathematical Sciences*. London: Fontana Press, 1997.
59. Heath, T. L., *Diophantus of Alexandria*. London: Cambridge University Press, 1910.
60. Heath, T. L. ed., *The Works of Archimedes.* New York: Dover Publications, Inc., 2002.
61. Heath, Thomas. *A History Of Greek Mathematics*. New York: Dover Publications, Inc., 1921.
62. Heath, Thomas. *Mathematics in Aristotle*. New York: Garland Publishing, Inc., 1949.
63. Høyurp, J., *Lengths, Widths, Surfaces: A Portrait of Old Babylonian Algebra and Its Kin*. New York: Springer, 2002.
64. Katz, V. J., *A History of Mathematics: An Introduction* (2 edition). Boston: Pearson Education, Inc., 1998.
65. Katz, V. J., *A History of Mathematics: An Introduction* (3 edition). Boston: Pearson Education, Inc., 2009.
66. Lloyd, G. E. R.. *Early Greek Science: Thales to Aristotle*. New York: W. W. Norton & Company, Inc., 1970.
67. Nahin, P. J., *An Imaginary Tale: The Story of* $\sqrt{-1}$, New Jersey: Princeton University Press, 1998.
68. Richman, F., "Is $0.999\cdots = 1$?," *Mathematics Magazine* 72, 1999.
69. Smith, D. E., *A Source Book in Mathematics*, New York: Dover Publications, Inc., 1984.
70. Yiu, P. (1999), "The Elementary Mathematical Works of Leonhard Euler (1707–1783)",1999. http://math.fau.edu/Yiu/eulernotes99.pdf

網路參考文獻

71. 官大為，〈聽聲音〉系列，刊登於泛科學網站：
http://pansci.asia/archives/72035，2015。
72. 泛科學網：
http://history.pansci.asia/post/135154769950/科學史上的今天1214第谷誕辰 tycho-brahe-15461601
73. Biography of Jacob Bernoulli:
http://www-history.mcs.st-and.ac.uk/Biographies/Bernoulli_Jacob.html
74. Biography of Huygens:
http://www-history.mcs.st-andrews.ac.uk/Biographies/Huygens.html
75. Brown, K., "The Helen of Geometers," in
http://www.mathpages.com/rr/s8-03/8-03.htm
76. Earliest Known Uses of Some of the Words of Mathematics, in
http://jeff560.tripod.com/mathword.html
77. Fibonacci Numbers and Nature, in
http://www.maths.surrey.ac.uk/hosted-sites/R.Knott/Fibonacci/fibnat.html
78. Fibonacci numbers in popular culture, in
http://en.wikipedia.org/wiki/Fibonacci_numbers_in_popular_culture
79. J. J. O'Connor and E. F. Robertson, "History Topic: Infinity,"
http://www-history.mcs.st-andrews.ac.uk/HistTopics/Infinity.html#s3
80. KEPLER'S DISCOVERY:
http://www.keplersdiscovery.com/Intro.html
81. Kepler's Planetary Laws:
http://www-history.mcs.st-andrews.ac.uk/Extras/Keplers_laws.html
82. The Biography of Blaise Pascal, in
http://www-history.mcs.st-andrews.ac.uk/
83. The Biography of Claudius Ptolemy, article by J. J. O'Connor and E. F. Robertson,
http://www-history.mcs.st-andrews.ac.uk/Biographies/Ptolemy.html

84. The Biography of Euler:
http://www-history.mcs.st-and.ac.uk/Biographies/Euler.html
85. The Biography of Fermat:
http://www-history.mcs.st-andrews.ac.uk/Biographies/Fermat.html
86. The Biography of Heron of Alexandria,
http://www-history.mcs.st-andrews.ac.uk/Mathematicians/Heron.html
87. The Biography of Leibniz:
http://www-history.mcs.st-and.ac.uk/Biographies/Leibniz.html
88. The Biography of Newton:
http://www-history.mcs.st-and.ac.uk/Biographies/Newton.html
89. The Biography of Nicolo Tartaglia, in
http://www-history.mcs.st-andrews.ac.uk/Biographies/Tartaglia.html
90. The Euler Archive, http://eulerarchive.maa.org

圖片來源

圖 1–1 出處：wikipedia
圖 2–1 出處：wikipedia
圖 2–2 出處：wikipedia
圖 3–1 出處：wikipedia
圖 3–2 出處：http://pballew.blogspot.tw/2014/09/on-this-day-in-math-september-21.html
圖 5–2 出處：wikipedia
圖 6–1 出處：wikipedia
圖 6–3 出處：shutterstock
圖 7–5 出處：shutterstock
圖 7–7 出處：shutterstock
圖 7–8 出處：shutterstock
圖 8–1 出處：wikipedia
圖 8–2 出處：wikipedia
圖 9–1 出處：wikipedia，拍攝者：Rama
圖 10–1 出處：Gottinger Digitalisierungszentrum
圖 11–1 出處：British Museum EA10057
圖 11–2 出處：wikipedia，拍攝者：Ricardo Liberato
圖 11–5 出處：wikipedia
圖 13–2 出處：wikipedia
圖 14–1 出處：British Museum EA10057
圖 14–4 出處：internet archive
圖 17–1 出處：wikipedia
圖 18–1 出處：wikipedia
圖 18–3 出處：internet archive
圖 18–4 出處：internet archive
圖 20–1 出處：Library of Congress
圖 20–2 出處：NASA/JPL-Caltech
圖 20–8 出處：wikipedia
圖 21–1 出處：wikipedia

圖 21–5　出處：wikipedia
圖 22–1　出處：internet archive
圖 22–2　出處：wikipedia
圖 22–3　出處：wikipedia
圖 22–5　出處：wikipedia
圖 23–1　出處：internet archive
圖 23–2　出處：internet archive
圖 24–1　出處：wikipedia
圖 24–2　出處：wikipedia
圖 25–1　出處：wikipedia
圖 25–2　出處：wikipedia
圖 26–1　出處：wikipedia
圖 26–2　出處：wikipedia
圖 27–1　出處：wikipedia
圖 27–2　出處：wikipedia
圖 27–6　出處：wikipedia
圖 28–1　出處：wikipedia
圖 28–2　出處：wikipedia
圖 28–4　出處：wikipedia，拍攝者：G.dallorto
圖 28–5　出處：wikipedia
圖 29–1　出處：internet archive
圖 29–2　出處：internet archive
圖 29–3　出處：internet archive
圖 29–6　出處：wikipedia
圖 29–7　出處：wikipedia
圖 29–8　出處：internet archive
圖 30–1　出處：wikipedia
圖 30–2　出處：wikipedia
圖 30–3　出處：Cambridge Digital Library
圖 30–4　出處：Cambridge Digital Library
圖 30–5　出處：Cambridge Digital Library

圖 30–7　出處：Cambridge Digital Library
圖 31–1　出處：wikipedia
圖 31–4　出處：Cambridge Digital Library

鸚鵡螺數學叢書介紹

微積分的歷史步道

蔡聰明／著

微積分如何誕生？微積分是什麼？微積分研究兩類問題：求切線與求面積，而這兩弧分別發展出微分學與積分學。
微積分最迷人的特色是涉及無窮步驟，落實於無窮小的演算與極限操作，所以極具深度、難度與美。

數學的發現趣談

蔡聰明／著

一個定理的誕生，基本上跟一粒種子在適當的土壤、陽光、氣候……之下，發芽長成一棵樹，再開花結果的情形沒有兩樣——而本書嘗試盡可能呈現這整個的生長過程。讀完後，請不要忘記欣賞和品味花果的美麗！

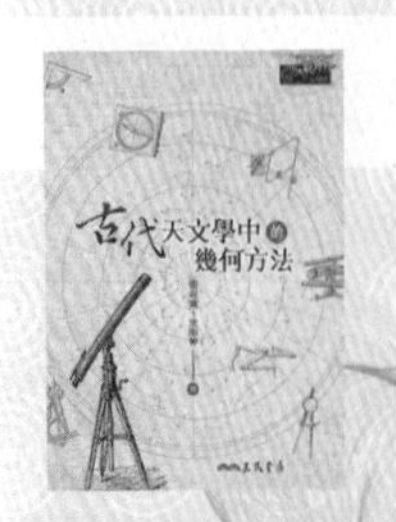

古代天文學中的幾何方法

張海潮／

本書一方面以淺顯的例子說明中學所學的平面幾何、三角幾和坐標幾何如何在古代用以測天，兼論中國古代的方法；另方面介紹牛頓如何以嚴謹的數學，從克卜勒的天文發現推論萬有引力定律。適合高中選修課程和大學通識課程。

摺摺稱奇：初登大雅之堂的摺紙數學

洪萬生／主編

第一篇　用具體的摺紙實作說明摺紙也是數學知識活動。
第二篇　將摺紙活動聚焦在尺規作圖及國中基測考題。
第三篇　介紹多邊形尺規作圖及其命題與推理的相關性。
第四篇　對比摺紙直觀的精確嚴密數學之必要。

數學放大鏡——暢談高中數學

張海潮／著

本書精選許多貼近高中生的數學議題，詳細說明學習數學議題都應該經過探索、嘗試、推理、證明而總結為定理或公式，如此才能切實理解進而靈活運用。共分成代數篇、幾何篇、極限與微積分篇、實務篇四個部分，期望對高中數學進行本質探討和正確應用，重建正確的學習之路。

蘇菲的日記

Dora Musielak／著
洪萬生 洪贊天 黃俊瑋 合譯
洪萬生 審訂

《蘇菲的日記》是一部由法國數學家蘇菲·熱爾曼所啟發的小說作品。內容是以日記的形式，描述在法國大革命期間，一個女孩自修數學的成長故事。

畢達哥拉斯的復仇

Arturo Sangalli 著／蔡聰明 譯

由偵探小說的方式呈現，將畢氏學派思想融入書中，信徒深信著教主畢達哥拉斯已經轉世，誰會是教主今世的化身呢？誰又能擁有教主的智慧結晶呢？一場「轉世之說」的詭譎戰火即將開始…